夜的盡頭

The End of Night

Searching for Natural Darkness in an Age of Artificial Light

Paul Bogard

保羅・波嘉德 著

陳以禮 譯

目次

灰白色的月亮浮現在一片黝黑的汪洋中，表面像是浮雕一般，是我有生以來看過最亮的月球，寧靜至極的景象讓我很震撼。

路燈為人類在夜晚的互動關係帶來重大轉變，在路燈問世之前，夜晚象徵一天的勞動與社交互動告一段落，意味著所有人都要從戶外回到室內。

恐懼，讓我們的夜晚充斥太多光線，讓我們無法欣賞黑暗的景致，也讓我們忘了恐懼本身的意義。

要了解夜晚，就要先能融入夜晚的世界，學會用心看見夜晚的深沉，才有辦法真正感受夜晚的生命力。

五級暗空
夜晚的生態 145
我們對夜晚越來越感到疏離，越來越不懷抱宗教的情懷與詩意的情緒，終將讓我們喪失深入探索內在人性的途徑。

四級暗空
人性的黑暗面 181
無意義鋪張濫用電燈將會摧毀美感，而且會逐步消滅世界上所有黑暗的角落。

三級暗空
共襄盛舉 211
黑暗讓我們有機會活化其他的感官，像是觸覺、味覺和聽覺，在私密的夜晚，黑暗讓我們彼此靠得更近。

二級暗空
理想的夜晚世界地圖 241
人工照明有其美感，但問題是，即便採用高品質的照明，也沒有辦法兼顧自然的夜景，就算把一座城市的照明做到美輪美奐，還是會犧牲自然的夜空。

一級暗空
究極的黑暗 277
如果天空變得越來越亮，天文學家會從此消失，你也會因此知道天空被污染了；不管天空的污染源是什麼，最終也一定會污染其他的天然資源。

附錄 306

推薦序
尋回失落的感動與敬畏

汪中和

《夜的盡頭》是當代人很需要的一本好書，它教導我們如何在繁華絢麗的世代，找回對大自然失落的感動，以及對造物主真誠的敬畏。

就像作者所說，只要簡單的一個動作，關掉我們家裡電燈的開關，輕輕地走到戶外，抬頭仰望浩瀚星空，我們就能讓忙亂的心安靜下來，在紛擾的生活中體驗安穩。除了幫助我們靈性的洗滌與更新，「關燈」這個簡單的動作實際上真的是我們人類需要認真面對的議題。

聯合國政府間氣候變化專門委員會（IPCC）於四月十三日在德國柏林公布了第三工作小組的報告，也為第五次的世界氣候評估報告暫時畫下句點。在這次的第三工作小組的報告中，IPCC清楚的指出，要使得本世紀末全球升溫控制在攝氏二度以內，我們必須在二〇五〇年前將低碳能源使用的比例升高到八〇％，以使得大氣中的二氧化碳當量到世紀末時能維持在四五〇ppm左右。

也就是說，面對日益嚴重的氣候暖化與日趨極端的自然災害，大幅減少碳排放，是我們無可迴避的基本課題。二〇一〇年全球排放的溫室氣體總量，若以二氧化碳當量為單位，約是四九〇億噸，而我們的安全門檻是在二〇五〇年時降到一八〇億噸以下。

這當然是非常困難的目標，但是並不是一個絕不可能的任務，我們必須立即並且多方的進行不同的方案：積極推動碳捕獲與封存、大幅提高再生能源比例、提升發電效率與燃料轉換、增高能源效率、推動節約能源。其中，單單能源效率的提升與節約能源這兩項，就可以幫助我們獲得四〇％的達成率。

IPCC也嚴肅的警告，我們的時間已經不多，必須馬上開始進行能源方面的重大改變。所以，除了盯緊我們的政府是否朝向正確的能源政策轉型以外，我們每個人現在就可以在日常生活中努力實踐能源節約的工作，其中之一就是關燈，以降低我們的碳足跡。

因此，對自己好一點，也給世界一個喘息的時間吧！關掉房間的電燈，抬頭去欣賞那千變萬化的夜空。我們不但能挽救逐漸枯竭的生命，也會挽救我們傷痕累累的環境，並為減緩氣候暖化盡上一份不費力的心意。讓我們一起來努力，也誠心祝福你！

——中央研究院地球科學研究所研究員兼副所長汪中和，寫於二〇一四年四月十八日

前言 體驗黑暗的幽邃

年輕人，體驗過黑暗的幽邃嗎？

——科幻大師艾西莫夫（Isaac Asimov, 1941）

別說賭場情仇了，單單光害這一點就不是可以在拉斯維加斯完全做個了斷的了。從拉斯維加斯溢流的光芒穿越了周遭的沙漠地帶，包括內華達、猶他、亞利桑納和加州等地以「把環境完整保留給下一世代」為己任的國家公園都發出了警訊，說地平線透出熾熱的光芒已經污染了純淨的夜空。上述名單其中之一的大盆地國家公園（Great Basin）正是我的目的地。從拉斯維加斯出發，自十五號州際道路（I-15）轉往九十三號幹道（Route 93），順著雙線道往北朝伊利鎮（Ely）方向前進約兩百五十英里，只為目睹現在的夜空中還剩下什麼。

全美各地的狀況都差不多，地圖上真正黑暗的地方越來越稀少。根據美國太空總署的空拍照顯示（橫跨五〇、七〇、九〇三個年代），光線照亮的區域持續在美國境內擴散，預計在二〇五〇年時，美國密西西比河以東的夜空就會像嚴重起疹子的患者，到處都是紅、黃色的光點，而人口最密集的地區看起來則會像冒出白色水泡。即便密西西比河以西，也只剩少得可憐的黑色區塊，任憑周遭的文明世界不斷啃食殘破的邊緣。儘管如此，內華達東邊的沙漠地帶依舊是美國境內最不受光害影響的地方之一，大盆地國家公園也正好是這片黑色區塊的地理核心。此即我為何從拉斯維加斯一路前來的原因：就為置身在美國最黑暗、幽邃的地點，一探究竟。

當時不過是華燈初上，從馳騁的車子往外看，四周的景致不斷變化。雖然氣溫持續下滑，但夜行動物與昆蟲才正準備要外出活動，夜間開花的植物感覺也重新恢復了生機。白天，沙漠中的岩石曝曬在日光下，吸足了熱量，向天際反射出能夠讓老鷹盤旋、讓飛機顛簸的熱氣流，但當夜晚降臨時，能量以不同的方式流轉。沙漠地帶的夜間溫度下降三、四十度，白天吸足熱量的岩石，化身為溫暖的火爐；整座山脈隨著大自然日夜交替、熱脹冷縮地律動，彷彿熟睡的人一樣，緩緩呼吸。

面向東邊的山脈在夕陽餘暉下呈現玫瑰般的暗紅色，面向西邊、已經被夜幕籠罩的山脈則逐漸失去輪廓，猶如從山上垂下一條長長的布幔，一直蓋到沙漠的地表為止。這時看到的就是俗稱的「暮光」（twilight），嚴格說起來還可以區分成三個階段：民用（civil）暮光、航海（nautical）暮光、天文（astronomical）暮光，分別依據日光減退所造成越來越深的夜色做為分類。在這三個上世紀出現的詞彙中，「民用暮光」表示汽車該開亮車頭燈的階段，「航海暮光」表示天色暗到可以看見導航用的星星，「天文暮光」則表示天色暗到可以在夜空中看見最微弱的星星。不過我個人比較偏好生物學家金摩勒（Robin Wall Kimmerer）所描繪的暮光：「引人入勝的靛藍時刻」（that long blue moment）。

我們喜歡採用「黑暗降臨」的說法，說得好像跟雪花來到人間的方式一樣，但因為黑暗是地球自轉到看不見陽光的那一面而來，因此實際上是從東邊升起，一路淹沒所覆蓋的土地與海洋。如果你曾經在黃昏時刻看見地平線東邊那一端的暮色，你就會看到黑暗有如烏雲聚集成大雷雨雲般的發展模式。隨著地球自轉的我們正逐漸被捲進黑暗的那一面，所謂的「夜晚」就是我們已經進入地球陰影的時刻，這道陰影在夜空中不斷延伸，好像在地球這支甜筒塗上霜淇淋，只是高度比寬度多了不知道多少倍。直徑八十六萬英里的太陽是地球這支甜筒的頂點，等到我們又隨著地球自轉離開陰影，看到第一道射向地表的陽光時，這時候看到的就是曙光了。

我朝東北的方向前進，還看得見陽光的區域離我越來越遠，望向黑暗夜空的我幻想著待會將看到什麼樣的景色。從駕駛座的窗戶可以看到金星（Venus，因為會在黃昏時出現在西方，因此英文也稱之為Evening Star）剛好就在夜幕低垂的穹頂中悄然現身，接著開始可以看到一些真正的星星（恆星），其中包括北斗七星（Big Dipper），這或許是人類史上最富盛名的星群。斗柄倒數第二顆的開陽（Mizar），其實是可以目視分辨的雙星，雖然一千多年以來的星象學家都知道這件事，但是卻要等到西元一六五〇年，才經由望遠鏡的觀測獲得證實。長久以來，能否用肉眼分辨開陽旁邊較微弱、稱之為「輔」的伴星（Alcor）一直是檢測視力的老方法；我自己就做不到這一點，特別是當這一路上第一道耀眼的光芒從盡頭處的城鎮射向我眼眸的時候。

這座小鎮的名稱無關緊要，呃，如果是指光害這一點的話。這座城鎮的光害跟其他數以千計的城鎮沒有什麼不同：相對於覆蓋在美國境內的那一層光毯，個別城鎮的光芒當然都微不足道，但是所有城鎮的光芒最終卻千絲萬縷地交錯在一起。最主要的原因在於這些光芒都沒有安穩地窩在燈罩裡，所以它們就毫無拘束地在夜空中肆意流竄。竹籬笆或是圍籬可以清楚區隔兩戶鄰居間的地界，但是他們住處的光線就跟在美國境內四處散佈的情形一樣，根本不受邊界的限制。如果夜空要主張「光線非法入侵」的話，這倒是相當有力的論證。

沒有被包覆住的光線不僅擅自入侵鄰居的地盤，隨意竄進駕駛人的眼眸，當然也會一路衝上天際，直到光源後繼無力為止。鎮上孤伶伶的加油站在晚上也點亮了燈，只是這些光線也會溢出加油站的頂棚，抹去鎮上夜空中的星光。街道上滿是傳統散射式照明路燈（cobrahead），不但照進一般住家裡的臥室、客廳，照亮了周遭的沙漠，當然也照向天上的星星，城鎮邊緣還點綴著幾盞基於治安考量而裝設的防盜用探照燈（security light），這種亮白色的光源在全美國境內的院子、倉庫、車道上隨處可見，然後還有一面廣告招牌採用由下而上的照明方式；這些往上照耀的光線照亮廣告看板後，也馬不停蹄地一路往夜空中奔馳而去。

離開這座小鎮後，我的車子又被淹沒在黑暗之中，只剩車頭燈光線所及的前方屬於光明世界。道路的兩側都是懸崖。現在車子正經過一座橋樑，左右兩側的落差都將近一千英尺，此時擋風玻璃看起來猶如梵谷名畫「星夜」一樣，點上充滿魔力的星芒。不久，車子開過一隻野兔身旁，豎著大耳朵的牠，若無其事繼續嚼著嘴裡的食物；再不久，一隻野狼從路的另一頭現身，眼中反射著紅光，嘴裡叼著一隻倒楣的野兔。接著我還看到倉鴞從高速公路路標的支架上起飛，拍動幾下翅膀往前遨翔，一副替我帶路的樣子，然後又突然轉向，隱沒在一片漆黑之中。

我從小在明尼亞波利斯（Minneapolis）的郊區長大，住家附近有個高爾夫球場，球場被橫跨中心而過的道路一分為二，路的兩旁豎立著白色柵欄。十多歲的我曾經開過一輛可以把車頭燈關掉、只留下定位燈的老富豪轎車（Volvo），以三十五英里的時速在球場周遭起伏的道路上閒晃。現在我駕駛的紅色休旅車已經配備智慧型安全系統，不管我要還是不要，車頭燈一定會亮。我心想，租車公司這輛煥然一新的車子應該也是一樣吧。不料我卻猜錯了，忍不住手癢的我，立刻切換到只剩下定位燈而已，雖然我現在在這條筆直的高速公路上的時速已經逼近三十五英里的三倍之多。

車頭燈一關，眼前的道路瞬間消失，彷彿車子就要從地球邊緣跌落到無底深淵裡，讓我心頭凜然一振。這種感覺讓人既期待又害怕，會在不自覺中繃緊每條神經，直到又把車頭燈點亮後，我才又感覺到自己噗通、噗通的心跳聲。在我的前方跟後方都沒有其他車輛，一片漆黑中完全看不到任何人工的照明；我一次又一次把車頭燈關掉，每次關掉的時間越拉越長，長到我的眼睛可以慢慢適應定位燈微弱光線所照亮的路面，長到可以用肉眼觀察眼前不斷從頭頂向後飛逝的星空，幻想自己駕駛著《星艦迷航記》（*Star Trek*）裡的企業號（Enterprise），向無垠的太空加速前進，長到自己覺得這輛車已經從路面起飛，一路飛向太空。

我很享受這段把車頭燈關掉、在一片漆黑中駕駛的短暫片刻，這種感覺就像是從地球飛向太空，不過樂在其中的我也很清楚在沙漠中關掉車頭燈、以時速一百英里向前奔馳，是多麼膽大妄為的一件事。或許我更應該幸慶自己還活著吧，所以我把車速降低二十英里。

現在的車速比較像是在路面滑行，因此我索性把定位燈也關掉，把頭靠在駕駛座的窗邊。溫暖乾燥的空氣從我臉上拂過，車子底下的柏油路不停往後滾，車上的我正朝向與銀河有約的地平面而去，在那邊可以看見銀河從地平面的這一頭劃過天際，直抵地平面的那一頭。我在大盆地國家公園的地理中心、九十三號幹道的路上停了下來，不論其他車輛從哪個方向過來，這個位置都讓我有充分的時間可以移動車子。除非，如果對方也像我一樣為了在這條高速公路上仰望星光而關燈開車話，那當然就

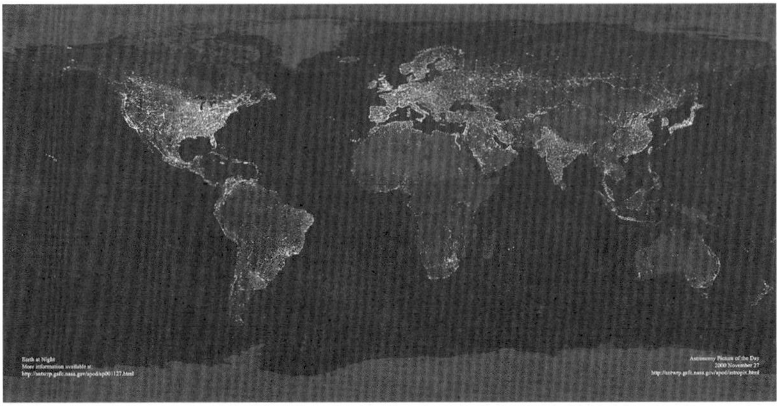

夜晚的地球，拍攝時間約為二〇〇〇年（由美國太空總署戈達德太空飛行中心梅休與席蒙彙整美國國家海洋暨大氣總署地球物理資料中心與國防氣象衛星數位資料圖庫而成；C. Mayhew & R. Simmon (NASA/GSFC), NOAA/ NGDC, DMSP Digital Archive）

是另外一回事了。

小說家貝利（Wendell Berry）曾說：「想要知道黑暗是怎麼一回事，就往黑暗的地方去。」但從衛星上觀看地球夜晚的話，你可能會以為地球的陸地都失火了。

世界各地越來越多的照明路燈、停車場、加油站、購物中心、體育館、辦公大樓與私人住宅聚在一起把陸地跟海洋明確區隔開來，有些光源甚至透過遠洋漁船擴散到海洋領域。所有照明設備把夜晚照耀得如同白晝，這個結果當然有好的一面，譬如說是把路看得更清楚、提供安全感、把夜晚妝點得更璀璨等等，但其中大部分光線就這樣浪費掉了；不論是從太空拍攝的照片、從飛機上的窗戶或是從十四層樓高的旅館往外看，我們眼中看到的光線都會直衝天際，比原本預計照亮的範圍多太多，讓我們付出非常高昂的代價。夜晚自然而然的黑暗對人體的健康、大自然健全的生態環境來說，都是無價之寶，一旦失去自然的黑暗環境，將對所有生物造成傷害。這種說法有些是我們長久以來就知道的，有些則是我們現在才開始需要了解的。

在這個光線過度飽和的年代，我們似乎失去對真正黑暗夜晚的想像，儘管那並不是非常遙遠的記憶。剛進入二十世紀的時候，夜間的戶外照明，說穿了也只不過是另一種形式的火焰，不外乎是火把、蠟燭，或是昏暗、帶有臭味又不可靠的燃油燈。雖然這些不同的照明形式已經比古代進步很多了（古代是用托盤盛著魚類或鳥類的油脂點火燃燒，會吸引螢火蟲之類的昆蟲在附近繞來繞去），但且讓我們用數據來證明這些照明形式有多麼微弱：一盞七十五瓦白熾燈泡（incandescent bulb）的亮度，相當於一百根蠟燭。

歷史學家艾克奇（E. Roger Ekirch）就說過：「現代化之前的研究者口中說出『蠟燭點亮黑暗』這句話還蠻諷刺的。」還有一句法文諺語是這樣說的：「燭光下，山羊也會被看成是小姐」（À la chandelle, la chèvre semble demoiselle，英文寫成 By candle-light, a goat is ladylike）。當時的旅人把月光當成夜間最安全的導航系統，那時人們對月亮盈虧的重視程度，與現在完全無法相提並論；很多歐洲城市在十七世紀末時開始建立簡單的公共照明設施，接下來卻一直要等到十九世紀末，才會換上電力的照明系統（現在的我們卻把它看成理所當然的基礎建設），從此之後，人類世界的黑暗夜晚，就開始一點一滴地流逝了。

全世界夜晚最明亮的地方非北美洲跟歐洲莫屬。將近三分之二的美國人、歐洲人已不再經歷真正的暗夜（我指的是自然黑暗的夜晚），而且幾乎所有人都居住在有光害的地方。崇尚自然主義的作家貝斯頓（Henry Beston）於一九二八年造訪鱈魚角（Cape Cod）時曾經說過：「沒有最亮，只有更亮」（lights and ever more lights）。當時美國人口才只有一億兩千萬，且大多數居住在沒有電力供應的鄉村地區；這種背景環境，讓貝斯頓的說法顯得有些極端主義，但經過不到十年的時間，我們就會發現他的預言還真是真知灼見。

自從小羅斯福總統在一九三五年簽署「農村電力法案」（Rural Electrification Act）使之生效，並設立農村電氣化管理局（Rural Electrification Administration）後，美國境內的夜景從此有天翻地覆的改變，及至一九五〇年代中葉，大多數的美國人不論是住在都市、郊區或鄉村，都已享有電力供應的服務，再經過半世紀、當美國人口突破三億大關時，電力照明的範圍持續擴大，且低調到幾乎沒有人注意到這個巨大的改變。如果我們能穿梭時空回到一九三〇年代的話（即便只回到一九五〇、一九七〇年代也無妨），大概所有人都會對人工照明戲劇化擴張的程度感到不可思議，只是這個漸進式的擴張過程，緩慢到讓我們誤以為現在的夜晚還可以稱做暗夜，或是讓我們誤以為現在夜晚黑暗的程度，就和印象中的往日時光一樣，沒有多大差別。

對此知之甚明的業餘天文學家波特爾（John Bortle）曾表示：「人造光線以前所未見的速度沾染了夜空。」並在二〇〇一年創立一套從「九」到「一」的分類標準——從最亮到最暗，描述不同等級的黑暗程度。雖然波特爾知道這套分類標準的接受度還有待推廣，但他仍希望這套標準可以「在夜觀星象時實踐教育目的的實用性」；因此儘管波特爾的區別方式有點模稜兩可，甚至有不一致的問題，但是這套分類標準起碼讓我們在探討不同程度的黑暗時有共同定義的對話基礎，可以知道我們的夜空已經失去了什麼，還剩下什麼，還能夠重新尋回什麼。

我們大概都知道波特爾分類標準中比較明亮的那一端是什麼情況，譬如說「市中心星空」（Inner-city Sky）的九級暗空，或是「郊區／城市交界處」（Suburban/urban Transition）的七級暗空，以及

「郊區星空」（Suburban Sky）的五級暗空，也就是我們大多數人習以為常的「黑暗」夜晚。透過波特爾的分類標準，我們才知道自己離真正的黑暗有多遙遠。很多美國人、歐洲人，特別是年輕世代的這一輩，恐怕從未親身經歷過，所以當然也無從想像，所謂的三級暗空（「鄉村星空」〔Rural Sky〕，亦即只有在遙遠的地平線才看得見光害的跡象）、二級暗空（「真正黑暗的環境」〔Truly Dark Site〕）究竟是怎麼一回事。

至於波特爾分類標準中的一級暗空，依據他的描述，是黑暗到「銀河亮到能在地面上投出事物的影子」，很多人都質疑現在在美國本土是否還能找到如此黑暗的環境。所幸從東奧勒岡、南猶他的沙漠，從內布拉斯加的大草原，從德州跟墨西哥交界處等地陸續發掘的口耳相傳的描繪，都無法否定波特爾的黑暗分類標準，在人類歷史長河中其實是稀鬆平常的現象，反倒是現代西方世界的凡人，已經顯得孤陋寡聞而少見多怪了。

打從第一次接觸到波特爾的分類標準開始，我便回顧自己曾經去過、住過並深愛其中的地方到底有多黑暗，比方說小時候去過的北明尼蘇達州湖畔，當時的我還以為那是自己這輩子第一次置身於真正黑暗的環境之中，從此開始學習有關夜晚的一切知識。我也很好奇在美國究竟是否還有辦法找到波特爾所謂一級暗空的地點；換另一種方式表達的話，應該是問：在美國本土還能找到自然黑暗的地方嗎？這個問題也可以改成：光害的現象是否已經在美國本土無所不入了呢？

我開始啟程尋找這些問題的答案。我從最明亮的夜晚找到最黑暗的夜晚，從光線最密集、公共照明最普及的城市，一路找到可能殘存一級暗空的地點。這一路上，我依照時間順序，記錄下夜空變化的情況，找出變化背後所隱含的意義，試圖釐清我們是否能為減少光害做些努力，哪些又是我們無能為力的項目。我特別想知道，儘管我們無法否定人工照明的便利與美觀，但我們到底需要為這個結果付出多少、多嚴重的代價？我從拉斯維加斯（美國太空總署空拍照中最明亮的地點）出發，之後前往以「光之城」（La Ville-Lumière，英文寫成City of Light）著稱的巴黎，然後轉往西班牙一探十字若望（Juan de la Cruz，英文寫成John of the Cross）創作《心靈的黑夜》（*La noche oscura del alma*，英文寫成*Dark Night of the Soul*）的心路歷程。

接下來，我回到美國瓦爾登湖（Walden Pond），走訪梭羅（Henry David Thoreau）《湖濱散記》（*Walden; life in the Woods*）筆下的場景，並且和致力於喚醒民眾重視黑暗價值與光害問題的科學家、醫師、社運份子、作家會晤，包括率先研究夜晚人工照明與癌症增加率關連性的病理學家，創立全球第一個「暗空」協會的退休天文學家，鼓吹持續探索未知外太空的部長，還有一位已經在許多大城市營救數不清夜行禽鳥的生態學家。多虧他們精彩豐富的人生，這本書才得以有機會與讀者見面。

話說從頭，我第一位接觸的對象是摩爾（Chad Moore），國家公園夜空服務團隊（National Park Service's Night Sky Team）的創辦人。過去十多年來，摩爾用編年史的方式記錄美國國家公園夜晚景致的變化，成為我開始黑暗之旅前的第一位拜訪、討教的對象。

摩爾告訴我：「嗯，如果你打算從波特爾的九級暗空一路找到一級暗空的話，這趟旅程恐怕不會太順遂，會是一趟……充滿挑戰的過程。」摩爾表示，在波特爾的分類標準裡，九級暗空與五級暗空，或者五級暗空與二級暗空之間的差異，對每個人來講都顯而易見，但九級暗空與八級暗空，或是二級暗空與一級暗空之間的差異，並不容易分辨：「差異細微、模糊到很容易讓人誤判，所以當你以為自己只處於五級暗空而發牢騷，或者興高采烈地以為自己身處三級暗空時，其實都一樣是處於四級暗空的環境。」摩爾邊笑邊解釋。

這句話講得很有道理，不過更重要的問題是：美國還找得到一級暗空的地點嗎？「在美國要找到一級暗空的地點與時間點，相對於其他國家而言，機會可說是少之又少，」摩爾說：「我可以大膽說自己曾經在美國本土瞥見一級暗空的景致，但背後要付出相當大的代價。買張機票去澳大利亞，從愛麗斯泉（Alice Springs，澳洲大陸心臟地帶的小鎮）為中心開車往外找，會比較簡單……如果你堅持在美國找到一級暗空的話，你必須花費一番功夫，才能找到能巧妙配合的時間點與地點。」

地球夜晚的空拍照可以明顯區分出兩個世界，一邊是已開發（以及開發中）國家光彩奪目的文明世界，另一邊則是貧窮或無人居住的黑暗世界。摩爾的說法很實在，搭飛機遠離美國到國外去找省事多了，但我真的想要一窺家鄉附近的夜晚，想要體驗日常生活中隨手可及的黑暗。

因此，我把探尋黑暗的旅程限縮在北美跟西歐。首先，這兩個是人工照明氾濫成災的地區，情況還逐漸惡化中：不但代表西方世界對於黑暗與光明的思維模式，同時也是西方科技造成的問題，形塑出已開發國家的夜晚景致。其次，沒有多少美國人會搭飛機到澳大利亞，再從愛麗斯泉開車前往荒野，但是我們都很熟悉，並深愛著自己居住與工作地點的夜晚。

更重要的是，我可以證明幾乎所有人只要願意的話，都可以在家鄉附近找到真正的黑暗，譬如行駛在東內華達鄉間高速公路時所看到的黑暗景致。

天文學家瑞摩（Chet Raymo）寫過一句話：「我們的太陽是散佈在圓盤上幾千億顆星星當中的一顆。」這個圓盤狀分散的結構就是夜空中的銀河系，橫亙在內華達沙漠上空、猶如一座拱門的就是銀河系圓盤的旋臂，至於在地表上的我們，則是由內而外望向遠在天邊的銀河系旋臂。瑞摩接著寫：

我經常在教室地板上用風車旋轉的方式傾倒一包食鹽，試圖搭建銀河系的構造，完成後的圖樣讓人印象深刻，但相對比例卻完全不對。如果每粒食鹽都代表一顆真正的星星，則我必須把食鹽顆粒分散在好幾千英尺的範圍內。如果要完全顯示銀河系星星的數量跟所在位置的話，我得用上一萬包食鹽，並把每粒食鹽撒在比地球橫切面還要大的扁平圓盤上。

根據瑞摩的描述，夜空中的每顆星星、每一顆人類可以用肉眼看到的星星，都是銀河系的一部分、「幾千億顆星星當中的一顆」，出了銀河系之後，還有無窮無盡的其他星系（前一陣子有人估算出大約是五千億個）等著我們。如此一來就不難理解宇宙的浩瀚是多麼難以想像，光是想要不自量力算出宇宙的長度跟所含的星星數量，就夠我們傷透腦筋了。用「以管窺天」來形容從地球夜空看到的星星，真的是一點也不為過。

儘管如此，人類史上總不乏對宇宙的想像。從北美洲到澳大利亞、秘魯的古文明都有關於星座的傳說，有的不只把個別的星星串在一起，甚至還把地球與銀河間、空氣中如煙霧、塵埃飄動所形成的陰影，也編成了故事。長久以來，人們真的以為眼中的銀河是一團煙霧、是一道蒸汽，甚至是一片乳汁，直到一六〇九年伽利略（Galileo）才用望遠鏡證實他自己的假設：銀河變換多端的光澤，來自當中數不清的星星聚在一起發光的效果。

宇宙中數不盡的星星所構成的星團，其外型與光輝所組成的星座，或是由炙熱星塵、冰晶所形成的流星雨，無一不讓我們見證到永恆的美麗，這些美麗的景觀也讓我們暫時卸下面對浩瀚宇宙所帶來的壓迫感，地球本身更是一顆美麗絕倫的逸品。如果說，夜空實際的範圍跟星星數多到讓我們幾乎喪失感受力的話，那就讓我們從腳底下的地球開始找起其中所富含的意義吧。無須外求，只要仰望星空，就能開始這段旅程。

跟著我，一起向黑暗的幽邃前進吧！

九級暗空
從滿天星斗到滿街路燈

對我而言，夜晚似乎總比白天
更生動，更多彩多姿

——畫家梵谷（Vincent van Gogh, 1888）

地表上最明亮的一道光束正從拉斯維加斯樂蜀酒店（Luxor Hotel，又名金字塔酒店）黑色金字塔的賭場頂端射向天際。這道名為「天際星光」（Luxor Sky Beam）的雷射光束，由三十九盞光輝燦爛的氙燈光源（xenon lamp）所組成，每盞六尺高、三尺寬（這是樂蜀酒店金字塔頂端所能容納最大數量的氙燈光源），經過鏡面折射處理後，集中成一道耀眼的光芒，猶如一顆大頭圖釘一樣，座落在全世界夜晚最燈火通明的城市地圖上。紐約、倫敦、巴黎、東京、馬德里，以及中國（幅員遼闊又人口眾多的國家）繁星點點的大城市，加總在一起射向天際的光芒，可比美國西南沙漠中這座單一城市的光芒還要多，但是千萬別漏了「加總在一起」這幾個字眼；要是以為全世界有任何地段比拉斯維加斯大道（Las Vegas Strip）更光彩奪目的話，那可就大錯特錯了。

從拉斯維加斯大道的角落轉進貝拉吉歐酒店（Bellagio）車道上的我，完全被人工照明的光線所淹沒。這座城市上千個商業據點跟數萬住戶一點一滴累積出這些耀眼的光線，還不包括馬路上五萬盞高壓鈉燈（high-pressure sodium）所釋放出的桃色光線。一小時前當我還在飛機上時，就已經能清楚看見其中大多數的路燈。機場到拉斯維加斯大道的距離很短，一出機場，大概就可以看見位於大道南端、樂蜀酒店的天際星光，每位旅客當然也會在瞬間被光線淹沒。

賭場的照明設施氾濫成災，數千萬盞燈泡一閃一閃、忽明忽滅地顯示不同的訊息，數位螢幕跟LED告示板也在每個角落喧鬧著：「精彩無比的表演」、「賓至如歸的住宿」、「快來試一試手氣」。紅色、紫色、綠色、藍色。說到藍色，就不得不提用藍色大球做為顯眼地標的巴黎酒店（Paris Las Vegas）。巴黎酒店引進成排的棕櫚樹，朝仿巴黎鐵塔的另一個地標蓋出一條連結通道；這座從頭到腳掛滿金黃色燈泡的鐵塔，除了規模縮小一倍外，完全仿照真正的巴黎鐵塔興建。跑馬燈的訊息從我眼前閃過，留下幾排鮮紅色的殘影，一輛卡車上掛著紅寶石色的看板，上頭有位身穿白色比基尼的金髮女郎，旁邊寫著「熱情如火，無法抗拒」。

所有這些光芒都是以銷售為目的，整條拉斯維加斯大道有如一座超大型的露天購物中心，喧嘩的罐頭音樂不斷湧入，原本大自然的沙漠地帶不斷被往外推。某些招牌、建築物或許亮得有點與眾不同，但這座城市的每件物品都在閃閃發光：我雙腳所在之處、身上穿的衣服、袖子外面的皮膚、手臂跟臉頰，沒有任何一塊表面能夠倖免，甚至就連天空也都被照得有如白晝一般。穿過這些耀眼光芒，就好像穿越隱形無味的薄霧。有人說，進入二十一世紀後的頭十年，地球不但比過去更亮，而且是一年亮過一年；如果有哪個城市能證明這是鐵一般的事實，非拉斯維加斯莫屬了。

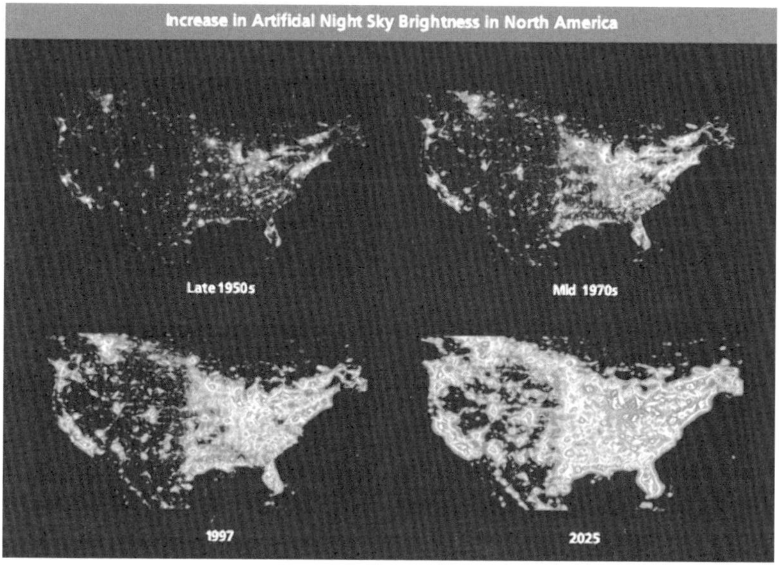

美洲夜晚的人工照明越來越亮的情況。
美國光害從一九五〇年代至一九九〇年代日益惡化的情況，以及發展到二〇二五年的可能情況（由義大利帕多瓦大學欽札諾、法爾齊，與美國科羅拉多博爾德國家海洋暨大氣總署地球物理資料中心艾爾維迪奇共同繪製。版權屬英國皇家天文學會所有；經布雷克威爾出版社授權轉印自該學會月報；P. Cinzano, F. Falchi (University of Padova), C. D. Elvidge (NOAA National Geophysical Data Center, Boulder). Copyright Royal Astronomical Society. Reproduced from the Monthly Notices of the Royal Astromical Society by permission of Blackwell Science）

這就是我故意到拉斯維加斯觀測星象的其中一個理由。拉斯維加斯天文學會（Las Vegas Astronomical Society；對，別懷疑，真的有這個組織）會長藍博特（Rob Lambert）和我約在貝拉吉歐酒店前方著名的音樂噴水池碰面。他說：「我都把望遠鏡放在卡車後面，所以要在什麼地方觀測星象，都不成問題。」雖然我們大概很難看到什麼重點，再也沒有任何一座城市，能比拉斯維加斯更適合做為波特爾九級暗空的範本了，所謂「整個夜空燈火通明，就連天空頂端也不例外」的景象。不過，試一試又何妨？

我打量著貝拉吉歐酒店。這棟高聳、弧形的建築物與前方閃耀生輝的音樂噴水池維持著一定距離；藍博特和我碰面時開了個玩笑，說我們選了一個非常著名的地點，和數以百計的人一起追星。只是他們追的是喜劇演員、魔術師、音樂家……還有音樂噴水池，跟我們想在天上看到的星星，是不同的兩回事。

藍博特說：「很少有人會到拉斯維加斯觀測星象，不過我們還是很重視宣傳。我們學會的標語是：『就連拉斯維加斯大道上也找不到的最閃亮星星。』學會的會員總數才大約一百人左右，但每次舉辦『追星趴』（star party）時，總會有從各種管道慕名而來的與會者，人數從七十五到五百五十人不等。」

藍博特拿出一支雷射投影筆，將綠色的小光點指向獵戶座（Orion）——更具體的說，是獵戶座兩顆可以用肉眼觀測的星星。「你看，下面這是獵戶座的參宿七（Rigel），左上角還可以看到參宿四（Betelgeuse）。」他一邊說，一邊把投影筆往左下方移動，「接下來的這顆就是天狼星（Sirius），夜空中最明亮的一顆星星。」我原本以為今天晚上看不到任何一顆星星。這是我第一次踏在拉斯維加斯大道上，以前總認為這邊的天空會被各種光線「洗版」。「嗯，這個想法也不能說是錯啦，」藍博特說：「考慮到我們可以在這邊看見的星星，其實比其他所有百分之九十八、九十九的星星都還要亮，就不難想見這邊的夜空失去多少景致了。」

此時，我們後方音樂噴水池的水舞秀登場。水柱轟隆隆的聲音聽起來像是遠方的悶雷，背景旋律換上充滿異國風情的義式嘉年華音樂，金屬敲擊聲和華麗的水舞搭配得天衣無縫，但我直到聽見身旁有人說「真想跟著音樂節拍一起唱和」時才知道，我和藍博特是人群中唯二背對著音樂噴水池、對身後水舞渾然不覺的兩個人。「其實我們頭上的銀河就連在冬季也都看得到，」持續仰望星空的藍博特說：「只是在這邊什麼也看不見……」

我們沿著拉斯維加斯大道一路走向樂蜀酒店，在徐徐往南移動的路上，藍博特告訴我他是在五十多歲的時候才開始對天文學感興趣。當年他偶然在工作場合聽聞有人提到「追星趴」，讓他對相關活動感到非常好奇，之後有一次親自參加這種聚會時，他透過朋友的望遠鏡觀測星象，把自己看到的景致告訴其他與會者。「我的朋友負責教導其他人使用望遠鏡，所以他要我從他的望遠鏡指出M13星團的位置，我回他：『好啊，沒問題；不過，什麼是M13星團？』他告訴我M13是一個位於武仙座（Hercules）的球狀星團，距地球兩萬五千光年，總共有大約七十五萬顆星星所組成。接下來九十分鐘的時間就聽他滔滔不絕地講述所有關於M13星團的知識，那真是一場精彩的演說。」

我們經過一位拿著廉價電吉他自彈自唱的街頭藝術家，再往下走，看到另一位有如已故鼓手慕恩（Keith Moon）附身的藝術家，拚老命似的狂敲爵士鼓；腳邊的人行道，散落著幾十張特種行業的小廣告。街道上的每個人，就連講行動電話都要大聲咆哮，才能讓另一頭聽清楚自己的聲音。留連夜店的人熙來攘往，在大街上聒噪地想到什麼就說什麼。有些人面無表情地望著行動電話的螢幕，有些人則是全神注目，還有些人的眼睛一直離不開LED看板上的訊息；這個畫面讓我想起一個都市計畫的專業術語：「捕蚊燈」（bug light），明亮的人工照明讓群眾看得失魂落魄、目瞪口呆。

我問藍博特為什麼會迷上夜觀星象這項活動，他說：「我通常會告訴別人，不論是否相信造物主的存在，新的事物確實不停誕生。夜空中有新的恆星、新的行星；永遠都會有新的事物現身。比方說，我們學會這個月的『挑戰任務』是麒麟座從來不曾定型的NGC 2261變光星雲（Hubble's variable nebula），每年能看到的景致都不一樣。所以說，『不乏新發現』這點可說是夜觀星象活動的迷人之處。」

但藍博特的想法絕對不適用於拉斯維加斯的市中心，而且也不適用於所有已開發國家的市中心。照亮夜空的光線是人類最明亮的產物，讓我們即便能看見星星，也只能看見昏暗微弱的光芒。老實說，我們現在只能在夜晚看見人工照明的光線，雖然少有城市人工照明的密度可與拉斯維加斯大道相提並論，但拉斯維加斯光彩奪目的地方可不是只有拉斯維加斯大道而已。每座城市的郊區也都和拉斯維加斯大道一樣，充斥著各種不同光源，徹底改變現代人對夜晚的感受。

藍博特在最近某一年舉行「關燈一小時」（Earth Hour，跨國的城市運動，用關燈一小時的舉動，喚醒人們對能源消耗的重視）運動時，正好在九十五號幹道（Route 95）上開車；他對眼前所見感到難以置信：「我在九十五號幹道上，正要從北往南開過拉斯維加斯。這段道路位於山谷上方。當拉斯維加斯大道上的人一起關燈時，街道上的路燈卻多到讓我感覺不出天空的亮度有什麼變化。我可以清楚看見拉斯維加斯大道變暗了，沿路的旅館酒店都不再閃爍，但天空的色澤，真的沒什麼變化。」

全世界的所有城市都大同小異，夜裡最主要的光源來自停車場與路燈（除此之外，還有使用中的體育館）。雖然每盞路燈的亮度看似有限，但聚在一起可就不得了了。光是在美國，每天晚上都要打開六千萬盞傳統散射式照明路燈，亮一整晚。其中多數款式還是以耀眼的粉紅色、桃色高壓鈉燈為主。停車場也一樣，燈火通明。想想看，包括購物中心、餐廳、旅社、體育館、工業區……等地都有停車場，主要採用發出刺眼白光的金屬鹵素燈（metal-halide lamp），再加上汽車經銷商的營業場所、加油站、便利商店、高爾夫練習場、田徑場、球場、看板招牌和住宅區等，我們不難想像一座城市的各種光源。

通常一道明亮的光線會引來另一道更耀眼的光線，就好像街角的加油站總想比其他加油站更醒目一樣。想像在一間伸手不見五指的房裡點亮一盞燈，然後在這個光源附近再點亮一盞燈，你就可以感受到原本的光源（黑暗中唯一的一盞明燈）變得相對黯淡，必須調高亮度才能重新得到矚目。若用拉斯維加斯的情況來說明，即縱使減少市中心路燈的數量與亮度，我們還是會很好笑地發現，賭場、酒店的光線居然變得更加明亮了。

沒錯，大概沒有人感受不出樂蜀酒店那相當於四百億燭光的天際星光的視覺震撼效果。當法國太陽王路易十四在一六八八年想用照亮凡爾賽宮的方式，戲劇性呈現王權威儀時，他也只用了兩萬四千根蠟燭而已。兩萬四千根蠟燭當然不是個小數目，相信那時的凡爾賽宮，也一定光彩動人。雖然不可否認，天際星光讓人無法忽視，就連我也要對它行注目禮，但起碼就我而言，我很不願意用「光彩動人」這幾個字來評價樂蜀酒店的天際星光；再者，我之所以盯著天際星光看，是為了確定自己是不是眼花了，才會誤以為天際星光的白色光束裡漂浮著五彩繽紛的糖果紙屑。

「那是蝙蝠跟鳥類啦！」藍博特說：「天際星光就像是讓牠們吃到飽的沙拉吧。」

藍博特一語驚醒夢中人。數不清的昆蟲因為趨光性，停留在天際星光的光束裡，吸引好幾十隻蝙蝠與鳥類從位於沙漠的巢穴飛到樂蜀酒店，在光束裡橫衝直撞，把這邊當成大快朵頤的沙拉吧。那真是蝙蝠與鳥類用餐的好地點嗎？恐怕未必。這道人為的毀滅性光束，對昆蟲而言當然是致命的陷阱，但對蝙蝠與鳥類而言，也和大海裡美人魚的歌聲一樣，改變牠們原本在自然棲息地的覓食方式，讓牠們耗費大量體力，長途跋涉飛到拉斯維加斯的市中心。等到牠們再用盡力氣飛回巢穴時，口中已沒有多餘的食物可餵養下一代了。

這個景象讓我想起自然主義作家梅洛伊（Ellen Meloy）的著作《拉斯維加斯的動植物生態》（*The Flora and Fauna of Las Vegas*）。當梅洛伊站在米拉奇酒店（Mirage）外看到人工火山爆發的場景後，在書中結語處留下這麼一段文字：「不曉得從哪飛來一隻發狂的母野鴨，牠的下腹被火舌融化的黃金照得發亮，拚了命想在火山熔岩的溝渠裡找到落腳的地方……在這片充滿光與火焰的人造叢林進行幾次徒勞無功的嘗試後，這隻母野鴨轉而飛向凱撒皇宮（Caesars Palace）。突然間傳來一陣『嗶嗶啪啪』的聲音，點點火星在霓虹燈圍繞的環境裡幾乎看不出來，就這樣，這隻母野鴨誤觸拉斯維加斯大道旁、七十尺大樓間的高壓電纜，瞬間被電成一團焦炭。」

直到近代才有的明亮景致，用文明進化的觀點來看，拉斯維加斯以迅雷不及掩耳的速度取得如今的發展；樂蜀酒店的天際星光不過是一九九三年的產物而已，旁邊還有許多年紀更輕，但是規模更大、外觀更明亮的賭場酒店。這座城市最早的住宅區可以追溯到一九四〇年代，比第一家簽約設立的賭場更早點亮光線，但在不到人一生的時間內，原本幾乎一片漆黑的地方，已經發展成全世界最燈火通明的地方，人口數從一九四〇年代的八千多，快速成長到一九六〇年代的六萬多，再一路成長到如今超過兩百萬的水準。「歡迎來到拉斯維加斯」的好客標語，不過是一九五九年以後才有的事物。但梅洛伊筆下的母野鴨、盤旋在天際星光裡的蝙蝠與鳥類，在這塊土地上繁衍多久了？如果以進化論的時間軸來看，牠們根本就沒機會和拉斯維加斯快速變遷的環境一起演化。

歐洲有些城市早在十九世紀中葉，就開始使用電氣化的路燈。當我走在巴黎酒店的時候，不禁想起一幅描繪一八四四年巴黎協和廣場（Place de la Concorde）弧光燈（arc lighting）大開的作品：耀眼的光芒有如火車頭燈般從黑暗中竄出，盯住廣場噴水池和圍繞四周穿著晚禮服的群眾，有些人甚至舉起雨傘遮住弧光燈的光芒。

弧光燈是第一種亮度真的可與日光相提並論的照明設備（這個比喻並不只是因為人們少見多怪。有一次我在英國基督城〔Christchurch〕電力博物館看到一盞點亮的小型弧光燈時，當下第一個念頭，就是幫它焊上一個燈罩，這種照明設備的亮度真的會刺傷眼睛），在很多使用場合裡，顯得過份明亮，因此直到一八七〇年，才有一些歐洲國家在首都的主要幹道上安裝它。雖然弧光燈的亮度強到必須安裝在街道旁的小塔上，但這種新奇的設備，仍舊受到大多數人的歡迎（例如美國也有很多城市爭先恐後地想安裝弧光燈），看來似乎是許多人熱切盼望的產物。

長久以來，人們總是不想在夜晚時分陷入一片黑暗。將時間倒回十八世紀初，當時開始有人提議在高塔上用人工照明把整個巴黎變成不夜城，其中最著名的是建築師布岱（Jules Bourdais）針對一八八九年即將在巴黎舉行的萬國博覽會，打算於市中心新橋（Pont Neuf）附近興建一座太陽塔（Colonne-soleil，英文為Sun Tower），並在塔頂安裝可以照亮全巴黎的弧光燈。可惜（對其他人而言，或許可用「幸好」兩個字）布岱的提議被打回票，取而代之的是艾菲爾（Gustave Eiffel）興建巴黎鐵塔的計畫。即便如今巴黎鐵塔也還是裝上了探照燈，但是好是壞，就見仁見智了。

了解弧光燈到底有多亮之後，就不難理解為何世人稍後會對白熾燈泡愛不釋手了。一份一八八一年巴黎國際電力展（International Exposition of Electricity in Paris）的報告指出：「我們通常以為電力照明刺眼的光芒對視力有害……但現在我們有另一種更進步的照明設備了。」白熾燈泡取代的當然不只是弧光燈做為路燈的功能，更重要的是，弧光燈根本不適合居家使用。在此以瓊斯（Jill Jonnes）於《光之帝國》（*Empires of Light*）一書中的記載，說明白熾燈泡問世後的演變：

富有人家有教養的女士穿著及地、娑娑作響的長禮服，與高采烈地跟朋友們說，只要輕輕一推牆壁上的開關，白熾燈泡就會神奇地照亮整個房間，甚至比白天的日光還要明亮。白熾燈泡不像蠟燭一樣會引起火災或是發出黑煙，也不像煤氣燈（gaslight）一樣會發出臭味；此外，白熾燈泡不會消耗房裡的氧氣、不用修剪燈芯，也沒有被煙燻黑的玻璃燈罩需要清洗。

為供應居家消費者使用電燈的電力需求，愛迪生（Thomas Edison）在一八八二年開始於曼哈頓下城區（lower Manhattan）設立第一座發電廠，到一九二〇年時，全美已有百分之三十五位於市區或郊區的家庭擁有電力供應，及至二次世界大戰，擁有電力供應的美國人口比率，已超過百分之九十。即便如此，美國大多數鄉村地帶的電燈，還是要等到小羅斯福強力推動〈農村電力法〉，並於一九三六年生效後，才開始普及，而且要等到五〇年代以後，才足以認定絕大多數的美國人，都能享有電力照明的便利。從那時候開始，「能在牆上推動開關」的範圍越推越廣，電燈的勢力範圍蔓延一座座城鎮，從高山到低谷、平原到沙漠、東岸到西岸，隨處可見。

我有時會幻想自己住在古代沒有電力照明的城市裡，那沒有汽車、卡車、計程車的夜晚一定非常安靜，也絕對找不到任何一台內燃機引擎。沒有收音機、電視、電腦，沒有手機、頭戴式耳機，就算你有頭戴式耳機，也找不到可以插上音源線的電子產品。一到晚上，這座城市的每個人都會窩在家裡，足不出戶，看起來和荒野沒什麼兩樣；會在夜晚時分活動的不外乎是犯罪、變態與淫亂的行為，最好躲得遠遠的。其中最讓人感到不適應的，亦即和現代生活差異最大的，就是連找到一盞孤伶伶的電燈都辦不到。

這樣的夜晚到底有多暗呢？假設你在最深夜的時候從房門探出頭，不論往哪個方向看，眼睛能見的範圍，都只有幾英尺而已。在此借用歷史學家鮑德溫（Peter Baldwin）描述早期美國街道的用字，這是「十足危險」（downright perilous）的場面。當時美國街道完工的部分很有限，其餘路面只有鋪上鵝卵石而已。在一個烏雲密佈、看不見月光的夜晚，鮑德溫描述：「走在人行道上都困難重重，街道盡頭盡是各種障礙物：地窖的門板、住家的台階、堆疊的木材、雜七雜八的垃圾、臨時搭建的棚架、各式各樣的建築材料……一八三〇年有一位紐約的夜巡者在半夜聽到爭執聲，想跑去弄清楚究竟發生了什麼事，結果居然一頭撞上郵筒而殉職。」最早的燈火只為了讓人看清楚路上有什麼，絕不是為了照亮夜晚。一七六一年，紐約街道上用鯨魚油點亮的燈具只是「黑暗中的黃色斑點」，即便一百多年後換上了煤氣燈，也只能帶來「一群螢火蟲集體發出黯淡光線」的效果。

布羅克斯（Jane Brox）在《大放光明：燈的進化史》（*Brilliant*）一書中描述美國農村家庭在第一次擁有電力照明後，興奮地把家裡的所有燈點亮，然後舉家開車出門，從戶外看著自家燈火通明的樣子。能怪他們浪費電嗎？從會發出臭味、昏暗又危險的煤氣燈，進步到帶來清潔明亮的電燈，而且跟光速一樣一點就亮，換成是我，也會想走出家門，看看滿室生輝的樣子。可是過沒多久，幾乎所有西方世界的人，一生都浸淫在電燈照亮的世界裡，再也無人記得沒有電燈的夜晚是怎麼一回事了。

美國第一盞明亮的路燈出現在一八七九年四月二十九日的克里夫蘭，但在傑柯（John A. Jakle）

所著的《城市之光：照亮美國光輝的夜晚》（*City Lights: Illuminating the American Night*）一書裡認為，紐約才是「讓美國人意識到夜晚有可能亮如白晝」的城市：「只要一裝上電燈，幾乎每個地方的民眾都會張開雙手，熱烈歡迎。」愛迪生在一八九一年結束歐洲之旅回到紐約後，曾經說過：「巴黎讓我感到印象深刻的地方，在於俯拾皆是的美景，但巴黎還不夠資格稱為『光之城』，紐約光輝燦爛的夜晚，更甚巴黎。」

引領風騷的永遠是百老匯大街，它也是紐約第一條整晚都不熄燈的大街。百老匯大街一開始使用的是用鯨魚油點亮的路燈，然後是煤氣燈（一八二七年），再來就換電燈登場（一八八〇年）。畫作「城市之光」（City Light）呈現一八八一年的麥迪遜廣場：高桿上的弧光燈射出的光線劃破黑暗，照亮路上的散步情侶、四輪馬車、傳送電報的電線竿，前景中還有一位拄著枴杖穿越馬路的行人，看起來好像快被光線吹走一樣——麥迪遜廣場素來是紐約風勢最強勁的地方。一八九〇年代，座落在西二十三街到西三十四街之間的百老匯大街，被四周林立的電子看板照耀的光輝燦爛，使得當時的人為它取了個「亮白大道」（The Great White Way）的別名。

如今我在曼哈頓下城區要一直走到西三十一街，才能感受到昔日亮白大道的風采，至少才能讓我在夏天的週日晚上發現這邊不再是紐約市遺忘的角落。走在劇院區（theater district）可以看到燈箱廣告高掛在路旁，曾經的亮白大道早已不復當年，用灰白取而代之也不為過。

不過再走到時報廣場，則又是另一番光景。閃亮的電子化數位看板、五光十色的告示牌，從西四十二街到西四十七街這一段，如今成為最明亮的場所，根本看不到夜空。我所謂看不到夜空，並非指我看不見多少星星，甚至不表示我看不見**任何一顆**星星，而是指我根本看不到真正的夜空。別懷疑，你沒看錯，雖然在我頭頂上看來還是一片黑，但是周遭沒有任何一絲光線不是人造產物，完全找不到大自然的跡象。或許我應該說，走在這邊，讓我感覺置身於巨蛋球場裡，數位看板刺眼的光線完全掩蓋掉白色的路燈，而這些路燈的光芒，在下城區的百老匯大街曾經是那麼的明亮。老實說，這段街區真的讓我有「日不落」的感覺，雖然能見度大概只能比照多雲的陰天，但陰天仍舊是白天，無誤；換句話說，這段街區已經失去夜晚的景致了。

這就是我所謂看不到夜空的真正意思。

事實上，如果用黑暗程度為基準的話，紐約市已經不再有「真正的夜晚」，拉斯維加斯和世界上數以百計的都市也都沒有。看看夜晚人工照明的世界地圖（World Atlas of the Artificial Night Sky Brightness）吧，這張圖是由兩位義大利人，欽札諾（Pierantonio Cinzano）、法爾齊（Fabio Falchi）在二〇〇一年製作完成，可以看出全世界三分之二的人口，包括百分之九十九居住在美國與西歐兩大地區的民眾，已經看不見真正黑暗、完全沒有人工電力照明的夜晚了。地球夜晚的衛星圖像顯示出全球電力照明設備誇張的擴散速度，就算圖像裡沒有附政治版圖的界線，我們還是可以輕易分辨出許多城市、河流、海岸線跟國與國的疆界。這些圖像雖然讓人印象深刻，但可惜的是，我們依舊無法看出其中光害的嚴重性。

欽札諾與法爾齊兩人引用美國太空總署自一九九〇年代中葉開始蒐集的資料，透過電腦計算與繪圖功能，才完成這張圖。圖中原本許多在都市之外的地區都是一片漆黑，但過沒多久，就被周遭城鎮洶湧而至的光線吞噬；這張圖用不同的顏色代表光線明亮的程度，白色最亮，然後依序是紅、橙、黃、綠、紫、灰、黑。就跟太空總署之前拍過的許多衛星圖像一樣，夜晚人工照明的世界地圖看起來當然也很漂亮，但背後卻隱含光害污染極為嚴重的難堪事實。

光害讓藍博特與我只能在拉斯維加斯大道上看見隻手可數的星星，讓我在時報廣場上不見任何一顆星星；光害是絕大多數的我們可以在住家夜空下用兩隻手（如果住在城市）或四隻手（如果住在郊區）把天上星星數完，而非被滿天超過兩千五百顆星星（如果在沒有光害的晴朗夜空下）搞到暈頭轉向的原因，同時也是我們即使登上帝國大廈（Empire State Building）的觀景台，能看到的星星數也只是十八世紀在曼哈頓仰望所及的百分之一的原因。

國際暗空協會（International Dark-Sky Association，簡稱ＩＤＡ）定義光害為「所有人工照明的負面影響，包括發亮的天空（sky glow）、刺眼的強光（glare）、無端闖入的光線（light trespass）、雜亂的光線（light clutter）、夜晚受損的能見度以及浪費能源等等」。發亮的天空（在規模大小不等的城市夜晚都看得到）可以看見泛出粉紅、橙色光彩的雲朵，積雪兩尺深的地區，還會因為反射效應而讓整個城鎮呈現出亮橙色的光彩，就算路標顯示距離該城鎮還有五十里之遠，我們仍舊可從地平線遠遠看見城鎮發亮的天空。

刺眼的強光會讓你想要舉手遮擋，無端闖入的光線會沒遮攔地越過不同家戶，譬如鄰居的探照燈從窗戶照進你家臥室，或是嶄新的高科技大樓照亮了對街的私人聯誼會。美國，一個強調個人自由與私有財產權的國度，結果到處都有外部光線無端闖入私人領域的問題。還有人不知道什麼是雜亂的光線嗎？這是用來描述每個城市都會有、如無頭蒼蠅般的擾人光線。

這會有什麼壞處？光害代表浪費的光線、能源與金錢。有辦法解決嗎？有！這些都是因為燈具設計不當或裝置不良而引起的問題，而且屬於非必要的照明，因此可以大幅度且輕鬆地克服——相對於

這張由伯恩斯（Tracy Byrnes）長時間曝光拍攝而成的照片，顯示蝙蝠與鳥類在拉斯維加斯樂蜀酒店天際星空中補食昆蟲的情況。（Tracy Byrnes）

其他更有挑戰性的環境課題而言。

每當我想到現代社會因為光害，不再認識真正的黑暗、真正的夜晚時，就會想起梭羅在一八五六年提出的發人深省的問題：「我所熟知的，難道不是已經殘缺而不完整的大自然嗎？」他在《湖濱散記》裡提到野狼、麋鹿等「凌駕萬物之靈」的野生動物，已經被屠戮到見人就怕，「說到底，這樣的大自然只是另一個不完整的版本。前人已在大自然披荊斬棘出一條生路，原本的大自然反而因此支離破碎。我想，遠古神話中的半人半神，應該沒資格被封為星座神祇吧。」一百五十年之後，我們眼睜睜看著肆無忌憚的光線，重複著同樣破壞大自然的行為。梭羅當年曾說過：「我渴望看見完整的天堂、完整的地球。」每當我讀到這一段時，心中不禁吶喊：**記得算我一份**。

貝曼（Bob Berman）住在紐約上州區（Upstate New York，意指紐約市與長島地區以外的紐約州）沒有路燈的一個小鎮。他告訴我：「我無法忍受路燈這種產物。」現在是早春時刻，我和他一起漫步在黑暗的雙線巷弄中，正朝向他親手搭建的天文觀測站而去。初昇的月亮穿過枯樹林，將銀白色的月光灑在波光粼粼的湖面上；青蛙高聲鳴叫，音量之大甚至掩蓋過車輛的噪音。

貝曼曾被視為全美最受歡迎的天文學家，寫出不少膾炙人口的暢銷書，同時也是《發現》（*Discover*）雜誌「守夜者」（Night Watchman）專欄、《天文學》（*Astronomy*）雜誌「天界者」（Skyman）專欄的作家。他幽默風趣的寫作風格（要用這種方式撰寫天文學相關的文章可不簡單），尤其獲得廣大的讀者好評。貝曼表示：「科學報導類的文章本來就很不好玩。冥王星有趣的地方在哪？銀河系有什麼好玩的？宇宙呢？想聽聽什麼是『宇宙擴張論』嗎？這些內容不像諷刺時事的話題，容易引起共嗚。如果說我有幸針對一些蠢問題寫專欄的話，那還真是上帝賜予的天賦。」

「你最喜歡的主題是什麼？」

「很難說出單一一個最喜歡的，應該是那種『深陷其中，無法自拔』的感受吧。」

貝曼所謂的「蠢問題」專欄當然很有賣點，畢竟大多數美國人根本對頭頂上的夜空一無所知。

我自己以前就曾是這票無知讀者中的其中一位。雖然我總是對天文知識感興趣，但完全不知道星星的名字與數量，更別提背後各種活靈活現的奧秘。老實說，我以前只知道這個：行星不會發光，所以我應該有辦法區別行星和恆星。我還知道兩個最著名的星座圖案：北斗七星（正確來說，它只是某個星座的其中一部分）與獵戶座。

「不錯了啊，」貝曼說：「大多數人只知道有月亮而已。」

貝曼的作品讓我擁有越來越多的天文知識，特別是《夜空的秘密》（*Secrets of the Night Sky*）這一本。所以我現在知道：獵戶座中的其中一顆星，參宿四，是「我們可以看見最大的一顆星星」。整個銀河當然比參宿四更大，但銀河是一大堆星星的集合體，不能算是一顆星星。

此外，大多數已開發國家因為光害問題，已經看不見夜空中的銀河了。依照貝曼書中的說法：「但參宿四的亮度卻能穿越都市裡霧茫茫的光害，直達肉眼。」還有：參宿七，獵戶座另一顆明亮的星星，「亮度相當於五萬八千顆太陽。」相較於獵戶座，其他星星到地球的距離更遙遠，貝曼如此描述：「如果參宿七和地球的距離與獵戶座其他星星一樣的話，地球的夜空就會籠罩在參宿七那耀眼到不像話的光芒下，每天晚上都像滿月。如此一來，很多天文奇觀就再也看不見了。」

今晚的月相是滿月後不久的下弦月，所以已經亮到很難在貝曼的天文觀測站欣賞豐富多變的天文景致。月亮繞地球公轉的週期是二十九天；因為月亮太大又太亮，以致很多天文觀測者不希望看到它，不過今晚貝曼看起來還是非常興奮，打開親手建造的觀測站（他說自己會這樣做，「大概是因為瘋了」）屋頂，直接把望遠鏡對準月亮（我問他：「望遠鏡也是自己做的嗎？」「別開玩笑了好不好？我用的可是高檔貨呢！」）。

「來！過來看看這個！」貝曼一邊說，一邊要我把眼睛湊到望遠鏡上。

我沒預料到接下來會看到的景致：灰白色的月亮浮現在一片黝黑的汪洋中，表面像是浮雕一般，大概是我有生以來看過最亮的月球；寧靜至極的景象也同樣讓我感到很震撼。透過望遠鏡看到的月亮，更清楚也更亮了，但看起來卻冷冷的、毫無生氣，孤伶伶地高掛在浩瀚無垠的宇宙中。

我在貝曼的作品裡看到過不少關於月球的描述（比方說，越是半夜、越是靠近地球，看起來就更亮；冬天的時候，月亮反射太陽的光線還會提升百分之七），讓我獲益匪淺，但我總覺得地球人和月亮之間的關係，應該不只是另一顆星球而已吧。用肉眼直視月亮，我可以看見它每天晚上緩慢升起；有時表面帶有鐵鏽般的暗紅色或咖啡色，有時則是一輪皎潔的明月，彷彿特地清洗掉表面的污漬，專門把最美的一面留給地球。換句話說，我對月亮有一絲親密感，就好像是地球的一部分、一個老朋友一般，但透過望遠鏡看到的月球，感覺起來——說出來也不怕別人笑——居然是那麼的遙遠。

「然後，我們來看看土星。」貝曼像牽著舞伴一樣，用雙手操作這部白色的大型望遠鏡，往東邊稍微挪了挪，再站回梯子上調整影像，然後對我說：「我們接下來有時間可以好好聊聊了。」等我再把眼睛湊到望遠鏡時，只看到一個明亮的小點不停地晃動，模糊不清。貝曼看了看，幫我進行微調，同時向我解釋影響夜觀星象的三個要件：透明度（transparency）、夜色暗度（darkness）與視寧度

（seeing）。所謂視寧度，指的是地表氣流紊亂導致觀測物不夠清晰或不夠穩定的現象。大氣氣流穩定時會有好的視寧度，如果當天氣流不穩定，視寧度就差了。檢驗視寧度其中一個簡易的指標是看星星閃爍的程度：如果星星看起來閃爍不定的話，意味著視寧度很差。貝曼告訴我，密西西比河以東超過一世紀以來，都不再興建重要的天文觀測站，其中一個原因就是視寧度太差的緣故。沙漠地帶山頂上優異的視寧度，吸引很多天文觀測者往美西遷徙。

「再來試試看吧，」貝曼爬下梯子說：「可能要花點時間，才會等到夠好的視寧度，那時候的土星影像就不會晃動了。」他表示，經驗豐富的天文觀測者，經常花很多時間等待好的視寧度。「記得我二十四歲的時候，有一天晚上氣溫低到負十三度，我準備的麵包都被凍成一團了，而我就杵在寒夜中，連續三個小時，一直等到視寧度穩定到可以清楚看見一圈又一圈的土星環為止。那天看到的影像甚至比天文攝影還細緻，這就是天文觀測者幾世紀以來不斷重複的工作。」

我一邊等待夠好的視寧度，一邊回味貝曼剛剛說過的話。歷史上的人類都會仰望夜空，現代天文學可以追溯到西元前兩、三千年的古埃及與巴比倫一帶；那時候的古人希望從夜空看出一些預兆（古人當然也會尋求其他的預言方式，歷史學家霍斯金〔Michael Hoskin〕即曾寫過「從羊腸中看見未來，更是值得玩味」這樣一段話），之後，人類開始建立宇宙觀（古希臘認為地球是宇宙的中心），接下來兩千多年，不論是希臘、伊斯蘭或羅馬文明，都很看重星象學。

歐洲的天文學在中世紀也走進了黑暗時期，與現代天文學截然不同。所幸有伊斯蘭天文學家替我們保存住前人的智慧結晶，這也是為什麼有很多星星以阿拉伯文命名的原因。一三九四年至一四四九年間，中亞撒馬爾罕（Samarkand）有位信奉伊斯蘭教的國王烏魯伯格（Ulugh Beg），他本人就標定超過一千顆天上的星星。再之後，伽利略（Galileo Galilei, 1564-1642）於一六〇九年舉起手中的望遠鏡望向星空，自此完全改變人類觀察宇宙的方式。

當視寧度穩定到我可以看清楚土星的時候，我不禁脫口而出：「喔，我的天啊！」肉眼看到的土星，只是一個很像星星的物體。或許有些人會感興趣，但絕對稱不上精彩絕倫。而透過望遠鏡看到的土星，就像一顆色澤柔和的大理石，外面圍繞著寬廣的條紋，簡直與天文攝影的照片一模一樣。不過這次是活生生展現在我的眼前。

「這幾年來，已經有超過一千人用過這個望遠鏡，」貝曼得意地說：「每次只要看到土星，聽到的不是『喔，我的天啊！』就是『這不是真的吧！』。」

「這不是真的吧！」真是讓人啼笑皆非的反應。其他的天文學家也和我講過相同的故事，有些還告訴我，有人甚至懷疑他們不知用什麼巧妙的手法，把土星照片直接裝在望遠鏡裡面。親眼目睹、眼見為憑說明了一切。看過土星的照片上千次，或許會讓你對它印象深刻，但如果是親自看過一遍的話，肯定終生難忘。

上次看到最美麗的夜空，已經是二十多年前的事了；那時我還只是個十八歲的高中畢業生，正在歐洲各國自助旅行。我從西班牙往南進入摩洛哥，之後沿著阿特拉斯山脈（Atlas Mountains）和撒哈拉沙漠（Sahara Desert）的邊緣前進，抵達一個沙漠游牧民族的交易市集，一個我現在已經沒辦法在地圖上指出來的地方。有天晚上，住在新改建、看起來有如馬廄般的青年旅館的我在半夜醒來，走出門外想看看飄雪的情況。沙漠中的雪看起來和明尼蘇達不一樣，在世界各地都沒見過。

我在寒冷的夜晚只穿短褲和拖鞋，打著赤膊，任憑冷風在身上刮來刮去。我還記得那是一個沒有光害的地方（真的一點人為的光線都沒有），但我身邊卻熠熠生輝（顯然是天上星星所灑下的光芒），而且我還真以為自己在地上看到星星了呢。那天晚上我看到的夜空很有立體感。看得出夜幕往上延伸，因此可以分辨有些星星離地球比較近，有些比較遠。清晰可見的銀河也完整呈現出天文學家所謂的「結構」（structure），可以感受到銀河往夜空的深處綿延。我在旅途中看過各國不同的星空，而此刻看到的繁星點點，卻比早上市集木製推車上數不清的羊頭，或是下午衣衫藍縷的窮人家小孩，更讓我感受到異國風情。直到現在，我都還以為那個晚上所見的滿天星光，是場奢華的夢境。

那個晚上的情境筆墨難以形容。那段期間，我每天都會經歷新的事物（不同的食物、不同的人、不同的地方），對所有事情保持開放的態度，而那一晚的星空，就用讓人摒息以對的華麗（而且又真切到讓人難以置信），在我血肉之軀的腦海裡，刻下無法抹滅的印記。半裸站在摩洛哥的夜空下，用身體感受寒風，感受夜晚的黑，感受星星的光輝。這是一個讓人印象深刻到無以復加的夜晚，讓我這輩子永生難忘。

我把這段在摩洛哥的經歷告訴貝曼，他說：「那我接著告訴你一個反差很大的故事。那是我岳母第一次來我們家的時候。她這輩子不是住在長島，就是佛羅里達，全都是有嚴重光害的地方。那天我和太太聽見她車子開到家門口的聲音，聽見她關上後車箱，拉著行李走到門口。等我們把她迎進門後，她問我太太的第一句話，竟然是：『天上那些一點、一點白色的東西是什麼啊？』我太太告訴她：『媽！那些就是星星啦！』」

貝曼把我逗笑了。我說：「我曾聽過類似的故事，但沒想到這居然是真的。」

貝曼身體往後一仰，開口問他太太：「親愛的，妳還記得妳媽問過天上的白點是什麼嗎？」

「記得啊。」

「妳認為她是在開玩笑嗎？」

「才不是咧。」

貝曼這輩子都在觀測星象，所幸還能在紐約上州區覓得一個理想的觀測地點。「當你可以用肉眼看到五點八、五點九星等的星星時，表示你可以看見滿天兩千五百顆星星。」貝曼提到的星等（magnitude），是天文學上用來描述星星亮度的分類方法。「理論上，人類肉眼可以一次看見天上三千多顆星星，但實際上有太多星星的亮度介於五到六之間（亮度暗的星星比較多），再加上地平線有很強的隱蔽效果，只要落在地平線仰角十度以內，亮度微弱的星星大概就都看不見了。」

現代天文學所謂的星等概念源自古希臘，當時他們把最亮的星設定為「一等星」，最暗的星定為「六等星」。現代天文學依據這個概念佐以更精確的計算，結果發現有些星星的星等甚至可以推算到負數，譬如天狼星（負一點五）。不過星等其實是一種相對數值（此處指的是視星等，而非星星本身亮度的絕對星等），只能反映從地球看見的星星亮度，因此如果宇宙誕生後最明亮的一顆星星離地球非常遙遠的話，它的星等可能就會被低估了。

基本上，人類肉眼能看見最極限的星等是六點五，倒是有些觀測者宣稱自己可以看到星等七點零，甚至更微弱的星星。貝曼在文章中提到：

明亮的星星並不多，普通亮度的星星倒不少，數量最多的還是昏暗的星星；這個現象對人類肉眼而言，帶有點視覺虐待的味道，所幸現代先進的天文望遠鏡，已經可以觀測到星等二十九的星星，比裸視可以看見的亮度還要暗上十億倍！用實際例子說明星等二十九到底有多暗：這就好比看見十二萬五千里以外一根點燃的香菸。

不過這些視力挑戰，在一個充滿光害的環境下，顯得不切實際。星等數字越高，星星的數量就越多，而這些微弱的星光，當然不敵人工照明的威力。

貝曼說：「我個人認為，仰望星空的時候，起碼要能一次看見四百五十顆以上的星星，才會有數也數不完、浩瀚壯麗的感覺，才會發出『哇！真是漂亮！』的讚嘆。這個數字可不是隨口說說的，那代表當時可以看見比星等三點零還要微弱的星光。現代人在城市裡只能看見十來顆星星，有時甚至更少，所以當然無法感受到星空的魅力。

「在城市的星空下，一般人可能會有這樣的反應：『喔，那顆是織女星（即織女一，Vega），然後呢？』即使可以一次看見天上的一百顆星星也無濟於事。『四百五十』這個數字無疑是個轉折點，要達到這個標準，才會有『看見星象圖』的感受，才會觸發我們和夜空之間與生俱來的連結，管它是來自於集體記憶、基因的記憶還是什麼其他生而為人的特質。所以一定要能**達到那樣的標準**，否則我們就算說破嘴也沒用。」

自古以來，人類會用熟悉的事物外形把星星串在一起，同時反映出當時生活的型態。有些圖案即使來到現代，也還是可以讓人一目了然，譬如天蠍座（Scorpius）的蠍子狀外觀，還有看起來就像獵人的獵戶座，以及組成夏季大三角（Summer Triangle）的三個星座。夏季大三角分別由天琴座（Lyra）的織女星、天鵝座（Cygnus）的天津四（Deneb）、天鷹座（Aquila）的牛郎星（即河鼓二，Altair）所組成。

夏季大三角的三個星座看起來恰如其名，但很多看不出所以然、讓人費解的星座圖案，就不是這麼一回事了，雖然它們源自於好幾千年前傳頌至今的希臘神話。位於獵戶座上方、很容易辨識、圖像中最亮一顆星，五車二（Capella）的御夫座（Auriga），就是一個很好的例子。有誰看得出來這個五邊形表示一位戰馬車的駕駛？御夫座已經是個很容易辨識的星座了，要不要挑戰一下麒麟座（Monoceros）所代表的獨角獸，和代表海怪的鯨魚座（Cetus）？這兩個星座也都在獵戶座旁邊而已。如果你對星象圖夠熟的話（或是手上有本天文學教科書，或是有智慧型手機相關應用程式的話），可能還是可以看出仙后座（Cassiopeia）、英仙座（Perseus）這些源自於古希臘的圖像，但要再看出其他圖像，可就有點強人所難了（譬如象徵手持蛇杖、醫術精湛的阿斯克勒庇厄斯〔Asclepius〕的蛇夫座〔Ophiuchus〕，看得出來才怪）。

夠複雜了嗎？還不只如此呢！一六二七年，德國天文學家席勒（Julius Schiller）想把基督精神引入夜空，試圖用聖經裡的人物名稱取代原本的星座名，即黃道十二宮變成十二門徒，北半球的星座改用新約聖經裡的人名，南半球的星座則改用舊約聖經裡的人名。也不知道是幸還是不幸，席勒的想法最終並未成真，因此南半球的星座名稱，還是反映出許多十六、十七、十八世紀歐洲人用來從事海外探險的事物，與當時的各種新發明。這些平易近人的星座名稱一直沿用至今，包括唧筒座（Air

Pump）、圓規座（〔Draftsman's〕Compass）、天爐座（Chemical Furnace）等等，還有創意十足的望遠鏡座（Telescopium）和顯微鏡座（Microscopium）。南半球的星座並非只有在南半球才看得到，我想對兒童或是那些保有赤子之心的人來說，他們這輩子大概都不會忘記在夜空中看見船尾座（Puppis）的興高采烈吧。

想要盡可能看見星星的話（不論是要達到貝曼所設定的標準，或者是要看出一個個完整的星座），我們都需要夠暗的夜空。多暗才算是暗呢？我可以直觀地把夜間黑暗的程度劃分成三大類，第一種暗是「晚上了，天色暗了」的程度，即夜間最常見的暗度，相當於波特爾八級到五級暗空的水準。第二種暗要夠幸運的人才體驗得到，相當於波特爾四級到二級暗空（甚至是一級暗空）的水準，可以暗到令人不自禁發出「哇，怎麼這麼暗」的驚嘆句。最後一種暗就可遇不可求了，能體驗到這種黑暗程度的人，不妨去買張樂透彩券。

黑暗的差別程度，當然遠比我直觀的分類複雜多了。波特爾的分類標準和夜晚人工照明的世界地圖都彰顯了一個事實：我們根本不知道什麼才是真正的黑暗，因為我們從未親身體驗過。

在曼哈頓倒是有個地方可以看見真正的黑暗，在紐約現代藝術博物館（Museum of Modern Art，簡稱ＭｏＭＡ）裡那幅梵谷繪製的「星夜」（Starry Night）。梵谷在一八八九年完成的這幅油畫，如果沒有被借出展覽的話，都會掛在紐約現代藝術博物館的牆上，每年吸引五千萬人前來一睹梵谷真跡。某個星期六早晨，我就站在這幅描繪星星、月亮與入睡小鎮的畫作前，和值班警衛閒談，不時聽見他對從世界各地來訪的群眾重複「請勿使用閃光燈」、「請不要靠得太近」、「麻煩後退兩步」之類的勸告。我問他：「這幅畫吸引你的原因是什麼？」「看起來很美啊，表現的手法還不夠出神入化嗎？」

很多人大概也會抱持相同的觀點，不過我更在意這幅畫背後的故事。夜晚的小鎮上，幾戶人家的窗口映著煤氣燈黃橘色的光芒，上方是遼闊、旋轉，介於藍、綠之間的青色天空。這幅畫誕生的時候，地球的夜色還沒被人類逼進森林和海洋，在畫面深處、進入夢鄉的小鎮裡，看得出來沒有任何一盞路燈。

我想，大多數人或許都太急於詮釋這幅畫作了，特別是在看到奇幻手法表現的天空後，便認定當時作畫的梵谷，已經精神異常了。像是「梵谷與夜色」（Van Gogh and the Colors of the Night）的策展人、紐約現代藝術博物館館長畢沙羅（Joachim Pissarro）就不諱言：「作畫時的梵谷，好像一個宣洩無窮精力的狼人。」

當時梵谷的精神狀態的確有些問題，現代人又沒辦法親身經歷畫面上曾經出現在地球的夜空（沒有光害的夜空看起來真的比較接近畫作），因此「梵谷瘋了」這種說法，聽起來就更可信了。梵谷是用想像的方式創作嗎？當然是。當時梵谷只能根據外出時的記憶所及，在晚上回到聖雷米（St. Remy）的精神療養院後，完成創作。但梵谷想像的天空，仍是以真實觀察到的天空為基礎。紐約現代藝術博物館每年五千萬名的遊客當中，看過相同天空景色的人，少之又少。「星夜」裡想像的天空，是以小鎮上看到的真實天空為範本；那時的小鎮可比我們現代社會的城鎮暗多了。換句話說，雖然這是一幅憑想像完成的創作，但是難道與現實毫無瓜葛嗎？

在我們這個年代，是的，不過別忘了，梵谷那個年代還沒有電燈。一八八八年，他在一封信裡提及之前走在南法海灘時所見的景象：

在一片深藍色的天空中，有些顏色更深的雲朵，比平常作畫時的藍色顏料還要藍。還有一些顏色比較淺的藍色，好比銀河的亮藍色。星星在層次不同的藍色夜空中閃爍，發出綠色、黃色、白色、粉紅色的光芒，看起來比家裡的，甚至比巴黎的珠寶更耀眼。如果你要的話，可以把星星想像成蛋白石、綠寶石、琉璃石、紅寶石、藍寶石什麼的。

這段描述很值得現代人注意。首先，梵谷把星星比喻成巴黎的珠寶。至少在五十年內沒有其他人會把夜空跟渺不相涉的巴黎珠寶聯想在一起。其次，不同顏色的星光？這是真的。即便在黑暗的夜空中，人的眼睛還是不太容易看出星星不同的顏色，因為眼睛的感光層有兩種吸收光線的細胞：視桿細胞（rod）和視錐細胞（cone）。視錐細胞能夠看出不同的顏色，但不會對光線的強弱有所反應；反之，視桿細胞可以分辨光線的強弱，但卻分辨不出顏色的差異。

當我們看見天上的星星時，通常是敏感度較高、不會分辨顏色的視桿細胞在發揮作用，所以我們看到的星星幾乎都是白色的，更何況我們很少長時間待在戶外、很少讓眼睛適應黑暗的環境，這還不提我們大多數人都住在光害把星光淹沒的環境裡，所以我們會認為不同顏色的星星是天方夜譚，是《巧克力冒險工廠》或《愛麗斯夢遊仙境》才會有的場景（再加上發了瘋的梵谷）。事實上，只要在夠暗的地方盯著星星看上一段時間，就會發現滿天星星呈現出不同層次的美感，可以看見星星發出紅、綠、黃、橘、藍等各種不同顏色的閃光。

甚至你還會成為梵谷的知音：「看見星星總是會讓人陷入幻想。」

老實說，我是為了兩幅作品，才會在星期六早晨來到紐約現代藝術博物館。由於第二幅作品的知名度不高，因此館方並沒有公開陳列，要不是負責畫作保存的邵爾（Jennifer Schauer）熱心協助，我恐怕還無緣一睹它的廬山真面目。邵爾帶我穿過「星夜」的展示廳，直抵館方的收藏室；所有沒空間展示的畫作，都存放在此，佔館藏總數的百分之七十五。邵爾察看一、兩個標籤後，熟練地拉出一排收藏架，我想要看的第二幅畫作就掛在上頭：巴拉（Giacomo Balla）在一九〇九年完成、色彩炫麗的「路燈」（Street Light）。我心裡頭嘀咕著，紐約現代藝術博物館把「星夜」當成常設的展覽品，這張色彩豔麗、電力照明的「路燈」反而瑟縮在不起眼的收藏室內，這個對比本身就已經極為諷刺了。或許這是全紐約市唯一一個星夜持續發亮到把路燈掩蓋住的地點吧。

「路燈」這幅作品完美地說明為什麼現代大多數人會認為梵谷的「星夜」和寫實一點關係也沒有。兩張圖都有月亮，都出現在畫面的右上角，梵谷「星夜」中的月亮，在夜晚自然的光線下，散發出黃色、會律動的光芒，巴拉「路燈」裡的月亮，看起來就像是一塊完全被路燈光線覆蓋的餅乾，高掛在天上、不帶感情的俯視大地；這就是巴拉想要呈現的訴求，一如巴拉的友人、義大利未來主義者馬里內蒂（Filippo Marinetti）前衛地吶喊：「永別了，月光！」巴拉他們這群未來主義者醉心於喧囂又變幻不定的光線，指的當然是人為的、現代的、電力照明的光線；對他們而言，昨晚的月光味如嚼蠟，算得了什麼？

邵爾說：「這張圖本身就好像是一盞點亮的燈。」「路燈」的尺寸是「星夜」的三倍大，背景用海水藍、綠色、棕色混成的顏色表現出夜晚的黑暗。畫面中間的路燈由上而下，釋放出玫瑰色、淡紫色、綠色、黃色的光芒，把燈座襯托得像是棒棒糖的握把。色彩明亮的同心圓中間包裹著燈泡，同心圓象徵光線不斷反射後所形成的光暈。當時巴拉採取樂觀的角度看待未來的電力照明，不但可以比月亮帶給我們更充分的光線，看起來也比較漂亮。事後證明電力照明的確沒讓巴拉失望，即便今天的我們，還是很能理解巴拉當時對電力照明的崇高敬意所為何來，但問題出在——借用接待我的邵爾所說的一句話：「紐約市已經太亮了，所以從來沒親眼看過這種畫面。」

就這樣，紐約現代藝術博物館用相隔五十公尺的兩幅畫跨越了時間的長河，從一個我們現在幾乎一無所知的夜晚，推進到我們現在習以為常，卻不怎麼放在心上的夜晚。梵谷的「星夜」記錄著十九世紀末、南法鄉間的舊時代夜晚，而巴拉在二十世紀初的城市完成的「路燈」，則記錄著我們現在正在經歷的新時代夜晚。隨著時間流逝，巴拉作品裡的電力照明，在西歐和北美不停擴散，甚至因為這樣，反倒讓梵谷的「星夜」變得聲名大噪。既然我們已經看不見新時代的夜空，回過頭去看梵谷如何描繪舊時代的夜空，就更顯得出神入化了。那是一個梵谷觀察入微、深情以對，只存在煤氣燈的舊時代夜空。

八級暗空

雙城故事

箇中秘密很簡單，就是讓光線和周遭景色融為一體。
不要驚擾鳥類、昆蟲、左鄰右舍與天文學家。
如果市政府給我一筆錢去圓夢的話，
我會讓大家見識到美麗的光輝。

——城市光影藝術家朱斯（François Jousse, 2010）

倫敦的帕摩爾街（Pall Mall）在一八〇七年點亮了全球第一盞煤氣燈，「亮白美麗的光輝」獲得各界一致好評。接下來十年，倫敦在超過兩百里的街道上，一共點了四萬盞以上的煤氣燈。根據當時民眾的描述，「數以千計的燈火，點燃了一長串火鏈。」倫敦在一八二五年成為全球人口最多的城市，沒有任何一個地方擁有的照明設備，可與其等量齊觀，當然也沒有它來得耀眼。

「明亮」的定義因人而異。在十九世紀民眾的眼中（當時他們只看過蠟燭或動物油脂點燃的路燈），煤氣燈毫無疑問亮多了，但對現代人而言，恐怕會覺得煤氣燈昏暗得可以，甚至不認為具有照明的效果。這不只是相對感受的問題；現代的倫敦人（以及全世界的都市人，包括百分之四十的美國人）住在電力照明四處流竄的城市裡，眼睛來不及適應夜晚自然的昏暗環境，結果只有視錐細胞派得上用場，視桿細胞則無用武之地。

但生活在只有煤氣燈年代的倫敦市民，就不一樣了。十九世紀的民眾眼睛早已習慣夜晚自然的昏暗環境，因此現代人眼中不起眼的煤氣燈，在當時倫敦人的眼裡，已經是非常理想的人工照明設備，能夠「帶來像夏天正午時分般的明亮感，但是卻又柔和得像月亮一樣，直接注視也不會讓人頭暈眼花。」還有人說：「整座城市籠罩在柔和又不可思議的光芒下，一瞬間不斷流瀉的光輝猶如彩帶一般，在末端以寂靜的黑暗做為穗飾。」

倫敦現在是全世界最明亮的城市之一（在夜晚人工照明的世界地圖上，呈現出一顆亮白色的點），不過我還是來到了這座城市，想要看看即便在光線流竄的環境裡，是否還能找到「柔和又不可思議」的殘存光芒。

這趟旅程的目標是倫敦目前仍留存、大多數座落在泰晤士河（Thames）北岸著名景點的一千六百盞煤氣燈，譬如西敏寺（Westminster Abbey）、聖詹姆斯公園（St. James's Park）等地。英國瓦斯（British Gas）目前組成一支六人團隊負責其中一千兩百盞煤氣燈的營運（兩位煤氣師傅、四位點燈師傅）。原本規劃每位點燈師傅都要經手處理四百盞燈，不過他們現在的工作負擔已經減輕了，與史蒂文森（Robert Louis Stevenson）在一八八一年的描述有所出入：「在黃昏的街道上迅速往返，在規劃好的定點，逐一點亮一盞又一盞的煤氣燈。」

一盞又一盞的煤氣燈串連起點燈師傅以兩星期為週期的值班路線，工作內容包括清洗燈罩、重新引火、設定計時器等。眼見電力照明取代煤氣燈的趨勢無可避免，史蒂文森特別撰文替點燈師傅打抱不平：「換成希臘人的話，一定會把他們的事蹟寫成神話，描述他們如何把天上的星星掛在城市的路燈上，並且在日出東方的時分準時熄滅。」無論有沒有希臘神話的傳奇性，現代點燈師傅的工作的確相當受歡迎，流動性很低。

在一個晴朗的十二月傍晚，我和英國瓦斯煤氣燈團隊的兩位師傅約在西敏橋（Westminster Bridge）附近的聖史蒂芬酒館（St. Stephen's Tavern）碰面。蓋瑞（Gary）和伊恩（Iain）兩位在擠滿當地人的酒館裡鬆開領帶、披著外套，等著待會上工時會看見的最美麗燈光。他們兩個毫不掩飾自己對煤氣燈的熱愛，蓋瑞說：「只要一接觸，就一定會愛上它。」家鄉在蘇格蘭格拉斯哥（Glasgow, Scotland）的伊恩說：「來到倫敦之前，我從未看過煤氣燈，之後我完全被它的古色古香所吸引，就連現在走在路上，看到電力照明的路燈時都會碎碎唸：『**混帳**，怎麼不是煤氣燈呢？』」

煤氣燈在英國古蹟相關法規的保護下，可以安穩地佔據倫敦街頭一隅，沒有被拆除的顧慮，但古蹟保護法卻無法保障煤氣燈不會被淹沒在電燈的光線裡。我在聖詹姆斯公園的邊緣找到一個活生生的案例。就在一盞維多利亞時代、散發柔和光芒的煤氣燈右手邊，不到兩公尺的距離，豎立著另一盞更高、更新的電燈，沒什麼設計風格可言，但是無疑散發著更亮、更刺眼的光芒。這種直接對比的畫面在倫敦街頭並不常見，如今在街道上、公園裡、庭院中都已不太容易找到煤氣燈了，因此（如果你也是位煤氣燈迷的話），我們很容易會覺得悵然若失。伊恩說的對：「我當然不會質疑電燈的便利性，但是我也無法否認煤氣燈的詩情畫意。」

蓋瑞和伊恩舉出許多人還是頗懷念煤氣燈的事證。蓋瑞說：「雖然很多人經過煤氣燈時會視若無睹，但只要我們倆開始上工、搭起梯子攀上燈架時，幾乎所有人都會停下腳步，把握機會拍照留念。」為什麼煤氣燈的人氣會這麼旺？簡單來講，沒有像電燈一樣那麼亮，是其中一個理由；煤氣燈的亮度大約只相當於四十瓦的白熾燈泡。另一個理由可能是維多利亞時代的質感，我們就是喜歡那樣的設計風格。還有一個理由，大概是紅橘色的煤氣燈像是一團低溫、平易近人的溫暖火焰，感覺起來就是比亮白色的電燈更吸引人。

我還可以再補充一個理由：每當走在柯芬園（Covent Garden）的聖詹姆斯街，或是在倫敦其他角落看到煤氣燈的時候，就會有時光倒流的感覺。這種「原來以前就是這個樣子」的思古情懷，讓煤氣燈大受歡迎。適當的亮度、設計感、溫暖的色澤，再加上歷史記憶。我不敢說煤氣燈一定比電燈更有美感，但是絕對別有一番風味。

西敏寺一帶最能感受到這種思古情懷，西敏寺後方隱蔽的院長庭院（Dean's Yard）就是以煤氣燈照明。老實說，這邊昏暗的程度，很難讓人把它與城市中的廣場聯想在一起，如果從英國國會、西敏寺附近的酒吧走出來，直接來到這個地方，眼睛恐怕還要花上幾分鐘的時間，才能適應。不過等到我們的眼睛慢慢適應以後，就會發現院長庭院其實還蠻亮的，蓋瑞就說：「想要看到的東西都看得到。雖然並非亮如白晝，但反而營造出相當討人喜歡的環境。」

這個環境當然還是帶有朦朧美。打個比方，如果你的目標是照亮廣大的足球場，煤氣燈的效果一定會讓人感覺很不爽快。當電力照明的路燈開始出現在歐洲的城鎮上時，民眾馬上就能體會自己從小看到大的煤氣燈到底有多暗，甚至有些人用「被騙了」來誇大其詞。例如曾經有位倫敦人抱怨：「我一點也沒胡說，煤氣燈根本一點照明效果都沒有。有一盞煤氣燈連續三天都沒點亮，結果居然沒有任何人發現有什麼不同。」另一位倫敦人說：「只要從大馬路轉進小巷子，看見微弱、昏暗、可憎的煤氣燈在那邊要亮不亮的，我的眼睛馬上就會發酸。小巷子籠罩在一片黑暗之中，光靠煤氣燈那種微弱又昏黃的光芒，一個不小心，大概就會撞上其他人的家門……總而言之，煤氣燈不愧是史上最沒路用的照明設備了。」

十九世紀的人有這種反應並不奇特，現在的我們也不太可能放棄電燈，重回煤氣燈的世界，然而我們似乎忽略了一件事：大家都知道有些項目是電燈的專屬工作，煤氣燈做不來，但有些使用煤氣燈就能達到照明效果的，我們卻經常讓電燈來執行。譬如西敏橋就被電燈照得比白天還亮，讓經過的路人、腳踏車騎士、汽車駕駛覺得刺眼。如果這座橋換成煤氣燈搖曳的光芒，該有多美？再者，我們有很多方法可以解決煤氣燈不夠亮的問題，如果路上行人覺得煤氣燈的照明效果不好，只要輔以一盞及腰、包覆完整的電燈，就足以讓路人行得安全，同時又不會破壞煤氣燈所營造的氣氛。看著煤氣燈完全被淹沒在倫敦街頭耀眼的電燈群裡，我不禁好奇，是否有什麼神奇的方法，可以在享有電燈的便利之際，又避免史蒂文森筆下「庸俗且礙眼的光芒」出來攪局？史蒂文森如此描述電燈的庸俗：「如果一個人堅持在電燈底下鉅細靡遺地研究美女臉龐上每一吋肌膚的話……他絕不可能成為一位瀟灑的享樂主義者。」

史蒂文森在十九世紀快要結束的時候，完成散文〈煤氣燈的答辯書〉（A Plea for Gas Lamps）。當時弧光燈在歐洲、美國越來越風行，這篇散文當然是以維護煤氣燈的立場為出發點，當中並未採取「與電燈誓不兩立」的口吻，而是針對新世代電燈的氾濫與刺眼提出警告。

史蒂文森推崇當時路上「煤氣點亮的星星」，認為這些地方環境幽雅，點燈師傅也親切和善。就算路人有時候會不小心被「點燈師傅的梯子或手中滑落的物品砸到頭」（我問蓋瑞有沒有做過這麼令人發窘的糗事，他回答得很妙：「就盡量避免囉！」）結果這一切的美好，即將被「機械化的星光」，被「亮燈時……不是一個接著一個，而是一口氣全部衝出來」的電燈所取代。史蒂文森的意思是，「按下電燈開關」這麼簡單的動作，缺乏人味。儘管一方面等著看「明亮的電燈是否會帶來不同的美感」，史蒂文森還是懷疑自己看到的是「一種都會型態的新星，從人類眼睛的角度看過去……不自然、可怕又惹人厭，說是惡夢般的燈也不為過！」

現代社會照明的技術水準已經不是弧光燈年代可以相提並論的了，不過我想史蒂文森大概還是會提出相同的警告吧。夜晚時分點亮一盞燈，當然會帶給人寬慰的感受，但我們是不是有點做過頭了？在設法擺脫黑暗的同時，我們是否也失去了美感？

數百年來，倫敦這座城市的夜晚多半是黑暗的，為找出老倫敦與其中蘊含的美感，我特地在舊城區挑了一間老旅館住，只要興致一來，隨時都能外出走上一個鐘頭。我還根據狄更斯（Charles Dickens）的小說場景，幻想只有在半夜才看得見的倫敦街頭。

狄更斯在其所撰寫的散文〈夜間漫步〉（Night Walks, 1861）裡說：「幾年前，某個難以入眠的夜晚……，讓我起身在倫敦街頭遊蕩了一整夜。」他於「十二點半之後」開始夜遊，走在倫敦冬天特有的「陰沉而寒冷」的夜晚；太陽在這個季節起碼要等到清晨五點半之後才會升起，他有得是時間四處漫遊。我抵達倫敦的季節也是冬天，而且還是在冬至的時候，因此當我凌晨兩點二十分走在倫敦街頭時，不禁露出一抹微笑。

我穿得很暖，不過身上沒有任何一絲照明用的器材，沒有手電筒、頭燈、火把。我下榻的旅館總共有五百多個房間，當天晚上幾乎客滿，當我快步從五樓走向大廳時，一路上半個人影都沒有。全世界的旅館都是這樣，不論在走廊還是樓梯間，即便是在根本沒人的三更半夜，也亮得跟什麼一樣。這種情況短期之內大概難以改變，所以在過了凌晨一點半之後，我們的時間觀會有些錯亂。非得等到凌晨四點，才會覺得新的一天開始了。旅館大廳內空無一人，只剩晃神的門房杵在入口的電動門旁，等我都快走到門邊時，他才回過神，露出一副「**什麼？你現在要出門？**」的神情目送我離去。

我沿著河岸街（Strand）出發，這是倫敦最古老、最富盛名的一條街。現在是寒冷的十二月夜晚，氣溫可能只有華氏二十五度（編註：攝氏零下三點八四度）。我在兩點四十五分左右走到滑鐵盧橋（Waterloo Bridge），往西邊看，大笨鐘（Big Ben）與國會大廈（Houses of Parliament）聳立在倫敦烏黑的夜空下。

我可以看見大笨鐘白色的圓鐘面點著燈，藍色的倫敦眼（London Eye）亦然。倫敦眼是重力式摩天輪（Ferris wheel，車廂直接掛在輪身上）的一種，座落於泰晤士河南岸。我仰頭一望，看見二十四顆星星，回過頭往東看，雖然沒有燈光照明，還是可以隔著煙霧和水氣，看見聖保羅大教堂（St. Paul's Cathedral）模糊的輪廓，宛若當年聖保羅大教堂在倫敦大轟炸（Blitz）後毫髮無損所拍下的經典照片。除了現在在教堂後面多了許多棟高樓大廈，再加上黑修士橋（Blackfriars Bridge）上讓我無法直接注視的耀眼白光外。

狄更斯筆下的泰晤士河「讓人看了就害怕。河岸邊的建築物彷彿包在黑色的裹屍布裡，光線在河中的倒影，好像它們本來就是從河底透出來的一樣，那是跳河自盡的冤魂高舉的燈火，用來看清自己生前落水的位置。」幾世紀以來，泰晤士河奪走的性命不計其數：十八世紀有從船板上為爭取自由而落水的奴隸；一八七八年沉沒的渡輪，更一口氣帶走六百條人命。直到今日，泰晤士河在現代大都會市中心的樣貌，一樣叫人不敢恭維。

我往下走在緊鄰河岸、用石頭鋪成的河堤上，看見拖板船、渡輪、平底船什麼的都靠在岸邊，昏暗的燈光中，瞥見一人正拉著纜繩起錨。如今泰晤士河還是有很多警備船、消防用船、觀光用船，特別是興建土木工程的平底船航行其上，但用平底船穿梭泰晤士河的工作型態，已與從前大不相同了。山度（*Sukhdev Sandhu*）在《夜間遊魂》（*Night Haunts*）一書中引述某人小時候的回憶：「那時候，泰晤士河上停滿各式各樣的船隻，從河的這一頭開始，可以沿著船上甲板一路跳到對岸，中間都不用擔心會掉進河裡。」

山度描述平底船上的工人「還是如往昔一般在河面上來來去去，不過總覺得這條河已經被外來勢力入侵殖民，失去應有的靈魂。」他寫道：「在倫敦人習以為常的泰晤士河上……以前平底船上的工人，一直要等到過了午夜，才會覺得自己從城市的枷鎖中獲得解脫，才能卸下滿身的油污和沉重的負擔，遠離繁雜的喧囂和刻意顯露的堅強外貌。唯有此時，他們才不用裝出白天在泰晤士河黑色水面上工作的調性，才能呼吸到自由的芳香，享受黑暗中這寧靜的片刻……沒多久以前，泰晤士河晚上還是會籠罩在一片黑暗之中，可是現在停車場、大型購物商場等一個接著一個設立，其中照明設施無遠弗屆地映照著泰晤士河，讓它失去原本黑暗的環境。」

走過滑鐵盧橋後，我選擇往西前行，看見早上經過的商店，通通關上了鐵門。我在路上左閃右晃地避開水坑，看到許多遊民席地而臥。為避免洪水肆虐，十九世紀在泰晤士河兩岸興建人工河堤

——南岸稱「艾伯特」（Albert，有工業階級的意味），北岸稱「維多利亞」（Victoria，有皇室貴族的意味）——引導河水改變以往季節性的河道。此時南岸的河堤，基本上不見人影，但光輝燦爛，我只看到一名警衛和一名清潔隊員。

我繼續沿著南岸往西敏橋的方向前進，一直走到蘭貝斯大橋（Lambeth Bridge）。一路上我往對岸看，看到國會大廈的外牆，即使在半夜，也用黃褐色的泛光燈（floodlight）照明。然而在隆冬的星期天凌晨裡，這座古老的建築物，從頭到腳還是處在一片漆黑當中，不但沒有一扇窗內點著燈，眾多煙囪裡也只有一個在冒煙。在後方雲彩與前景路燈的襯托下，我只能看出國會大廈和大笨鐘的輪廓，與過去幾世紀以來只有月光映照的情況相去不遠。

狄更斯曾經用文字記錄穿越西敏橋、走進西敏寺的經驗。在他筆下，「安葬寺內的名人穿梭於陰暗的拱門和樑柱之間，就像是一支奇幻十足的隊伍。」隔著泰晤士河望向國會大廈的我，也有相同感受。在白天日光或是泛光燈的襯托下，現在的西敏寺無疑是棟年代悠久的建築物，可是如果能把投射在壁面上的泛光燈移走，在冬天的夜空下只看西敏寺的外觀輪廓的話，則幾世紀以來的時間隔閡，便會跟著消失，建築物的黑影，亦像是活了過來一樣。我隔著泰晤士河望過去，不禁幻想那些名人的靈魂從屋頂上幡然飄落，在生前足跡踏過的地方來回踱步。

不論是在倫敦這樣的大都會、鄉下地方抑或你自己的房間裡，把燈關掉之後（尤其是明亮的電燈），就會讓人有穿越時空、回到過去的感覺。

我從西敏寺沿著彎曲的騎衛隊路（Horse Guards Road）走往聖詹姆斯公園，路的一旁有內閣戰情室（Cabinet War Rooms）和唐寧街（Downing Street）十號的首相官邸，接著跨過林蔭路（The

Mall），看到約克公爵（Duke of York）堅毅非凡的青銅像豎立在巨大的花崗岩圓柱上，然後走到卡爾頓連棟住宅（Carlton House Terrace）。如果你想知道整條路都是煤氣燈會長成什麼樣子，這裡可說是理想的出發點。路的兩旁沒有任何一盞電燈，完全由煤氣燈柔和的黃光提供照明。接下來，我一路走到帕摩爾街；這條歷史悠久、廣為人知的老街上有許多著名的建築物，從其中一棟二樓大面的落地窗看進去，會看到一整排陳年古籍，都是些咖啡色、深紅色、黑色系書皮的精裝本，三樓的兩扇窗戶則拉上窗簾，裡頭透出微弱的燈光。

一九二七年吳爾芙（Virginia Woolf）在隨筆文集《流連街頭》（*Street Haunting: A London Adventure*）裡提到：「住在倫敦，冬天最大的樂趣」是「在街頭到處閒晃」。她說自己以買鉛筆為藉口外出溜達，「最好挑冬天的傍晚時分外出」，理由是「傍晚時分……昏暗的環境與燈光賜給我們放縱的空間。」我想，吳爾芙所謂的「放縱」（irresponsibility）應該是指自由（freedom）。她寫道：「那時候的倫敦街頭多美啊！黑色的夜幕像是無止境的森林，路上的每一盞燈都像是一座座的小島。」

我真希望能有幸親身經歷吳爾芙筆下的倫敦夜色，如果可以再貪心一點，我更希望在現代化的倫敦看見「小島般的路燈」在「像森林般無止境的黑色夜幕」中，綻放幽暗的光芒。吳爾芙散文集問世後，經過八十五年左右，她所描述的場景恰恰顛倒；現在是電燈光線匯集成無止境的森林，偶爾才能走進煤氣燈與夜色的專屬空間。

這是我第一次來倫敦，感覺就像其他的城鎮一樣（特別是歐洲的城市），既然路旁的建築物都具有好幾百年的豐富歷史，如果能夠花更多心思，讓光線與夜色取得平衡的話，那會是多麼美麗的景致啊！我並不是說倫敦夜晚的光影不值一哂。從泰晤士河另一頭望向國會大廈，就很讓人流連忘返。但大量運用泛光燈在牆面上濃妝豔抹，終究產生一種不協調的感覺，與下文中巴黎精心規劃的夜間照明，更是無法相提並論。想要營造一個環境讓夜晚的倫敦變得更美，多得是各種發揮創意的空間。別忘了，煤氣燈和雋永的人文氣息，就已經讓倫敦擁有全球其他城市所沒有的優點了。只可惜就我所觀察到的，大多數這些可以充分發揮的空間，都還有待努力，才能實現。

從帕摩爾街走到特拉法加廣場（Trafalgar Square）後，時間已經是三點五十五分了。交叉路口的地上塗有「注意左右來車」的警示字樣，一輛黑色的計程車緩緩駛過，路邊停著好幾輛紅色的雙層巴士，廣場中央的探照燈（spotlight）匯集在納爾遜將軍（Admiral Nelson）的紀念柱上。最後，我又走回了河岸街與柯芬園。

柯芬園已經是好幾百歲的老市場了，一開始位於倫敦的城牆之外，隨著倫敦規模不斷擴大，之後逐漸成為倫敦市區的一部分。狄更斯〈夜間漫步〉的終點站就是柯芬園市場。清晨的市場「就像是一家神奇的公司，菜農用為數眾多的馬車運來數不清的甘藍菜，跟著馬車的孩子們還半睡不醒的，機靈的狗兒往來市場，替他們瞻前顧後，預告一場活力十足的派對即將登場。」

能夠用「派對」形容柯芬園的年代已經有點久遠了。一七三五年有一幅版畫名為「柯芬園酒醉的迌迌人與警衛」（Drunken Rakes and Watchmen in Covent Garden），當中的迌迌人們頭戴三角帽，腰間掛著配劍，左摟右抱地想和身旁的女士搭訕。畫面左邊角落有隻汪汪叫的小狗，還有一個被砸爛的燈籠掉在石板路上。畫面後方是急忙趕來維護治安的警衛，揮舞木杖朝其中一個迌迌人的背重重一記，畫面右邊的女士則伸手朝身後男士的鼻子捏了過去，還有兩個引路男孩（link boy，在我們用煤氣燈的光線「連結」不同街道之前，這些提著燈籠的男孩，會在不同街角接引路人），提著燈籠站在角落。

從他們的表情看來，似乎覺得大人滑稽不莊重的行為特別有趣。

除了畫面整體透露出瘋狂的喜感外，另一個值得注意的特點是，現在柯芬園的建築本體清晰可見。如果你觀察得夠仔細，你甚至可以推斷穿著襯裙、一臉欣喜的女士身後，就是現在蘋果電腦專賣店所在的廊柱間。經過了幾世紀，倫敦的聖保羅大教堂、大笨鐘、路上的行人與石板路依舊。原本版畫說明寫著「一群醉醺醺的人在柯芬園引起一場騷動」，有趣的是，經過兩百七十五年後的某個凌晨四點多，一群醉醺醺的人一樣在這出沒，大聲嚷嚷著切爾西（Chelsea）的球員應該怎樣踢球才對，彷彿自己是帶領他們四處征戰的教練。勾肩搭背的這夥人顯然還意猶未盡，打算走去下一家酒吧續攤。

柯芬園一帶還是用煤氣燈照明，但周圍店家實在太亮了。有些是為了做櫥窗展示，有些則是店裡本身沒關燈，以致電燈的光線肆無忌憚地喧賓奪主，奪走夜空原有的景致。如果想要看看柯芬園以往迷人的景色，你應該沿著人行道繼續走到皇冠巷（Crown Court）或是博羅德巷（Broad Court）：只有煤氣燈和石板路，而且道路兩旁動輒都是五百年歷史以上的建築物。

如今柯芬園的夜晚還是一樣沒什麼人，不過清晨似乎會來得比較早，我也該走回河岸街稍微補眠一下了。我很清楚過幾小時後再回到相同的地點時，所有的景色都會大不相同。待會兒會湧入大批的購物人潮，一手拿著尼羅咖啡（Caffè Nero），一手提著購物袋，什麼菜農啦、甘藍菜啦、他們養的狗啦，這些都只會是停留在我腦海中的幻影罷了。

幾天後的夜晚，我站在巴黎市中心的聖路易島（Île St.-Louis）看著塞納河（Seine）橋上從十九世紀一直沿用至今的淡桃色路燈，粉藍薰衣草色的夜空掛著一抹新月，明亮地像是抹上了一層油蠟。

世界上有很多不夜城，但只有巴黎被封為「光之城」（City of Light）。近年來有些人把巴黎稱為「充滿光線的城市」（the city of lights），這種描述不能說錯，畢竟巴黎夜間的燈光確實是迷人的特徵，不過如果只依靠「是否被電燈光線淹沒」做為「光之城」判斷標準的話，全球有數十個城市，隨時可以取巴黎而代之。「光之城」的出處現在已無從考證，不過可以確定這個稱號與巴黎在十八世紀做為「啟蒙運動」（Enlightenment）的哲學思潮重鎮有關，換句話說，「光之城」不僅和讓人印象深刻的光影有關，和帶動人類社會的新的文明進程，更是脫不了關係。

這個評價即便到現在，也還沒過時。

「巴黎的光影很少自然而然產生。」說這句話的人是唐尼（David Downie），一位長年住在國外的美國人，同時也是《巴黎、巴黎》（*Paris, Paris*）這本導覽書的作者。我請他帶我步行遊歷這座古老的城市。唐尼告訴我：「這些都是經過精心設計的。從二十世紀初開始，巴黎就在『塑造城市印象』的工作上下足功夫，也不愧是善用光影效果營造周遭氣氛的先驅者。」

唐尼一邊說，一邊指向聖路易島和西堤島（Île de la Cité）中間一座步道橋（即聖路易橋〔Pont Saint-Louis〕）上的路燈：「看到那盞煤氣燈了沒？從小煙囪式的燈罩可以看出這是一八九〇年代的款式，而這座步道橋卻是一九六〇年代後興建的。這樣的組合顯然是刻意規劃的。巴黎人既會利用光線，也會運用陰影；天色越暗，這座橋就越好看。」白天會注意到這座橋的人恐怕屈指可數，迨夜晚打上燈光後，光影效果就會襯托出它的美感。「晚上，這座橋的很多細部特徵會逐一浮現，」唐尼補充道：「巴黎人謹慎安排，讓光線不會弱到讓你看不清楚橋面，但也不會亮到讓你在不經意間就走了過去。他們在這裡替橋面覆上一層溫暖的光毯，創造出一種復古情懷。」

巴黎是座歷史悠久的城市，少有路燈高度超過十五公尺，是其公共照明的特徵之一。更精確一點說，幾乎沒有路燈的高度超過一樓。人行道、大街上、小陽台，這些地方都看得到光，但建築物較高的樓層，就通通隱沒在夜色中了。唐尼表示：「這些都是精心設計的安排，巴黎人刻意規劃出這樣的環境與氣氛；時間越晚，這樣的氣氛越濃厚。」

聖路易島和西堤島是巴黎的發源地，島上古老狹窄的巷弄間豎立著橙黃色的燈光，光線所及之外，包括法式洋房與洋房之間、房子的小陽台和屋頂、塞納河的河面上，都是黑暗籠罩的領域。這帶來兼具私密與開放性的效果，穿梭於兩座島上的行人，好像是在時光隧道裡探險，彷彿夜晚的巴黎是一棟舉辦派對的古堡，有無窮無盡的廂房可以讓人一探究竟。乳酪專賣店（fromagerie）的門上有顆小鈴鐺，櫥窗裡香軟的起司靜靜地躺在白色包裝紙上；肉舖店（boucherie）內掛著一整排肉雞兜售；貝蒂詠（Berthillon）冰淇淋懸掛的甜筒餅乾，是最引人注目的招牌；好幾百年歷史的教堂，厚實的木門內傳出管風琴的樂音；咖啡館的編織椅圍繞著一張擺有濃縮咖啡的小圓桌。月光在塞納河的粼粼波光上輕輕鋪了一條銀色的絲帶，穿過泛著橙黃色燈光的橋樑，一路西行，向大海延伸而去。

「這就是巴黎美麗的夜景，一種著重『氣氛營造』、筆墨難以形容的美感。」《大城市的夜景》（*Nights in the Big City*）一書的作者舒勒（Joachim Schlör）如是說：「夜晚時分，我總會抱著愉快的心情漫步街頭。怡人的夜景，能讓人心跳變得和緩。」

古老的巴黎非常適合悠閒漫步，因此有很多美國人，在受夠了城市裡滿街都是汽車的景象後，十分嚮往前來這裡遊歷。近年有越來越多人使用 flâneur 這個法文字（意指漫遊、閒逛的人），根據舒勒的解釋：「漫遊者喜歡在城市裡專注於緩慢步行的典雅，這是一種需要學習才能領悟的偏好。」重點是，巴黎的悠閒步調不光發生在白天而已。法國人把喜歡在夜晚出外走動的人稱為noctambule（夜行者），英文相對應的字眼則是noctambulist（夢遊的人）。不過noctambule除了「夜行者」之外，還帶有「夜貓族」的含意，如此才能完整表達這群人在夜間散步時的自得其樂。

Noctambule原本是指一八三〇至四〇年代，在夜間利用煤氣燈的照明，於大馬路上行走的巴黎人，唐尼則認為十八世紀的作家黑帝夫（Rétif de la Bretonne）是最典型的noctambule。為了撰寫在夜間散步的作品，黑帝夫親自上街去開發各種夜遊路線，唐尼經常會跟隨當年黑帝夫走過的路徑，環繞聖路易島。「黑帝夫當年就住在那邊，」唐尼指向一棟建築物，說：「他會從那邊出門，然後沿著我們剛剛走過的路線散步。他會坐在聖路易島的河岸邊，思索各種不同問題的想法，然後再繼續他夜間的城市探索之旅。」

從一七八六年一直到一七九三年，黑帝夫走過巴黎市中心的大街小巷，並把他這幾年探索之旅最精彩的部分寫成《夜巴黎，午夜劇場》（*Les Nuits de Paris, or, The Nocturnal Spectator*）一書。這本書開頭的前幾頁，可以看見長髮披肩的黑帝夫，誇張地穿著縫上大鈕釦的鞋子和襪子、圍一件大披肩，寬邊大帽上還站著一隻貓頭鷹（這隻雙翅展開的貓頭鷹像兔子一樣豎起耳朵，臉上一副驚訝的表情，好像是被黑帝夫用膠水黏在帽子上似的）。

這個造型很符合黑帝夫的性格：在深思熟慮的嚴肅樣貌下，帶有些許滑稽感。事實上，他的文字也帶有一樣的風采。黑帝夫來自勃艮地（Burgundy），在當時是一入夜就伸手不見五指的地方，因此大城市明亮的夜晚，曾經讓他感到難以置信。油燈在一七八〇年代突然出現在巴黎街頭，之後越來越普遍。唐尼表示：「黑帝夫非常熱愛散步，能在夜晚外出四處走動的體驗，讓他雀躍不已，更重要的是……他還看得見。」

晚上在外面到處逛逛，對我們來說是理所當然的一件事，但這件事的源頭要回溯到法王路易十四（Louis XIV）於一六六七年頒佈「在巴黎街頭掛上燈籠」的法令。崇拜路易十四的臣民誇稱此舉讓「巴黎每條街道的夜晚都亮如白晝」，路易十四也用發行新貨幣紀念自己的這項創舉。其中一面是他的肖像，另一面則是穿長袍的人，提著點亮蠟燭的燈籠。這款蠟燭燈籠掛在巴黎的大街小巷，形成全世界第一套官方提供的公共照明系統，直到該世紀末，十多個歐洲北方的城市，也都在街道上設置了公共照明系統；有些是用蠟燭，有些則是油燈，其中光是在巴黎，就設置了超過五千盞蠟燭燈籠。不過這套系統每年只在十月到隔年三月之間運作，其他時間，就要靠太陽晚點下山或是月亮早點升起了。

路燈為人類在夜晚的互動關係帶來重大轉變。在路燈問世之前，夜晚象徵一天的勞動與社交互動告一段落，意味著所有人都要從戶外回到室內。德國學者希弗布許（Wolfgang Schivelbusch）在《失色的夜晚》（*Disenchanted Night*）一書中提到：「在中世紀，進入夜晚時分，得提高警覺，一如船上的水手得戰戰兢兢面對前方的暴風雨一樣。黃昏時，人們開始往室內移動，再把自己緊緊鎖在門內，與外界一切事物隔離。」中世紀時期，在夜晚外出要冒著生命危險——或者成為犯罪受害者，或者因失足、迷路而殞命。那時候的塞納河，會在夜晚拉出一條長繩，如果有人不幸從河岸或橋上失足落水而溺斃的話，就要靠這條纜繩，才能截住他們的屍體。

新設置的公共照明同時帶來新的文化，不但讓歐洲北方的咖啡館如雨後春筍般越開越多，營業時間也越拉越晚；只要看見咖啡館門口還掛著燈籠，就表示尚未打烊。由於公共照明讓人感到夜晚外出活動的危險性大幅降低，讓越來越多人願意出門看看夜晚的世界，因此產生更多的商機與人際互動；

有些人在夜晚吃喝玩樂，有些人則在夜晚工作，提供服務。這些新型態的夜間活動，徹底改變歐洲北方城市行人的生活方式，例如十九世紀初，人們用餐的時間已經比中世紀晚了七個小時。歷史學家柯斯洛夫斯基（Craig Koslofsky）用「夜行化」（Nocturnalization）說明這種變化，隨著路燈成為不斷擴充的基礎建設，「夜間各種合法的活動與利用夜晚時分的方式，也跟著越來越豐富」。

巴黎原本以蠟燭燈籠為主的公共照明，在十八世紀中換成另一種新的油燈：反射鏡路燈（réverbère，英文為reflector）。反射鏡路燈包含多盞燈芯與兩面反射鏡，可以顯著加強路燈的亮度，甚至被譽為是「可以把夜晚變成白天」的人造太陽。一七七〇年，巴黎警政首長在一份報告中指出：「反射鏡路燈的亮度，讓人想不出有什麼比它更明亮的裝置。」但十八世紀的巴黎人，沒多久就發現反射鏡路燈其實也不過爾爾。有人曾為此留下一段評語：「這種亮度只不過讓夜晚變得起碼能看見東西而已，不明就裡的人，會以為路燈亮到能刺傷眼睛。真的看過就會懷疑它到底管不管用，一旦直接站在路燈底下，便會發現自己其實還是置身於黑暗當中。」

這段文字倒也不是存心挖苦。在太陽王路易十四掛上燈籠的法令實行一百年之後，一位造訪巴黎的英國人就說：「巴黎真是座惡臭四溢、照明不足的大城市。」

想要穿梭在巴黎夜晚的街頭，是個充滿挑戰的任務。當時巴黎狹窄的街道並沒有專屬的人行道，行人被馬車撞死的意外事件層出不窮。根據黑帝夫的記載，「有時候晚上人多的區域，會讓我一口氣碰到所有狗屁倒灶的鳥事。走在華荷街（Rue du Foarre），會有豬大骨從天而降掉在我腳邊，骨頭的銳角跟住戶用力擲出的力道，足以讓豬大骨成為致命武器——如果真的砸中我的話。」接下來，黑帝夫看見「一大桶肥皂水」破窗而出，有時則是一整籃的火爐渣，這些都還不是最厲害的。由於巴黎的石板路同時也是家庭廢水流經的通道，因此空氣裡瀰漫著只有在垃圾掩埋場才聞得到的陣陣惡臭。

歷史學家艾克奇說：「奧爾良女爵（Duchess of Orleans）認為一七二〇年的巴黎，其中一個特點是『有一條不全都是尿的河流』，因為男人在大街上方便完後，尿液會與馬糞、豬大便攪在一起，流進一英尺或更深的臭水溝裡，再混雜堆積在裡面的煙灰、牡蠣殼和骨骸。」此外，「更讓人無法忍受的是，晚上有人從窗戶或門口把排泄物一股腦地砸到街上。」

霍加斯（William Hogarth）在「一天內的四個時刻」（Four Times of the Day，完成於一七三六年）中雖然畫的是倫敦夜景，但巴黎的情況大概相去不遠：一個女人從二樓把一桶排泄物往窗外倒，結果不幸倒在與太太漫步街頭的男士身上。這位男士氣得拿枴杖要找人算帳，他太太則提著燈籠，腋下還夾著一把劍，忙不迭地要把先生拉走。喔，對了，在他們身後狹窄的巷道中，居然還有一堆營火呢。

看到這些昏暗場合的胡鬧畫面，實在很難想像路燈會成為人們痛苦與憤怒的根源之一，不過在法國大革命發生之前的那幾年，路燈的確是一種嫌惡設施。公共照明一開始是各國政府想要在夜晚方便實施宵禁而設立的，所以很多巴黎人把反射鏡路燈等同為皇權暴政的象徵。一開始，這些路燈離地面沒多遠，很容易用手杖敲爛，因此成為民眾洩憤的目標，之後路燈雖然越掛越高，有道是「上有政策、下有對策」，破壞燈座一樣可以讓整盞燈砸毀在地，所以那個時候，設法把路燈砸爛，就跟現代設法把南瓜砸爛一樣，居然成為一種餘興節目。希弗布許曾說：「不管採用什麼方法、經歷哪些過程，『把路燈砸爛』已經是個人人趨之若鶩的活動了。」

現在，無論蠟燭燈籠還是反射鏡路燈，都已不存在了，取而代之的電燈，已讓巴黎在規模相仿的城市中以明亮著稱，但上述的歷史遺跡依舊隨手可得。雖然有些人批評巴黎這座古老的城市有如一座博物館，甚至說它活力不再，我非但不會反駁，甚至還認為夜晚的巴黎更是古色古香。古老的氣氛讓我們有機會可以把自己的經歷與過往的歷史連結在一起，甚至可以遐想自己如果回到過去的話，會發生什麼事。巴黎這座古老的城市，在「古蹟保存」這部分所展現的成績，可以讓你在重遊巴黎的時候，特別是晚上走在巴黎街頭時，真正感受到所謂的「景物依舊」。

高中畢業那年，我花了九個月的時間，當個背包客逛遍歐洲，其中在巴黎的那個星期、那個冬令時節，特別讓我念念不忘。我很幸運地住進西堤島太子廣場（Place Dauphine）旁一間名叫「亨利四世」（Henry IV）的小旅館，每天晚上都會沿著灰黑色的塞納河，在巴黎古老的街道上走好幾個小時。經過一長排陰暗的總理官邸時，可以看見屋頂與窗戶一片漆黑，門口的探照燈映照著法國的三色旗。有時候，我也會站在新橋（Pont Neuf）上，思索將來人生的方向。

唐尼跟我繼續到處遛達。我告訴他，今年到巴黎後的頭一晚，我搭地鐵從巴黎北站（Gare du Nord）坐到凱旋門（Arc de Triomphe）附近的香榭大道（Champs- Élysées），剛降下不久的積雪，沉甸甸地壓在樹枝與咖啡館的篷架上，反射出水晶般的光芒。這場雪讓尖峰時刻的交通打結，滿地泥濘也讓行人減緩了腳步，除了濕輪胎與鞋子在地面摩擦的聲音外，倒也顯得寧靜。

香榭大道上光禿禿的法國梧桐掛滿一堆白色的小燈泡，閃爍著天藍色的光芒，每棵樹上還有兩、三支天花板上常見的長燈管，依序由上而下發光，看起來就像是從牆壁與屋頂上滑落的積雪。香榭大道另一端偌大的協和廣場旁，架有一座藍白色、明亮、季節限定的重力式摩天輪；協和廣場是巴黎的著名景點，當年法王路易十六就是在這裡被送上斷頭台，現在則豎立著探照燈匯聚的方尖碑（Obelisk）

——來自埃及、已有三千三百年歷史的方尖碑，足足有七十五英尺高。

我從協和廣場走向上了鎖、裡面空無一人的杜樂麗花園（Tuileries gardens），白天時花園裡全是熙來攘往的遊客與行人呢。繞過杜樂麗花園，抵達石頭砌成的羅浮宮（Louvre Palace），在那裡，黑色燈桿上的路燈把羅浮宮廣場照得明亮無比。接著我又沿塞納河走到西堤島，看見巴黎聖母院（Notre-Dame）前方有棵高大的聖誕樹，上面掛著海藍色的燈泡。隨後我從聖母院走回聖路易島，穿過滿街點綴著琥珀色燈光的瑪黑區（Marais，介於巴黎第三區與第四區之間），才回到旅館。這段路程大概要花上兩個小時。雖然不是在博物館與藝廊內，沒有街頭藝人，甚至也沒辦法隨手來一杯紅酒或是可麗餅解饞，但卻幾乎能夠免費地在寒冬深夜，瀏覽巴黎這座「光之城」裡的許多老地方。這種用錢也買不到的感受，反而讓我回想起年少時曾有過的經歷。

黑帝夫曾經說過：「只有在夜晚，才會有隨心所欲的感覺。」這句話在經過兩百多年之後，還是沒改變：起碼各種事物都攤在你眼前，紀念碑、知名的建築物、古老的街道等等。夜晚的巴黎幾乎沒什麼東西可以完全阻隔路人，就連走過其他人居住的公寓，也都能看見窗戶內透出的炫麗景象。

唐尼點頭道：「我太太說，這種感覺有點像是打開降臨節日曆（Advent calendar，自十二月一日起一直到二十四日的每一格，都可以放小禮物），迎接意外的驚喜。」此時我們走到於十七世紀初落成、巴黎最古老的孚日廣場（Place des Vosges），看見一整排宏偉的兩層樓公寓式建築，唐尼指向它們說：「你看，屋子的天花板是十七世紀的畫作！這座城市到處都有令人嘆為觀止的室內裝潢，不過都要等到夜晚降臨，才看得到。」

我看見這一區其中一棟公寓拉起門後方絳紫色的長布幔，裡面有台大三角鋼琴斜斜地掀起上蓋板，牆上一角還掛著一個鹿頭標本。「我來說明這棟建築的奢華程度，」唐尼清了清嗓子：「這棟雙併式公寓，完全屬於某有錢人家的其中一位富豪，而且這個家族擁有這棟公寓長達一百七十年之久。你看到牆上掛毯了嗎？那可是十六世紀的產物。如果其他房間也亮燈的話，你還能發現更多新奇的事物，因為這位富豪本人是法國相當成功的一位藝術品收藏家。」

對我而言，想在白天參觀這幾間收藏室，可以說是門都沒有，不過等到夜晚在巴黎街頭閒逛時，不但每個房間都能一覽無遺，我還可以再去參觀其他人的收藏。這已經讓我感覺巴黎正不斷用各種精品，熱烈歡迎我，但我的慾望並未因此而獲得滿足。

黃昏時刻，朱斯（François Jousse）從聖母院門前巨大聖誕樹的陰影中，緩緩走向我。朱斯滿嘴山羊鬍，穿著紅色格子的外套和褐色登山鞋，看起來還比較像是一位伐木工人。那雙登山鞋，正是我會找上他的原因。朱斯也喜歡在巴黎散步，而且不分白天或黑夜，因此我們講好，由他為我進行一趟巴黎市中心的導覽，向我介紹他在這座城市裡的作品。

雖然是初次見面，但卻可以感受到朱斯開朗、友善、好相處的人格特質，而且儘管他那帶有濃重法語口音的英文不太流利，卻還是很喜歡告訴別人自己如何用光影，替深愛的巴黎營造夜景；一時興起時，甚至會忘了自己正在用法文做說明。朱斯需要說明的內容實在太多了——用光影營造巴黎夜景的工作包含許多巧思，而投入最多心思營造巴黎夜間氣氛的那一位，就是朱斯。

我們從聖母院開始出發。二〇〇二年，朱斯在這裡監工完成一項為期十年、耗資數百萬美元、將聖母院外圍照明全面升級的計畫。二次世界大戰結束後的數十年內，聖母院只有在正面用探照燈打光，戰前更是完全淹沒在黑暗之中。攝影師布拉塞在一九三〇年代從聖路易島往聖母院後端的方向拍照，照片顯示當時聖母院四周只有路燈是亮的，整棟黑漆漆的建築物，看起來就好像是一塊煤炭。一直到最近，也就是朱斯完成照明升級的計畫之後，巴黎最歷久彌新的地標，才開始有了比較像樣的光影。

「我們用競賽的方式徵選替聖母院打燈的方式，評審委員包括神職人員、文化部官員、市政府官員等等，族繁不及備載。」朱斯微微笑了一下，「整個協調過程非常、非常不容易。」其中一個想法是從聖母院內部朝著名的圓形花窗玻璃往外投射光線，神職人員當然極力反對。他笑著說：「他們直接質問我們，這是打哪來的邪惡思想。」

在朱斯的構想裡，所謂聖母院的照明升級並不僅止於教堂本身而已，意思是除了要在正門下功夫外，整棟建築物的周遭，也要一併考慮，包括通往教堂的橋樑，以及教堂正前方的廣場。他說：「我的想法是用說故事的方法，讓聖母院成為西堤島的中心。」比方說，越靠近教堂頂端，光線就越明亮，藉以引導人們的視線往天上看——仰望天堂的所在。雖然這些工程讓朱斯很能樂在其中，但他也沒辦法要什麼有什麼。當我們經過教堂陰暗的後院時，他看著地面說：「這個地方其實我也有些規劃，」然後擺出一副莫可奈何的神情笑著說：「可是預算不夠。」

我們接著往下一個景點出發。一路上除了鞋子踩壓巴黎人行道上稍融的積雪所發出的聲響外，倒也顯得寧靜。

提到錢，巴黎整體公共照明的電費加上營運維護的費用，平均一晚要花掉十五萬歐元；這是一筆不可小覷的數目，但在朱斯於一九八一年走馬上任之前，巴黎的夜景跟現在可是大不相同。當年巴黎只有在聖母院這座最著名的歷史建築物上打燈，其他地方則沒有類似的裝置。經過三十年，朱斯所率領的團隊，讓巴黎換上完全不一樣的夜景。總計超過三百棟建築物、三十六座橋，還有許許多多的大街小巷都有燈光造景，只為營造出城市在夜晚的整體形象，並且用最省錢的方式完成藝術創作。

朱斯在二〇一一年以首席工程師的身分退休之前，相關工作無論是設計理念、專業規劃或操作技術等，都是由他全權負責，他甚至可以在巴黎的任何一個角落停車，好方便他所領導的工作團隊排除障礙，或是用不同角度觀察該如何替巴黎設計公共照明。

巴黎的觀光客很容易注意到這座城市夜景光影的美感，但大概很難想像這些美感背後付出了多少心血。泛光燈要架設在哪邊、往哪個方向投射、落實設計案時會碰上哪些困難、總共要耗費多少能源等等，這些都是需要考慮的課題。不過朱斯處理起來游刃有餘，他甚至很樂於與我分享如何把探照燈藏起來，好讓照明設備與建築物融為一體，並讓建築物融入城市當中，成為城市的一部分。

朱斯不希望群眾只把焦點放在燈光造景上，也不希望打燈後的建築物變得與周遭景致格格不入。從聖母院走向塞納河的人行道旁，有一長排綠色的鐵箱，亦即從十七世紀流傳下來、高人氣的舊書攤架（bouquiniste），朱斯打開其中頭兩個鐵箱，讓我看見裡面其實沒有書，而是藏了兩台探照燈。走過舊書攤架的行人，大概從來就沒想過，裡頭居然藏著聖母院的照明設備吧。

「這是誰的主意啊？」我問朱斯。

「當然是我啊。」他笑著說。

朱斯認為自己是一位有專業技術的歷史學家，用他最擅長的語言：光影，訴說故事。我們走到市政廳（Hôtel de Ville）的時候，朱斯說：「來看看我完成的最後一件作品。」他帶領我走向高一百七十公尺、哥德式造型的聖雅克塔（Tour St.-Jacque）。十六世紀有座名字很有趣的教堂——屠宰場聖雅克教堂（St.-Jacques-de-la-Boucherie），如今只留下這座塔樓供人憑弔。

朱斯在這邊引用巴斯卡（Blaise Pascal）當年印證大氣壓力的實驗做為光影設計的創作理念，他說：「為了向巴斯卡致敬，我讓光線從塔樓頂端往下照，在地面的相對位置營造波濺效果。」實際上，塔樓越高的地方越亮，越往下就越暗，塔底則採用擴散式的造型以增加亮度。這項巧妙揉合藝術構思與工程技術的作品，充分說明朱斯在巴黎的各種傑作。思考隱含在光線背後的哲學，設法讓它實現。「我希望有打燈的建築物能用光影述說一些故事，」朱斯解釋道：「並且故事的主軸不盡相同，有時講的是建築概念，有時講的是歷史故事，也有單純博君一笑的幽默小品，或是看重精神層面的訴求。當然也有人向我反映沒人看得懂光影背後的故事是什麼，我會回答說沒關係，只要每件作品背後都有故事，這樣的內涵就會具有藝術美感。」

聖德斯塔思教堂（St.-Eustache）的呈現讓我更明白朱斯的想法。從一個街區之外望過去，這座教堂像是浮在黑暗的上面，因為只有上半部打上微弱的黃色燈光，下半部則黑漆漆的。「為了確保這座教堂的光影也有一個故事，我讓其中一位設計師專心去想，所有的技術問題通通交由另一位處理。這名設計師必須告訴我：『因為如此這般，所以這座教堂在晚上看起來像是什麼什麼。』」朱斯咧嘴一笑，「我們大概是第一批用這種方式設計光影的團隊，恐怕也是全球首例吧。我依稀記得那位設計師說，教堂看起來就像是充滿上帝能量的電池。白天，教堂在上帝那邊充飽電，晚上就由內而外，釋放出上帝的能量。」

越接近教堂，教堂的下半部就會從陰影當中逐漸現身，而且還會發現沒有直接打上燈光的石拱門，其實會反射周遭環境的光線。「遠遠看到的時候，有人會問為什麼不一起打上燈呢？等越靠近，這些疑問就自動消失了。」朱斯露出一副得意洋洋的表情，「這個設計可以和周遭融為一體，給人一種和緩的感覺。並不是所有東西都要弄得亮晶晶的，反其道而行的話，留下一些陰影，會讓光線看起來更明亮。」

我在想，照明跟音量是不是也有相同的對比關係。

走進羅浮宮的卡利庭院（Cour Carrée）後，我們大概就聽不見巴黎各種交通工具的聲音了。卡利庭院有個小廣場，中間有座圓形的噴水池，三層樓高的壁面和窗戶，共有十一萬顆左右的金黃色小燈泡點綴著（每顆才四・五瓦。朱斯說：「巴黎其他各地的照明燈具，加起來也差不多是十一萬盞吧！」）

「這邊的設計很漂亮，」朱斯這次換上比較嚴肅的神情，「很有巧奪天工的效果。」在這麼多小燈泡的點綴下，看起來不只是建築物被照亮了，甚至會覺得建築物本身在發光。「這個畫面很壯觀，維護費用當然也很驚人。」一講到這個，他又笑了。卡利庭院光是一年照明用的電費，就高達一百萬歐元。

下一站，我們走到人來人往的「藝術橋」（Le Pont des Arts）。「你看，巴黎另一個鬼斧神工的地方。」這是一座用鋼材和木材搭建而成的浪漫行人穿越橋，朱斯說這座狹窄橋樑的困難點，在於找不到地方放置探照燈。「這是一座詩情畫意的橋，讓人直接看到探照燈可就煞風景了，可是市政府官員又要求我『每一座橋樑都要打上燈』，那也只能點頭說好囉。」

朱斯眉開眼笑地告訴我，他的解決方法是把探照燈藏到橋底下，直接往河面照射，所以這座橋就可以利用河面反射的光線照明了，而且反射過後的微弱光線，又更增添藝術橋的浪漫氣息。

我問朱斯，營造光影效果的時候，該怎樣把藝術美感、詩情畫意和陷入熱戀的感覺納入設計概念中。「這是個很難回答的問題，畢竟我是個工程師，不是詩人。至於陷入熱戀的感覺，倒是可以說一說。對，我承認，我愛上巴黎這座城市了！」朱斯再度露出笑容，「如果你的工作是替這座城市打燈，但卻對這座城市無動於衷……」他頓了頓，意思是接下來就沒什麼好說的了。之後再補上一句：「總得先愛上巴黎這座城市，然後才會懂得如何替巴黎營造夜景。」

我們搭地鐵往最終站出發，從蒙馬特丘陵（Montmartre）往下看整座城市。聖心堂（Sacré-Cœur）座落在我們後頭，弧形的教堂頂上有柔和的燈光（也是朱斯的傑作嗎？當然）。巴黎鐵塔在黑暗的城市裡顯得特別醒目，塔內有三百五十盞高壓鈉燈由內往外照射，模仿當初塔內用暗黃色煤氣燈照亮輪廓的做法。

三十多年前，鐵塔只有從夏樂宮（Trocadéro Palace）方向隔著塞納河，往鐵塔其中一面打燈。朱斯說這種做法不但浪費太多電，而且也很難清楚映照深棕色的塔身，因此他採取由內而外的方式照明。此後二十五年間，除了整點時刻會有兩萬盞白色燈光在鐵塔裡閃爍十分鐘，或者某些特殊的場合（譬如整座鐵塔打上紅光歡迎中國總理，或是全部打上藍光向歐盟致敬），巴黎鐵塔的照明方式，完全沒變過。朱斯表示：「我們認為一成不變太過保守，但保守也是一種經典。雖然巴黎鐵塔的照明就像珠寶一樣熠熠生輝，但多年來都沒變過。考慮到改變後可能變得更糟，變得和結婚蛋糕一樣俗不可耐，那麼，維持經典造型，就是個不錯的選擇了。」

我告訴朱斯自己很欣賞他利用光影效果，讓巴黎這座城市說故事的做法，他回應道：「很高興你也認同我們的設計概念。」我們就在這樣愉快的氣氛下，互相告別。

我轉過身，再從蒙馬特往整座城市望去，清楚看見巴黎近郊光害的情況。巴黎近郊花生糖般的橘色燈光，和其他城鎮一樣直衝天際，但巴黎市中心卻是漆黑的，這得歸功於法令限制燈具必須直接往下照射，而且不能把燈具移往比原本還要高的位置，因此巴黎市中心看起來就像前工業化時代那樣幽暗，但你也知道，在這片黑幕底下的，是那座充滿生氣的光之城。

回過頭看見聖心堂時，我瞥見朱斯正低頭踅過教堂的轉角。踏著登山鞋的他，又再次回到這座城市的陰影之中。

七級暗空

五色讓人目盲，恐懼讓人見性

經過了好幾千年，我們還是對黑暗感到生疏，
以為那是充滿敵意的可怕怪獸，
因此置身黑暗時，會不自主地用雙手護住胸口。
——當代文學創作家狄勒德（Annie Dillard, 1974）

連綿的山丘，陳年的老樹，蜿蜒的溪流。聖誕假期我回到小時候居住的明尼亞波利斯郊區，等待午夜時分的降臨，然後牽著家裡飼養的小狗露娜，往南走兩個街區，穿過一長排鐵絲圍籬中的缺口，偷偷溜進高爾夫球場裡。

照理說，我和露娜都不應該出現在這邊，但我們卻興高采烈地闖了進去，準備走向黑夜的深處。夾在城市透亮的夜空和積雪的土地之間——現在比白天還暗，但也比夜晚該有的亮度再亮一些。球場裡，橡木與楓樹的葉子都掉光了，黯淡的夜色中，可以看見鳥巢和松鼠窩高高地掛在樹幹上，看起來有點像是各種動物的心臟和血管X光片。許多年以前，孤傲的貓頭鷹會不動聲色地站在光禿禿的樹上

低頭看著我，然後才突然振翅高飛。我有時會遠遠看見野生熊橫越球道、看見低鳴的野狼在鐵軌附近徘徊，回過頭則會突然看見輕盈的狐狸，在剛堆滿雪的山坡上一蹦一跳。

若朝明尼亞波利斯的東邊看，會看見金黃色、耀眼紅、銀白色的光芒從街道一路盤旋而上，鑲綴在寶藍色的天空中。除了天空中的光彩外，整個東邊的地平線都有一抹淡淡的橘色，其他三個方位的地平線則是灰白色。不夠高的星星全被掩蓋掉了，抬起頭最多只能看見四、五十顆，包括獵戶座的昴宿星團（Pleiades）與天狼星。雖然現在應該是夜晚時分，但看起來不太像，起碼就無法與沒有光害時相提並論。

晃了一段時間後，我循原路回家，途中在街角經過一盞路燈，還有大門前面那盞一百瓦、內層鍍上一層金屬的大頭燈。城市光害再加上門口大燈與路燈的綜合效果，讓我可以在四個街區外，清清楚楚分辨出每一棟房子。往四面八方看過去的情況都一樣，幾乎沒有例外，就連城市的邊緣地帶也不遑多讓。這就是數千萬美國人成長的環境，讓他們以為其他數億美國人也都是在這樣的「夜晚」裡長大。這種環境不可能看見銀河、流星，和梵谷狂野的「星夜」更是風馬牛不相及。根據波特爾的分類標準，美國住宅區最黑暗的夜晚，最多也只能算是七級暗空而已。別忘了當地居民在沒多少年以前，還希望多增添照明設備呢。

我的父母親住在這邊已經超過四十年了，這個區域的治安一直都不是問題，我指的是會讓人恐懼的重大刑事案件。陌生人在窗外探頭探腦，選定目標後，從後門溜進民宅打家劫舍。即便如此，社區居民還是不斷向市政府請願增加公共照明。沒多久，五根筆直、頂著黃色燈具的金屬路燈，就以五十碼的間距豎立在街道上。從此以後的每個夜晚，都讓我媽感到悶悶不樂，因為這邊原本很接近她從小到大居住的俄亥俄州、一九五〇年代那種黑暗的夜晚，同時也是她當初會選擇在此定居的原因。「我一直反對增設路燈的提案，但這樣的觀點人單勢孤。」

「為什麼要增設路燈？」

「喔，」我爸插口代答：「因為治安方面的考量。」

談到人工照明與黑暗之間的關係時，遲早會進入安全議題的討論，多半還來得很快，譬如在進行光害問題的簡報時，通常聽眾提出的第一個問題不外乎是：「我知道在晚上看見星空什麼的是很棒的體驗，但沒有燈光，就沒有安全可言了。」我很清楚對方的說法其實不能算是提問，講這句話的人並沒有打算問我的意見，充其量只是把我們從小到大被灌輸的觀念複述一遍而已。這種說法通常帶有弦外之音，以我在科羅拉多州某個網站上看到的標語為例：「路燈數量不足的話，作奸犯科的可能性就會更高。可以在自家後院清楚看見蟹狀星雲（Crab Nebula）當然很棒，但可以不用擔心成為暴力犯罪的受害者，安心走在街道上，也一樣是很棒的。」

顯而易見，我們很容易把黑暗跟危險聯想在一起，一如光明與安全之間也有穩固的連結。奧克蘭市有三萬七千盞路燈，該市的警政次長認為，越明亮越有助於降低犯罪率，因為「大多數的不法之徒喜歡在黑暗的環境裡偷偷摸摸幹壞事」。波士頓有六萬七千盞路燈，東北大學（Northeastern University）犯罪學教授主張燈光「本質上就是一種保全系統」，可以有效降低百分之二十的犯罪率。洛杉磯設立超過二十四萬盞路燈，市政府認為裝設路燈的公園可以減少百分之十七的組織性暴力犯罪。明尼亞波利斯這裡的警察，也建議民眾：「保護家人、鄰居生命財產的最佳方式，就是把住家大門與院子裡的電燈都打開。」而且「別忘了：犯罪行為總發生在陰暗的角落。請務必點亮你家院子裡的燈，越多越好！」

很多人一定都聽過類似的建議，儘管我們已經住在一個史上最明亮的現代化社會，而且每年還繼續越來越亮。地球越來越亮的其中一個原因與不斷增加的人口有關，特別是在大都會地區的人口膨脹。此外，我們每個人平均使用的光線總量也持續攀升，以英國為例，過去五十年來的照明效率已經成長了一倍，但平均在同一段時間，每個人為了照明所消耗的電力，竟然還成長了四倍。我們不但照亮越來越多的事物，而且還把這些事物越照越亮。

夜晚的燈光當然會提供我們安全感，就像燈塔的光束可以引導船隻避開礁岩，或是人行道的路燈可以防止我們一腳踩空。然而有越來越多從事照明的專業人士、天文學家、觀星族、醫師與律師跳出來表示我們用來照明的光線，以及我們的使用方式，早已超出維護安全的基本需求，而且我們對照明、黑暗、安全之間的基本常識，看起來也不是那麼黑白分明、不容挑戰。

其中一個最常見的基本常識如下：因為光線有助於提升安全，所以光線越亮，當然就越安全。現在對這一點的質疑越來越多，一位從事照明的專業人士告訴我：「光線太多、太亮反而會有反效果。當你眼中都是光線時，其實你什麼都看不見，看不出在光線之外，還有什麼。」隔著桌子坐在我對面的他頓了頓，接著說：「譬如，假使我們兩人之間有一盞燈的話，這盞燈的照明效果就有可能亮到讓我們看不見彼此，儘管我們就這樣面對面隔著一張桌子而已！」

麻薩諸塞州的康科特（Concord, Massachusetts）是座十六萬人口的小鎮，位於波士頓西邊約二十公里處。這裡的夜空，讓我想起父母在明尼亞波利斯附近的住家：被燈光洗版了（我來這裡拜會路易士〔Alan Lewis〕，他的說法是「泛黃色的夜空」）。當然啦，這裡以前並不是這個樣子。以愛默生（Ralph Waldo Emerson）在一八三六年所寫的一段描述星星的文字為例：

> 從大街上看過去，多美啊！如果星星每隔千年才出現一次的話，人類一定會為之瘋狂，並認為這是上帝才能居住的地方，然後用代代相傳的方式，講述這千載難逢的神蹟！我們應該慶幸每天晚上都能看見這群美麗的化身，震懾於它們照亮宇宙的神秘力量。

這段文字應該是在描述上古時代吧，在大街上看見滿天的星空？這段文字其實節錄自愛默生的小品文集《論自然》（*Nature*）。我們可以在此書中找到各種應該是司空見慣，但實際上卻再也看不到的例子，進而發現我們太過於把大自然，把與生俱來就習慣的環境，視為理所當然，因此，還有比在十九世紀油燈照明的康科特看見滿天星空來得更好的例子嗎？

就算沒去過，也不難想像康科特夜空中「美麗的化身」，已經比愛默生文字記載的少了許多，所以我是特地來拜訪路易士，請教他光線究竟要亮到什麼程度，才會真正造成負面效果。路易士是資深的驗光師，曾擔任北美照明工程協會（Illuminating Engineering Society of North America，簡稱ＩＥＳＮＡ）會長，是位絕對有資格告訴我們世界是怎樣越變越亮的照明專業人士，而過去四十年來，他一直忙著「教育照明專業人士，人類的視覺系統到底是怎樣運作的」。

譬如說，路易士經常舉例說明為什麼大多數路燈的裝設方式，實際上製造的問題比解決的問題還多。

「設計不良的路燈大約佔百分之八十左右，是讓人頭昏眼花的主要原因。」路易士告訴我：「視覺影像對比越高，我們就會看得越清楚，問題出在這些刺眼的光線，實際上反而降低了視覺影像對比，讓我們的眼睛無法聚焦，導致失能眩光（disability glare）的症狀。」

失能眩光的禍首往往是設計不良的路燈，譬如美國馬路上常見的傳統散射式照明路燈，也難怪汽車駕駛在晚上開車時，得特別提高警覺，尤其年長的駕駛。隨著年齡增大，水晶體受蛋白質沉澱的影響，不再透明清晰，這就好像全新的擋風玻璃有如水晶般透亮，可是用得越久，就越容易磨損、污穢一樣。蛋白質的累積讓水晶體不再透亮後，進入眼睛的光線就容易發散而難以在視網膜上聚焦，一旦聚焦點落在視網膜之後，就會形成路易士所謂的「帷幔視度」（veiling luminance）現象，嚴重降低視覺影像對比。

路易士認為，想要看得清楚，關鍵在於強化視覺影像對比，亦即我們注視的物品與背景環境間的亮度差異，同時還要降低從光源直射入眼簾的光線，以免太多光線在眼球裡形成散射。「除了你想看清楚的物品外，從任何角度進入眼睛的光線，都是不速之客。」路易士舉例說明，「這些多餘的光線包括刺眼的路燈、直接照向你的車頭大燈、廣告招牌的眩光等等，全都會讓我們更難看清楚。」

我們在夜間能否看清楚的另一個決定因素是調適能力，亦即當我們從明亮處移往黑暗處時，眼睛能否跟著做好調整的能力。大多數路燈的設置與照明的方式往往讓我們的眼睛反覆經歷明亮與黑暗的環境，「如果路燈能提供相對穩定的照明效果，則眼睛要克服的調適問題就相對簡單，這樣反而不會有問題，」路易士進一步說明，「問題是現在路燈設置的方式雜亂無章，讓人在從明亮處進入黑暗處的轉換過程來不及調適，造成駕駛人更大的視覺負擔，還不如一開始就沒有路燈來得安全。」他以走進電影院需要花點時間才能重新看清楚為例，說：「所以從有光線的地方移動到沒有光線的地方時，我們反而會看不清楚。總而言之，一致的暗會比偶發性亮一下，或是明暗相間的做法來得更安全。」

路燈還不是造成這類照明問題的主要原因，路易士認為加油站與停車場才是亮過頭的主要場所。美國的加油站從二十年前開始變得越來越亮，背後的考量其實是商業因素，而非安全顧慮（「人也有趨光性，明亮的地方會吸引人的注意，這一點毫無疑問。」路易士直言不諱）。「加油站是這樣子的，駕駛人會注意到明亮的站體，然後開車進入這個商業據點加油或買東西什麼的。這當然不是為了安全考量。」路易士直指加油站照明的重點，「離開加油站後，駕駛人馬上回到黑漆漆的道路上，眼睛大概要花一、兩分鐘的時間，才能重新適應黑暗的環境，這當中，很有可能發生意外事故。」

「所以會被撞到囉？」

「駕駛通常不會有事啦！」路易士笑著說：「因為他們在車子裡。需要擔心的是甲乙丙丁這些路人。」

很明顯地，加油站、購物中心、汽車經銷商等光彩奪目的門面，都是為了刺激消費（讓顧客停下車，上門購物），與我們直觀認為照明與安全的關係渺不相涉。不光是路易士，其他很多人也都告訴我，如果安全因素真的是這些商業據點的首要考量，那麼店面的亮度一定要比現在大幅調降，才有可能減緩調適與眩光的問題。更麻煩的是，當某家商店提高亮度之後，其他店家為了維持競爭力，避免在比較下相形失色，也不得不跟進，否則輕輒流失客源，重輒有可能關門大吉。

調適問題其實也是社會上普遍的現象。如果我們周遭變亮了，我們會開始習慣這種亮度，讓原本只是比較昏暗的地方，看起來變得更暗，甚至在對比下變得昏天暗地。這不啻是人工照明在不同時代發展過程的寫照。曾經為人類帶來光明的油燈，在可愛的煤氣燈問世後，其可憐的亮度變得讓人無法忍受，然而等我們有了電燈以後，煤氣燈的臭味和昏黃，便成為無法抹滅的缺憾。換句話說，只要我們的眼睛看過比較明亮的光線，我們就會對更明亮的光線趨之若鶩。

納博尼（Roger Narboni）曾經在巴黎從事過照明設計的工作，對於民眾對亮度需索無度的現象，他以自己過去工作上的親身經歷做說明。當年他的工作是把巴黎附近一棟巨大且古老的魚市場重新規劃照明系統；這個魚市場的開市時間介於凌晨一點到三點之間。

「原本規劃在魚貨上打四百勒克斯（lux）的光線。當攤商到工地驗收時，原本習慣在鹵素燈下交易的他們，表示這點亮度不足以看清楚自己在賣什麼。鹵素燈的溫度高到會傷害魚貨的品質，所以非換不可，但他們已經習慣那樣的亮度了，雖然重新設計的照明系統，替整個魚市場營造出全然不同的氣氛，可他們卻不買帳。攤商們要求我們把魚市場弄亮一點，我們當然表示沒問題。他們又問：『有可能把亮度加倍嗎？』我們回應說：『喔，兩倍啊，好吧。』」

納博尼露出一絲微笑。他們把亮度提高到八百勒克斯。結果攤商再次來驗收時，居然懷疑是不是忘了做照明系統的改進工程。「我拿出工具現場量給他們看：實實在在的八百勒克斯。然後他們反問我：『這個測量工具沒問題吧？如果沒問題的話，能不能再更亮一點？』接下來我們試過一千兩百、一千六百、一千八百勒克斯的做法，但沒有一次能讓他們滿意。他們一直抱怨太暗了。最後，我放棄了。我不認為那個案子該繼續往三千、五千勒克斯走下去，再下去就要跟大白天一樣亮了，那樣做實在太瘋狂，所以我選擇辭職不幹。臨走前我告訴他們：『你們的眼睛已經沒辦法分辨亮度的差異了，就算我們設法變得更亮，你們還是一樣看不出來，只會拚命要求再亮一點、再亮一點。這就好像是上癮了一樣，可是你們似乎不了解這個癥結所在。』」

大半夜的魚市場是一回事，我問他：「我們居住的城市，整體而言又是怎麼一回事呢？」

「在城市裡面也沒什麼不同。如果你因為安全因素把環境弄亮一點，通常沒多久，就會聽到有人反映：『唉呀，看不清楚啦，這麼一點光線能有什麼用？』還是有犯罪被害者嘛。既然還是會有治安上的問題，我們就得再多安裝幾盞路燈，然後陷入一個無窮的迴圈之中。這樣的需求沒有極限，因為就算亮度已經遠遠超出基本需求，我們的眼睛還是會很快地適應。」

納博尼指出，人眼的適應能力反過來講也說得通，這才是有趣的地方。

「我們進入黑暗的環境後，會更想張開眼睛看清楚，所以反而會更集中注意力，因此即使在非常黑暗的環境，也一樣不會看不見。」

大概沒有多少人知道這個事實：人眼適應不同亮度的能力實在讓人嘆為觀止，包括我們一般認為是黑暗的環境。人的眼睛當然比不上真正的夜行性生物或是晝伏夜出的生物，但我們的瞳孔會在黑暗的環境裡擴大，虹膜也會變得比較鬆弛，因此進入眼球的光線會提升三十倍；看見明亮的光線後，瞳孔和水晶體也會在自我保護機制下同步收縮。如果我們有充分的時間適應低亮度環境的話：暗到可以看見滿天星斗，或是減少刺眼的光線讓馬路變得更安全，我們的眼睛其實還是可以看得很清楚的。

「我一直想辦法說服政治人物：『試試看嘛，結果真的跟你想的不一樣。』」納博尼補充說：「柏林就是一個好例子，只要五勒克斯便能搞定一切，人行道、街道都可以看得清清楚楚，而且每個人都能放心上街，沒有嚴重的治安問題。」

納博尼接下來的觀點與路易士一模一樣：「人類的視覺主要建立在影像對比上，照明的真正目的是增加對比。一個非常明亮的環境，當然無法突顯視覺影像的對比，這樣反而會讓人覺得看不清楚，缺乏安全感。相反地，就算置身在暗處，只要視覺影像的對比夠高，你就會感到安全。」

當我們都習慣於明亮的環境後，置身暗處的安全感聽起來有些不可思議。英國天文協會「暗空請願活動」（British Astronomical Association's Campaign for Dark Skies）的主持人米宗（Bob Mizon）說：「我們訴求的對象包括一整個世代的人，包括和我歲數相當的人，而我已經六十多歲了。這個世代在充滿光線的世界裡長大，但卻反而深受照明問題所害，結果整個世代不但對光線習以為常，甚至誤把刺眼的眩光當成常態。」

話雖如此，美國與歐洲還是有些城鎮開始視狀況實行關燈措施，既節省能源，更重要的是節省經費。這些城鎮非但沒有因此導致潛在犯罪增加的問題，有些地方的執行成果還恰恰相反；英國的布里斯托（Bristol, England）的犯罪率下降百分之二十，另外有些在午夜過後關燈的城鎮，犯罪率更是直接減半。當伊利諾州的羅克福德（Rockford, Illinois）決議是否關掉百分之十五的路燈後，警政首長大膽地向市議會表示，研究結果顯示，路燈數量與犯罪問題之間沒有關連性，無法據以判斷是否有正相關或負相關。

加州的聖羅莎（Santa Rosa, California）決定從原本的一萬五千盞路燈中移除六千盞，並在剩下的其中三千盞裡，安裝從午夜到凌晨五點半自動熄滅的定時器，希望這些措施可以省下一年四十萬美元的經費。聖羅莎的「路燈減量計畫」（Street Light Reduction Program）網站上寫道：「針對路燈與犯罪相關性的課題，目前已經有不少公開發表的學術研究報告，其中沒有任何一份可以肯定說出『增加路燈可減少犯罪』這句話；事實上，有些研究報告甚至指出完全相反的結果。」

其他地區的執行效果成敗參半，當然不是因為人們害怕省錢的緣故。康科特關掉三分之二的路燈後，民眾不滿的聲浪排山倒海而來，路易士告訴我，康科特最近一次投票結果，要求再把路燈點亮，「完全無視於大多數路燈的照明效果反而更糟」。

這像話嗎？寧可多花錢使用糟糕的照明系統。

「主要還是因為很多人認為，只要有光線，就會有安全感。他們不知道真正的重點是什麼，不知道該如何區別好的與壞的照明。」（樂觀的路易士說：「好消息是，可以用來告訴民眾什麼是壞照明的例子，多到不勝枚舉。」）

「所以他們直觀認定：只要把路燈關掉，犯罪率一定會上升，我的人身安全就會受到威脅。可是這套論述根本就不正確，很多路燈的照明效果其實反而是治安惡化的根源。」

「譬如說，康科特的地區報，有些讀者投書，大意是這樣：把路燈關掉的話，我覺得走在大街上變得一點也不安全，所以為了我們的安全著想，請把路燈再打開。」路易士嘲諷地說：「喔，對了，差點忘了說，這樣的讀者群裡，有些人甚至從來沒有用雙腳走在大馬路上過。」

路易士以康科特為例的這一席話，讓我感觸良深。康科特戰役的殘酷血腥，的確足以在美國獨立戰爭的歷史裡記上一筆，除此之外，有史以來康科特都不是以暴力犯罪著稱的城鎮。如果有人對那裡的治安不放心的話，整個地球應該都很危險吧？我們通常會忘記罪犯只集中在某些特定地區、大多數地方其實都很安全的事實，暴力犯罪，也就是最讓人感到害怕、有性命之虞的犯罪形式，尤其符合這個特徵。在康科特這個友善的新英格蘭小鎮中，我還真找不出哪個角落會讓我成為暴力犯罪的犧牲者。只可惜，康科特夜晚路燈照亮路面的效果，與眩光對我造成視覺虐待的效果，還是一樣不相上下。路易士說：「說真的，即便市中心減少一半的路燈，整體照明效果還是可以維持在相當良好的水準。」

現在讓我們從康科特越過半個美洲大陸，來到威斯康辛州北方的亞士蘭（Ashland, Wisconsin）。人口總數八千多的亞士蘭，座落在蘇必略湖確夸美光灣（Lake Superior's Chequamegon Bay）旁；在這邊，可以看見綠灣包裝人隊的球衣、帝高牌（DayGlo）亮橘色的獵裝背心，舉目所及的穿著，盡是用來偽裝的帽子、褲子和夾克，三餐都不乏啤酒與起司。這座城鎮曾經因為北方森林地帶（Northwoods）的伐木業、礦業與鐵路運輸事業而熱鬧非凡，現在只殘存一座自一九六五年開始廢棄的採礦碼頭遺跡。往確夸美光灣延伸出去的片段，看起來猶如荒廢的羅馬水道橋。鎮上有條街的店面分別是一間天然食品消費合作社、一家麵包店與一家黑貓咖啡館（Black Cat Coffeehouse），當地居民認為晚上除此之外也沒什麼其他地方好去，不然可以開夜車到瓦士本市（Washburn）附近的泰茲納乳業工廠（Tetzner's Dairy），在大門的咖啡罐投錢後，自己去冷凍庫拿一份巧克力冰淇淋三明治打打牙祭。亞士蘭周遭都是森林美景，一路延伸至使徒島（Apostle Islands）一帶，你也可以划著一葉扁舟到湖中悠遊，在湖面欣賞暗到可以鉅細靡遺看見銀河的夜空。

但亞士蘭這邊依舊燈火通明，沿湖興建的二號幹道（Route 2）旁，一路上都是橡果式路燈

（acorn streetlight）。另一種維多利亞式的燈具，透露出不同地區營造懷舊風格時，都會不約而同做出一樣的決策。此外，不論左鄰右舍是商業建築或是一般住宅，你都可以找到全美亮度最大的兩種光源：「防盜用探照燈」（security light）與「壁掛式探照燈」（wallpack）。

在美國，只要介於黃昏到黎明之間，包括巷弄、籬笆、前後院或是車庫通道，到處都可看見這種一百七十五瓦燈具所發出的白色光芒，開車進入郊外後，這些探照燈通常是唯一還看得見的光源。我記得小時候會跟爸媽一起從明尼亞波利斯往南開車，前往伊利諾南邊祖父母居住的農莊。如果是在聖誕假期出發的話，我們得花上幾個小時開夜車，然後我會把臉貼在後座的擋風玻璃上，假裝自己的手是望遠鏡，一邊比劃、一邊看向天上的星星。如果這時能夠在黑暗的地表看見探照燈孤懸的光芒，感覺起來會蠻有意境的，就好像閃亮的星星落入凡間一樣。

只是這種充滿詩意的畫面隱含現實層面的代價：如果我可以在好幾百碼外看見探照燈的話，表示探照燈的光芒早就朝四面八方任意流竄、衝出原本需要提供照明與安全的土地範圍了。

我在亞士蘭一所小型學院任教三年，每天以走路的方式上下班，因此經常徒步穿越五個街區的巷弄，途中一定會經過一盞防盜用探照燈。這盞燈顯然是用來照亮車庫通道和車庫旁的簡易籃球架；我想那應該是一位籃球好手不斷自我磨練、精益求精的場所吧。但我從來就沒看見有人在這裡練球。我總是在幾個街區外，就看見這盞燈把鄰居的房子與院子照得一清二楚。每當走近這盞燈時，我都要用手遮一下眼睛，否則原本已經適應黑暗環境的雙眼，一定什麼也看不見。我沒機會請教這戶人家為什麼要安裝這盞燈，我想他們可能早就習慣它的存在，變得視而不見了。

對眩光習以為常的結果，當然會直接加重光害問題，但是回歸原本安全訴求的話，一旦我們習慣強光之後，反而更難發現暗地裡有什麼不對勁的事情正在發生。我們基本上很少往探照燈的範圍看過去，甚至連想都沒想過。如果沒有人往探照燈的範圍看過去的話，這盞燈能夠發揮的防盜效果，就趨近於零了。

譬如說，美國每個城市、小鎮的外圍都有許多工廠廠房與倉庫，有的可能好幾個星期都看不到人，但幾乎每一棟都有高密度的照明設備，少有例外，而且通常使用壁掛式探照燈。從建築物壁面隆起、四方造型的燈具，會朝停車場、廣場、庭院等場所投射出水平均勻的光線……光線所及，當然也經常遠遠溢出這些場所，而且還經常看不見人影，看不到警衛、保全人員，所以這些照明設備反而提供犯罪時所需要的光線。國際暗空協會的發起人克勞佛（David Crawford）就說，這種光線其實是「犯罪者的好朋友」。

我在倫敦聽到一個笑話，說犯罪者其實喜歡在照明充足的地方犯案，因為他們也認為……這樣比較安全。不少研究成果指出：照明充足的地方可讓犯罪者仔細挑選下手的對象、規劃犯案後的逃跑路徑，也有助於把風的工作。其中一份報告詢問犯罪者，哪些因素會讓他們打消闖空門的意圖，條列後的項目包括：「房子裡面有人」、「在房子外面看見監視攝影機」，至於「門、窗的鎖不好破解」，已經相對不重要了，他們更是壓根兒也沒提到門外的照明設備。

英國天文協會暗空請願活動的主持人米宗就說：「瞧，照明設備的效果有好有壞。那些宣稱照明有助於治安的人，都沒有設身處地從犯罪者的角度來想：能讓這些人犯案的條件是什麼？闖空門的人需要哪些條件？強暴犯、搶匪又需要哪些條件？他們必須夠接近被害人、要能看清楚被害人在做什麼。這樣講好了，半夜三點，一盞明亮的防盜探照燈，對誰的幫助最大？是室內早已進入夢鄉的住戶，還是在門外利用燈光挑選開鎖工具的小偷？」

有道理欸！可是我爸媽住在郊區，當地警察局的網站上卻寫著：「居家安全第一課：請在戶外安裝充分的照明設備。」

米宗住家附近的警察局也抱持相同看法，米宗說：「警察總是說，有光線的地方就能防治犯罪，但如果問他們這種說法的依據是什麼，相關的數據資料等等，他們就說不出話來了。他們就是認定這個說法沒有錯，無知的程度跟社會一般大眾也沒什麼兩樣。」

別誤會，「暗空請願活動」並不打算消滅所有的人工照明設施。

米宗笑著解釋說：「我們可沒有要大家回到中世紀去摸黑過日子，**刪除所有光線**並不是我們的訴求，那樣就太不理性了。經過許多人的犧牲奉獻，我們現在已經進入民主時代，民眾當然有安裝照明設備的自由，而且如果全村民眾公投決定要安裝路燈的話，那就應該順應民意。重點是：既然要裝，就應該要享有真正良好的照明效果，而這一點，正是很多人不知其所以然的地方。往往只要一提到照明設備，大多數人的腦海中就只會浮現出一盞電燈的樣貌，如此而已。」

米宗最主要的任務，就是協助民眾深入了解什麼才是好的照明。

「我經常這樣告訴大家，全英國有上千個小村落沒有路燈。這些地方的犯罪問題嚴重嗎？並沒有。再來，當我們在電視上看到犯罪場景，看見市中心暴動的場面，監視畫面裡看見有人互毆或是幹些下流勾當時，這些地點是在暗處嗎？不，這些都發生在照明充足的地方，甚至某些英國最明亮的地點，恰好是犯罪問題最嚴重的熱點。如此一來，我們的結論是什麼？光線能夠預防犯罪嗎？一點也不，這種說法根本是胡說八道。」

有關視覺的研究報告，大致上都支持米宗的論點，同時也呼應許多人說「防盜用探照燈」本身就是矛盾詞彙的想法。這個專有名詞把「安全」和「照明」兩件事串在一起，然而事實上，研究結果卻無法支撐這個論點。

美國司法部（Department of Justice）在一九七七年的報告指出「統計上無法用充分的證據印證路燈與犯罪層級的關連」，一九九七年國家司法研究院（National Institute of Justice）的報告結論寫道：「某些地區的照明設施能發揮作用，有些地區則毫無影響，還有些地區會以反作用收場。」芝加哥市在二〇〇〇年針對「改善大街小巷路燈系統能否減少犯罪」的專題進行研究，結果指出「在巷弄增加路燈數量，並沒有發揮抑制犯罪的效果」。澳洲天文學家克拉克（Barry Clark）也在二〇〇二年參考多篇相關課題的研究報告後做出結論：「沒有證據足以證明路燈能抑制犯罪。」不僅如此，「倒是有充分證據顯示黑暗能抑制犯罪。」

二〇〇八年年底，太平洋瓦斯電力公司（Pacific Gas and Electric Company，簡稱ＰＧ＆Ｅ）為因應加州刪減能源預算的法令要求，把腦筋動到減少路燈數量的做法上，並尋求第三方獨立單位全面檢視既有關於「夜間戶外照明與治安關連性」課題的所有研究報告進行評估，評估結果發現，沒有一份研究報告能夠提出「充分的證據證明夜間照明與犯罪問題之間的因果關係」，並以「既有研究成果顯示夜間照明與犯罪問題之間同時具有正、負相關性，但其中大多數都還不具統計上的意義。換句話說，要不夜間照明與犯罪問題無關，要不就是兩者間的關連性太過模糊或太過複雜，以致在可取得的有限研究報告中，還找不到足以支撐的數據」做為總結。

下方照片顯示用手遮去一點刺眼的眩光，反而可以讓我們看得更清楚（反而可以清楚看見「嫌疑犯」就站在院子門外）。 (George Fleenor)

克拉克在二〇〇二年批評說：「不管明講還是暗示，宣稱燈光能預防犯罪的說法裡，都無法迴避裝置成本無論於公於私都會造成嚴重浪費的問題。」克拉克在二〇一一年撰寫評論時，重申與以往相同的主張：「現存證據既然無法有效證明效益，甚至還指出完全相反的結果，主張燈光能預防犯罪的說法，就好像主張用可燃性溶劑去滅火一樣可笑。」

可惜這些研究成果沒發揮多少效果，一般大眾還是認為夜晚的光線能夠減少犯罪，光線打得越亮，治安就越好。或許這是因為大多數人從來沒看過這些報告的緣故，所以無法改變他們把黑暗與犯罪問題掛勾、把光線等同治安良好的聯想。再者，少數研究報告還是照明公司或能源公司以直接或間接方式贊助的成果，所以再怎麼多的證據，也無法改變這些贊助業者主張照明可以預防犯罪的基本立場，畢竟這些公司追求的是賣出更多的照明設備，與點亮電燈的能源；越是明亮的夜晚，才越符合他們追求利潤極大化的目的。除此之外，某些品質堪慮、刻意護航的研究報告，當然也發揮了強化社會大眾無知的影響力，毫無疑問。

棘手的問題還不僅止於此。想像一下如果有人說：「好啊，有本事就把你的妻小送去黑暗的環境，看看到底會發生什麼事！要不然，去問問看被強暴的受害者有什麼感受！」這些人恐怕也不是克拉克或其他研究人員可以說服的對象。如果想挑戰「越多光線會越安全」的慣性思考，英國暗空請願活動的另一位成員摩根泰勒（Martin Morgan-Taylor）就說：「結果往往引起民眾高度的敵意，因為人們對黑暗的世界真的感到非常害怕，不是嗎？」

歷史學家艾克奇指出：「亙古以來，黑暗一直都是人類最焦慮的一件事……熬過漫漫黑夜，是人類必須經歷的第一件必要之惡，是我們最古老、最縈繞不去的恐懼根源。」為什麼會有這種情緒反應呢？其實背後的因素還蠻理性的。黑夜中有太多事情值得我們害怕：荒郊戶外的野獸、打家劫舍的強盜、會致人於死的地貌，當然也別忘了不慎發生火災的風險。而在這些合理的因素之外，還可以再加上我們對幽靈、巫師、狼人、吸血鬼這些鬼魅、怪物的不理性恐懼。

不管是理性或不理性的因素，這些恐懼的背後都與我們在黑暗中視線不良的癥結脫離不了關係，但我們卻能憑藉幻想，把那些在黑暗中穿梭的邪惡生物描述得活靈活現。基督信仰習慣將耶穌視為「永恆的光芒」、將撒旦視為黑暗王子的象徵，並從這兩個極端，建構人世間的價值取捨。在艾克奇眼中，教會以明說或暗喻的方法，主張「黑暗是屬於惡魔的世界，夜晚能讓惡魔實力大增、更膽大妄為，不見天日的地球將成為撒旦所統治的魔界。」

雖然話是這麼說，但現代社會的我們，早就已經不用擔心被野生動物攻擊、不用擔心一失足則百年身、不用擔心三更半夜的燎原大火，上一次碰上搶匪，也已不知是何年何月的事了。從電影賣座的程度來看，我們似乎也沒那麼害怕在晚上遇見巫師、鬼魂和狼人，起碼我們不會承認自己害怕這些虛構的物種。

那還有什麼好怕的？追根究柢，我們彼此互相害怕。

北卡羅來納的溫莎鎮（Winston-Salem, North Carolina）市中心西北方三英里處是威克森林大學（Wake Forest University）的校園，這所頂尖的大學總共有超過七千名學生，校園四周都是寧靜的住宅區，也是我的工作地點。我在這邊經常於夜深時分外出。冬天黃昏就天黑了，我通常在這個時候離開辦公室，回家吃過飯後，再牽著露娜走回校園聽演講。路上有枝葉茂密的木蘭花、楓木與松樹，覆蓋住人行道和校園廣場，也替喬治王朝式的磚牆建築更添一番風味。

校園內有一間禮拜堂，塔尖的地方有一盞探照燈，其他還包括各式各樣新舊款式不一的路燈：除了明亮的防盜用與壁掛式探照燈、散射式照明路燈外，也有包覆完整、可以減少光害的橡果式路燈，以及風格獨具的維多利亞式路燈。該校校務會議決定用燈光營造出「友善、親切的校園空間」。

威克森林大學主管總務的副校長亞爾提（Jim Alty）說：「這樣的氣氛表示在黑暗與光線之間取得平衡。當情侶或是同學、同事聚在一起散步的時候，沒有人希望看見會讓自己眼睛睜不開的明亮路燈，所以我們只打算在人行道維持充分的照明，離開這些主要通道後，就別再弄得好像時報廣場一樣五光十色的了。」

理想歸理想，「但是有些家長認為我們的校園不夠亮」。校警隊隊長勞森（Regina Lawson）引用校園社區報的調查接著說：「有些人會覺得害怕，認為摸黑穿過校園很不安全。」雖然她本人認為「事實的真相是：我們總是在光天化日的時候被洗劫」也無濟於事，「人們腦海中總是留存對黑暗的恐懼。」勞森認為現在的媒體習於用聳動手法加深我們對黑暗的恐懼。「我讀大學時，媒體還沒有這麼無所不侵，沒有像現在用一次又一次、從不間斷的重播報導任何一件暴力犯罪事件。」

讓我們實際看看威克森林大學的做法：跟美國其他大學一樣，威克森林大學遍佈緊急救援專用、稱為「藍光系統」（blue light system）的銀白色燈桿，只要有安全之虞，快步走到這些燈桿，按下按鈕就可以求救。這套系統在一九八〇年代中葉開始引進大學校園中，作家羅伊芙（Katie Roiphe）曾經質疑過這套系統的真正成效，她說這套系統非但無法提供大學生真正需要的安全環境，反而還創造一種恐懼文化，「教」學生們學會對黑暗、夜晚、陌生人感到不安。她說：「紅燈停、綠燈行，藍燈就要怕。」

我在想，或許羅依芙說的才對。二〇〇〇年在一份以「女大學生被性侵」（The Sexual Victimization of College Women）為主題的報告中，國家司法研究院的研究人員發現「大多數的性侵案件，尤其是強暴、強制性脅迫等案件，都發生在日常生活的環境裡」，意思是這些犯罪事件與夜晚走路穿越校園的關係不大；校園強暴案發生在受害者住所的機率「幾乎高達六成」，發生在校園其他日常生活環境的機率則為百分之三十一，而發生在社團聚會場合的機率為百分之十點三（看來，藍光系統似乎應該把觸角延伸到社團活動中心和宿舍大廳去？），校園照明搭配上藍光系統的統計結果告訴我們，沒必要害怕在夜晚外出。結果我們還是對夜晚的校園感到很不放心。

亞爾提說：「我們大概讓學生承受太多不必要的害怕了。校園裡的確是有些犯罪案件，但為數甚少。我們還是要對學生耳提面命說：『小心喔，你一定要提高警覺！』嗎？這樣做到底是嚇他們還是會讓他們提高警覺？對我來說，兩者間的差異實在很模糊。」

如果沒有例外的話，美國人一出娘胎，就是在光線明亮的醫院，並且在光線明亮的城市或郊區裡長大。不論室內還是戶外，我們的夜晚到處都有電燈明亮的光影，等進入大學就讀時，我們已對夜晚該有的樣貌產生既定印象，所以我們不會排斥校園內明亮的光線，還認為這些路燈可以在夜晚外出遊蕩時，提供安全保護。問題是，光有路燈沒辦法保護人身安全。行為謹慎、保持機靈、對周遭環境提高警覺才是重點，所以明亮的校園反而讓我們錯失學習的機會：不但沒辦法學會欣賞夜晚的美景，沒辦法體認黑暗存在的價值，甚至還用這四年，繼續強化早已建立的既定印象：夜晚是危險的，只要置身黑暗中就會有風險。

我的意思並不是說夜晚毫無風險，也不是說我們完全不用對黑暗感到焦慮，只是認為現代西方文明世界，特別是對女性而言，對於「夜晚外出還會感到緊張」這件事蠻感慨的。

亞利桑納州立大學（Arizona State University）的布瑞爾（Tiffany Bourelle）教授說：「身為女性，為了自己的人身安全，必須無時無刻都對周遭環境提高警覺。除非能夠角色互換，否則我不認為有人能夠對這個恐懼的心理感同身受。」

布瑞爾和她先生一起參加坦佩孤嶺（Tempe's "A" mountain）的登山健行。這個活動，可以讓參加者在山上看見月亮於鳳凰城大都會區升起的過程。東邊的地表已經隱沒在深紫色的陰影中，西邊則有橘黃色的夕陽緩緩落下。整個大都會區依舊繁忙，一架又一架飛往鳳凰城的班機從我們頭上呼嘯而過，銀白色的機身搭配震耳欲聾的引擎聲，看起來就像一把又一把的手電筒，長長地從東邊一路鬆散連結到地平線，方才熄燈。鳳凰城的燈光往四面八方的地表延伸，沙漠地帶裡也只有零碎的山丘可以稍加阻隔，其中包括粉紅中帶點橘色的高壓鈉燈、特別醒目的紅綠燈號誌，還有空蕩蕩的停車場裡的亮白色燈光。從孤嶺上遠遠望去，還可看見好幾座無線電波發射塔的上面，有一明一滅閃爍的紅燈。

布瑞爾跟我說：「如果我一個人於深夜時分走在停車場的話，我一定會把車鑰匙緊緊握在手中，隨時準備打開車門，因為我可能只有一次機會來得及躲進車內。這種恐懼心態，你們男人恐怕連想都沒想過。」

聽起來真是沉重。這讓我想起索爾尼（Rebecca Solnit）在《流浪的渴望》（*Wanderlust*）一書中，有一篇文章叫做〈一生中最痛的體悟〉（The most devastating discovery of my life）。她寫道：「我的人生沒有自由自在的權利，不能隨心所欲追求置身戶外的幸福時光。」當她要穿越街道的時候，「要學會把自己想像成獵物，就和其他絕大多數的女人一樣。」索爾尼在文章裡引述一份民調指出，有三分之二的美國女性害怕夜晚一個人在住家附近的巷道溜達，另一份民調顯示半數英國女性不敢在天黑後外出，百分之四十「非常擔心」自己成為性侵犯的受害者。

話說回來，這類風險在大學校園裡究竟是否真實存在？還是源自於自我的感受？衛斯蕾（Jennifer K. Wesely）和嘉爾德（Emily Gaarder）一起完成一篇研究報告：〈城市戶外空間的「屬性」：女性如何與暴力的恐懼自處〉（The Gendered 'Nature' of the Urban Outdoors: Women Negotiating Fear of Violence），當中寫道：「公共空間的性別框架，尤其是在渺無人煙的荒野或是近郊地區，都會讓女性感受到置身其中容易遭侵犯的恐懼，進而對自己的人身安全進行評估，完成一幅『恐懼的地理分佈圖』。」

她們還指出，「在私人空間針對女性的暴力行為，遠比在公共空間發生的機率高得多，絕大多數的性侵案件，都是關在房門的背後……無法在大自然裡洗滌身心、享受療癒效果的女性多到難以計數，因為她們害怕可能躲在每一株灌木叢後、隱身在每一個轉角的強暴犯。在我們文化體系裡成長的女性，都聽過小紅帽與大野狼的故事，所以是從小就學會了害怕。」

因此無論再怎麼做研究、再怎麼用統計數據佐證都沒用。我們一定會記得某位加州大學的女學生在雷諾市（Reno）朋友家的公寓裡被挾持，幾星期後發現她遭人勒斃棄屍於近郊，或是北卡羅來納大學的學生會女主席被綁架後慘遭撕票。儘管只是少數一、兩個個案，但已經夠讓恐懼感與我們形影不離了；我們永遠會記得特別聳動的刑事案件，永遠會感到害怕。全美每年有四萬人死於交通意外，這個數字並不會讓我們害怕開車，但是每一起強暴案、每一起兇殺案都會加深我們對夜晚與黑暗的恐懼，讓我們一點也不想在夜晚時分還留在戶外。

布瑞爾又開口了：「認真說起來，這些問題沒有一個可以靠燈光解決。因為類似的社會新聞層出不窮，每個女人都知道其他地方會有某些女性成為受害者，所以設置再多路燈也沒有用。夜晚時分總會有某些光線照不到的死角，燈光外的陰影永遠存在，就算機率低到百萬分之一，也還是有人會在戶外被強暴。所以永遠擺脫不了恐懼的根源。女人一到夜晚就會覺得脆弱無助。」

聽到布瑞爾的這一席話，讓我想起一位住在阿布奎基（Albuquerque）的朋友邦妮。幾年前，她的新年新希望是從那一年開始，以後每個月都要走到戶外欣賞滿月，因為她已經受夠只窩在廚房對著窗外明月乾瞪眼的日子了，她要大膽走到戶外夠暗的地方，好好看清楚頭上一輪皎潔的滿月。那時候的她，才和交往多年的男朋友分手，所以她希望能夠重新找回過去那幾年越來越模糊的自我，積極面對已經流逝的歲月，而非躲在家裡自怨自艾。從此以後，不論是阿布奎基東邊的山迪亞山脈（Sandia Mountains）、北邊山谷裡的原始森林、科羅拉多州南邊的登山步道，或是到鄰近的聖塔菲（Santa Fe）滑雪，邦妮開始無畏無懼地深入黑暗的地方。

邦妮告訴我：「總是有人問我：『妳不會害怕嗎？』或者勸告我：『那樣太危險了！』、『三更半夜還留在戶外做什麼？』這些人就是覺得夜晚非常、非常、非常危險，可是明明晚上留在家被暴力攻擊的機率，比留在伸手不見五指的戶外高多了。」

邦妮接著說：「女人從小被教育要會害怕。一開始，是古代莫名所以的男人被教育要對女人的身體機能保持敬畏之心，結果就連女人也被教育成要對自己的身體保有羞恥感，不可以衣著暴露，要會覺得難為情，不可以無拘無束追尋感官上的快樂。」至於女人到底該怕些什麼，邦妮認為不要在夜晚外出，以免發生不幸只是其中之一。「膽子小的人總是比較好控制，這樣的人才不會想走出家門。所以乾脆用人為操作的方式塑造出『不聽話就等著大禍臨頭』的恐懼感。」

邦妮認為事實的真相是：就算待在家裡看電視，**也有可能**「大禍臨頭」。有可能因此悶出病來，也會因此失去外出走動的機會。

害怕黑暗的我們不曾經歷，也無法體會這個世界的全貌與美景，只曉得讓夜晚變得越來越亮。一方面，既然恐懼的來源根本無法消除，另一方面，無論是男是女，我們究竟因為恐懼失去了什麼？

如果有史以來最明亮的夜晚真能提高人身安全，那也就罷了，但在倫敦治安最差的行政區負責照明的亨利（Eddie Henry）卻告訴我，真正的安全來自於「在真正需要的地方，選擇正確的燈具，用適當的色調提供剛剛好的亮度。除此以外，照明反而會成為我們的負擔！」

以安全為前提點亮夜晚的燈光，居然可以和控制光害兼容並蓄，這點大概出乎很多人的意料之外，然而事實的確如此。換一種說法表示：如果我們真的想提供妻女安全的夜間照明（丈夫和兒子也需要，不是嗎），我們就必須理解，現在有礙視覺的照明方式，只會讓大家更不安全，不只是因為「壞人」可以躲在強光所形成的陰影中。更重要，或許也是更致命的，現行的照明方式，會帶給我們自以為安全的錯覺。

適當的照明能讓我們更安全，而真正的安全來自於對周遭環境保持警覺，並做出正確的判斷，而不是以人類害怕黑暗的本能為藉口，沒頭沒腦地把夜晚弄得越來越亮。

別懷疑，就連我也有害怕黑暗的本能。

從小我就怕黑，只是程度比較輕微；只要是在城鎮裡，或是有朋友作伴就不怕了。可是當夏天回到明尼蘇達北方森林的湖邊時，怕黑的記憶便會湧上心頭。小時候回到湖邊的我，說什麼也不願意去露營，晚上睡覺一定要開燈，就算只到靠最近的鄰居家玩，之後也一定要用衝的方式回家。

現在的我雖然不再對黑暗感到懵懂無知，但是偶爾當我獨自一人站在湖邊往上坡走的碎石路上、聽到住家後面的森林傳來陣陣風聲時，我的雙腳就會不由自主地釘在原地一動也不動，一點也不想往山坡的方向走去。白天我可以輕易地在這段路上來來回回，但在伸手不見五指的晚上，就完全是另外一回事了。

幾年前我曾經告訴自己，如果可以在沒有月光的夜晚走過這段路的話，這個世界大概再也沒有會讓我感到害怕的事情了。我的理智充分告訴自己完全沒有理由害怕這段路的黑暗，我也知道自己已經長大成年，應該要能夠對抗所有不理智的恐懼，像是害怕美洲獅、熊、狼等野生動物會突然在路上出沒。我需要做的就是定下心神，睜大眼睛看清楚，好好走過這段北方森林裡的單線道就可以了。

但我幾乎在當下就打消自我挑戰的念頭，直到現在我都忘不了當時選擇放棄的那一刻。當時我赤腳站在湖畔碼頭，抬頭望著皎潔的明月向南邊灣岸釋放柔和的光芒，只有粼粼的波光可以讓人看出這不是一幅靜止不動的畫面。突然間，我聽見房子後方很遠的距離外傳來一陣詭異的嗥叫。住在湖邊這麼多年的我，從來沒有聽過這樣的聲音。起初，我猜應該是野狼的長嘯，但我很快就分辨出兩者的差異。**那麼，會是什麼我還不知道的？**一想到這裡，整個人從頭到腳打了個機伶的寒顫。

碼頭距離我家前門才二十碼左右，野狼也只會在森林的深處出沒。理智上，我知道自己一點危險也沒有，並且也清楚沒有任何一匹狼會主動攻擊人類，但生物本能的恐懼卻始終揮之不去（換成其他人應該也不例外），讓我確確實實感受到生命的存在。

有點難理解吧？

野狼大概是世界上最熟悉厄夜環境、最能用原始力量處之泰然的生物，可是現在非但在西歐已經找不到野狼的蹤跡，這群高智商、社會化的動物，在美國也很出人意表地遭受嚴厲的生存挑戰。將時間拉回到一六八〇年。那時，伍德（William Wood）在他的作品裡才說美國野狼的數量太多了（光是在新英格蘭一帶而已！）及至二十世紀末，美國本土的野狼數量已經銳減（被誘捕、射殺、放毒、火燒、煙燻或者淹死）到非常少的幾個族群，各州境內都越來越難看到野狼的蹤跡，若非靠聯邦政府投入大量的人力資源進行保育，北明尼蘇達才得以成為數千匹野狼的棲身之所。我敢打賭，如果沒有這些保育措施的話，美國本土的野狼恐怕連最後這一塊安身立命的土地都沒有。

我會大方承認，就算長大了還是會怕黑，尤其在颳風、打雷的夜晚；我也懂得「欣賞黑暗」與「克服恐懼」是不同的兩碼子事。恐懼是人類無法克服、必須接受的天性。我當然也會怕黑，起碼黑暗還是會觸動我內心深處的恐懼，這也是我非常看重的感受。站在碎石路下方的我，感覺就好像置身於農場上方一英里的飛機、站在飛機艙門大開的出入口。這會讓我心跳加速、血液狂奔，大量腎上腺素分泌的刺激感，可以讓我體會到什麼是「活著」。我可以感覺到雙腳出於本能，停止向前進，感受到身體內在自然而然的動物天性。我不希望恐懼強烈到讓我成為懦夫，但那是一種出於自我警戒的恐懼，可以讓人感受到超越自我意識的生命存在，知道冥冥之中還有另一層次的力量在看顧我的生命。

所以，我現在站在沙漠中的峽谷，四周不乏美洲獅出沒，藍柏頓（Ken Lamberton）是唯一與我作伴的人。自從看過藍柏頓描述黑暗的散文集、闡述黑暗在他十二年獄中生涯所扮演的角色後，我就很期待來亞利桑納州的東南方拜訪他。我想問他，被剝奪置身於黑暗中、只可遠觀而不可及的感覺是什麼？我想知道他對自由的想法，聽他說說不能接近黑暗的時候，我們到底會不會因此失去些什麼。當然，我也想知道現在能住在黑暗裡的沙漠峽谷，對他來說又代表了什麼。

「住在人跡罕至的沙漠峽谷裡的其中一個好處，就是可以看見黑暗的夜晚，」藍柏頓黑色的捲髮與鬍子，在月光下泛著銀白的光芒，「我從小就聽過許多星星和星座的故事，大概在十二、十三歲的時候，擁有人生的第一支望遠鏡；用望遠鏡看天上閃亮的星星，是我永生難忘的經驗。當時，我看著一顆又一顆的星星，然後有一顆行星出現在望遠鏡裡，一顆被圓圈環繞的行星……天哪！是土星耶！那時我整個人都看傻了。現在在這個地方，當年的兒時回憶又再一次回到了我的身邊。」

對話的同時，我們正走在單線的碎石路上，被踢動的小石頭在我們腳下往前滾動，西方的天空可以看見一抹銀白色的弦月，把我們兩人的身影投射在一旁的岩石和沙漠植被上。

「坐牢的時候，我非常想念夜晚的星空。在裡面只有非常罕見的場合，才有可能暫時離開牢籠，看見天上的星星。在那非常少見的機會中，我有一種被釋放、重獲自由的感覺。意思是，當我抬頭看著天上的星星，我的眼中不會有刮刀拒馬，看不見高牆柵欄，只會看到好幾光年的遼闊天地。」

我不清楚藍柏頓確切入獄的原因，只知道他曾經犯過錯，審判他的法官大概想藉機樹立一個判例。透過他的書，我約略知道他在獄中的狀況，知道他的太太一直沒有放棄他，也知道他們兩人還有三位已經成年的女兒，還知道他對於大自然純然的熱情。在讀到這本書之前，我從未想過被迫活在光線中、碰不到黑暗是什麼樣的狀況。

藍柏頓在書裡形容監獄放風處的泛光燈，好像是「用光線形成的一層薄霧」，「我被拘禁在土桑（Tucson）南邊，沙漠中一座監獄的圍牆內，夜復一夜看到的都是強力探照燈，搭配嘶嘶作響的電流」。

獄中隔間內的電燈關掉後，走廊上明亮的光線就會透過門上的小窗射進來，在我臉上畫出一道白花花的柱子。如果設法把小窗的光線遮住，恐怕就要被獄警再教育一番了。畫在臉上的光芒令人難以入睡。除了來自走廊上的光線外，有好幾次是獄警在小窗外不停晃動手電筒。他們必須親眼看見我身體的其中一部分，才能確定毯子底下的我還乖乖躺著，沒有越獄。

重獲自由出獄後的情況也沒有比較好。藍柏頓的文章寫道：「防盜用探照燈還是一樣無所不在。」

我們從藍柏頓夫妻倆的小石屋開始出發，往北先經過幾棟其他人的房子；有戶人家的電燈亮到我們得用手稍微遮一下眼睛。接下來的路上看不見路燈，只能靠天上的月光看清路面。藍柏頓告訴我：「如果你想知道真正的走夜路是怎麼一回事，那我們就朝峽谷的方向一路走過去吧。我們會沿著一條古老的羊腸小徑，一路走到山腳下。」

我告訴他求之不得，只要美洲獅懶得理我們的話。

那天傍晚，藍柏頓拿了幾張美洲獅的照片給我看。那是他用遠端監控系統拍攝的畫面，他說：「起先是我把底片送去士桑沖洗，之後我太太才去拿照片回來。她還叨唸著：『**這次是又拍出什麼奇怪的東西嗎？**』拿到照片的我難以置信，驚呼道：『哦，天啊，美洲獅居然只離我們家幾百碼而已。』」

越往峽谷下方走，天上的星星就越往頭頂正上方聚集。因為路的兩旁都是樹林，四周完全看不到光。我得小心翼翼緊緊跟在藍柏頓身後，耳邊只聽到風吹拂過杜松林的聲音，還有我們的靴子在碎石路上刮搔的聲音。

此時我的腦海中浮現李奧帕德（Aldo Leopold）所著的《沙郡年記》（*A Sand County Almanac*）中的一篇文章〈艾司庫地雅〉（Escudilla）。艾司庫地雅這座山距離我們沒多遠，曾經是一隻灰熊的棲息地，直到政府花錢請人獵殺牠為止。第一次讀到這篇文章的時候，我人還住在阿布奎基，所以一有空就開車到艾司庫地雅一遊。這是一座性格孤僻的山丘，擁有亞利桑納州南部山岳特有的美景。除了我和露娜，還有一位同行友人外，四周的森林裡都看不見人的蹤跡。那時候的我還在想，如果這個地方仍是那隻灰熊所屬的地盤的話，我還會不會這樣莽莽撞撞地衝過來？

「當然會怕啊！」藍柏頓為我緩頰，「畢竟我們看不見牠，牠卻可以把我們看得一清二楚。」

恐懼，讓我們的夜晚充斥太多光線，讓我們無法欣賞黑暗的景致，也讓我們忘了恐懼本身的意義。如果恐懼會讓我放棄在峽谷的橋樑上玩高空彈跳，當然也會讓我選擇避開城市裡治安問題嚴重的區域。不過走在深山裡追尋灰熊的足跡、走在滿是美洲獅的峽谷中、走出戶外欣賞滿月或是看看城市美麗的夜景，這些體驗恐懼的行為，都會讓我們看見自己的本性。我甚至認為會具有一定的啟發效果呢。

在許多不同文化背景的神話故事裡，成為英雄的考驗當中，往往免不了來一段挑戰黑暗的過程。以希臘英雄帕休斯（Perseus）為例，他的考驗，就是斬殺蛇髮女妖梅杜莎（Medusa）。克服對黑暗的恐懼，是這類神話故事共通的寓意。讓我們揣摩一下這些英雄的內心世界（他們可都是我們要仿效的偶像），他們在出發前會感到害怕嗎？我敢打賭，帕休斯會怕，其他文化裡的英雄也一樣會感到害怕。如果他們真的都無畏無懼，這些神話故事有什麼值得傳頌，我們又有什麼可以仿效的？如果將英雄換成真實世界的人生，換成屬於我們的今生今世（我們的人生充滿各式各樣的恐懼），我們又能從中學到什麼？換個角度來看，當我們用光線驅趕內心世界對黑暗的恐懼後，我們似乎也失去了一些生命中的真實體驗。

用李奧帕德的話來講：「這樣的人生遭透了，渾然不知恐懼是怎麼一回事。」

一方面，電燈帶給我們難以想像的自由，讓我們可以在日落之後繼續花很多時間進行各種活動，也不會有人懷疑電燈能帶給我們心安的感受。然而另一方面，當我們劃地自限，讓自己無法離開光線的世界後，我們損失了什麼？

藍柏頓的回答是：「我們因此把自己拘禁在小牢房內，一間我們用內心世界自行打造的牢房，把自己鎖進自我感覺自由的幻境中。」他回答的時候距離我有幾英尺遠，我看不見他當時的表情，不過我猜自由對他而言，其意義已經不一樣了。如果用走在美洲獅出沒的峽谷做為比喻：「除非真的有野生的美洲獅跳出來咬人，否則我不會認為這個地方叫做荒郊野外。」

在一個看得見弦月的深夜裡，我帶著一絲恐懼走進荒郊野外，只要停下腳步，就可感受到全身熱血奔騰。感謝上帝，讓我有機會站在這個地方明心見性，跟著朋友在美洲獅的陪伴下，享受黑暗中的滿天星斗。

六級暗空

夢鄉裡沉睡的軀體

沒上過夜班的人，一定無法體會夜班那截然不同的生活型態，
我們經常處於大多數人從不知道，也不會想知道的疲勞狀態。

——夜班清潔隊領班勞倫斯（Matthew Lawrence, 2011）

原始沙漠峽谷中的黑夜已經是遙遠的記憶了，我們來談談另一個話題吧。隨著我們越來越依賴人工照明，現在有越來越多的美國人得面對另一項前所未有的危機，勞倫斯就是這兩千多萬美國人中的其中一位，而且這個族群的總人口數每年還會持續上揚。什麼危機呢？為了生活現實而被迫上夜班的痛苦。

勞倫斯上班的時段從晚上十一點到隔天早上七點，一般人在這個時段，如果不是在床上睡覺，起碼也是窩在家裡休息。有越來越多的科學家開始注意到很多症狀都與夜班的生活型態有關，而這些疾病的源頭，很有可能都是因為我們用人工照明顛覆了人類與夜晚積年累月的互動關係而來。世界衛生組織國際癌症研究署（International Agency for Research on Cancer，簡稱ＩＡＲＣ）已經把夜班列為致

癌因素之一，也有研究人員正在探索夜班與糖尿病、肥胖症、新血管疾病等健康問題的關聯性，更嚴重的問題是，幾乎所有已開發國家的居民，都已經無法避免夜晚電燈所造成的潛在影響了。

幾百萬、幾千萬年以來，人類已經習慣白天與黑夜互相交替的模式，但在短短一世紀左右的時間裡，我們已經徹底顛覆這項淵遠流長的生活步調。上夜班的勞工通常置身於有高度照明的工作環境，在晚上外出的我們，也會在每個街角看見路燈、停車場的電燈和廣告看板的閃光。即便留在家裡，也一樣會置身於燈火通明的環境：不只是燈，還包括電視與電腦螢幕，一直到我們上床閉上眼睛為止（有時甚至就連闔上眼，也都沒把電燈和螢幕關掉）。

不再黑暗的晚上對我們會有哪些潛在影響？科學家說，不容小覷。

以睡眠為例（更正確來說，應該是失眠），哈佛醫學院睡眠醫學部（Division of Sleep Medicine）的洛克雷（Steven Lockley）教授表示：「過去我們會認為節食、操勞、抽煙喝酒是有害健康的風險因素，隨著現在對睡眠品質的了解越來越多，將來甚至不排除睡眠問題的影響遠遠超過上述所有因素。」亞利桑納大學（University of Arizona）的奈曼（Rubin Naiman）教授指出，「睡眠品質不良已經可以被視為工業化社會最普遍的健康課題，」盤根錯節地深入現代社會的每一個角落。睡眠問題與人工照明、黑暗之間又有什麼關係呢？洛克雷說：「所有重大疾病都和睡眠不足脫不了關係，而睡眠不足又與長期暴露在光線下，呈現一體兩面的關係。」這個觀點已經獲得越來越多人的認可，並逐漸取得共識中。

長期暴露在光線下（有些地方甚至整晚都不關燈），只是現代社會的特徵之一，而我們才剛開始感受到這個現象對人體健康的影響。大約在一九八〇年代左右，醫學界普遍認為電燈不會對人體造成任何影響，現在的研究結果卻指出，人體會受到夜間照明（light at night，簡稱ＬＡＮ）高度的影響，舉凡睡眠品質不良、打亂生理時鐘、抑制夜晚褪黑激素的分泌都算是。夜間照明對人體自古以來逐漸形成的運作方式有重大影響，特別是負面的影響。「長期暴露在夜間照明之下，是完全不正常、詭異的生活型態，」洛克雷說：「我們的大腦會以為白天還沒結束，因為人類大腦的演化，從來就沒有包括習慣夜間照明的過程。」

人類在短時間內劇烈地改變夜晚的景象，結果就是把自己當成很多實驗需要用到的白老鼠（上夜班的勞工參與的實驗次數尤其頻繁），其實驗結果也正一一浮現中。

過去二十多年來，世界各國包含美國在內的服務業迅速擴張，使得越來越多人需要在晚上工作。這些勞工基本上是被迫的。有些是因為他們的雇主（包括餐廳、便利商店甚至工廠老闆）將營業時間拉長，藉以賺得更多，有些則是因為現代社會需要二十四小時不間斷的公共服務（譬如警察和醫院）。

所有已開發國家的勞動人口中，大約有兩成左右上夜班的比率，其中當然有些人屬於標準的夜貓族。研究報告的數據顯示，上夜班的勞工當中，只有百分之十二是基於「個人偏好」而選擇上夜班，有些人是因為「方便安排家庭生活或是照顧小孩」（約佔百分之八），另外有些人則是因為某些工作的夜班待遇比較好（約佔百分之七）。換句話說，絕大多數上夜班的勞工根本無從選擇，被迫讓自己的生理與心理健康處於極大的風險當中。在我們追求現代社會安全與便利性的同時，數以百萬計的勞動階級，正在為我們「日不落」的偏好付出代價。

勞倫斯在初次見面時告訴我，威克森林大學和很多其他的學校一樣，在不久前才開始採行類似生產線的新型清潔方式，即每一位清潔隊員只要重複完成相同的工作就好（永無止境的重複下去），再也不用獨力完成一整棟建築物的清潔工作。比方說，有的隊員只要專門負責吸塵器，有的隊員只要專攻淋浴間。勞倫斯認為新的管理模式希望能提升每位清潔隊員「專業化的程度」，擺脫以往低階工作的形象。他說：「我們試圖把清潔工作變成需要特定技能的專業項目，將來就可以用專業報表追蹤績效、完成員工的考核。」

不過勞倫斯不但同意清潔工是個「被忽視，沒人在意的產業」外，當我問他整個晚上都重複做相同的事情，難道不會無聊嗎，他笑著回答我：「會啊，所以我是領班啊！」頓一頓之後，勞倫斯接著說：「不但無聊，我甚至會說是折磨人心的工作。投入這一行後，人生的目標就是把一個又一個的區域打掃乾淨，把東西歸位，但隔天上工後，就會發現學生們又把環境弄得一團亂，明天再來的結果也還是一樣，如此日復一日，永無止境。」

某個星期四晚上快十一點的時候，開車啟程前往威克森林大學去跟勞倫斯碰頭的我，正在回憶上述那段對話。在這個時間點開車回學校去就夠奇怪的了，不然我應該已經躺在床上了吧？進入校園後，每位清潔工的狀況大概都不出我的想像，意思是說，除了勞倫斯和幾位在工作空檔休息的清潔工之外，其他人看起來都非常疲憊。在教室穿梭來回的他們，看起來就和剛睡醒沒什麼兩樣，可是他們才剛開始上班而已。我幾乎可以肯定這些人在幾個小時前才剛睡過一輪。雖然勞倫斯說在晚上上班是一件令人愉快的事情（「感覺好像整間學校都歸我管！」），但我也沒忘了他說上夜班的生理負擔難以想像。

勞倫斯現身說法：「我自己五年來一直都有頭痛的問題。」

「上夜班會讓人覺得很累，一定要想辦法克服各種疑難雜症，就連呼吸的方式都要調整一下。正常上班的人可以呼吸得很自然，所以他們根本無法想像上夜班還得調整呼吸這件事。當你開始上夜班，需要在晚上保持清醒的時候，包括呼吸、舉手投足等都得用意志力去完成，也就難怪上夜班會讓人精疲力盡了……我可以一上床就進入快速動眼期，看見各種奇幻的夢境，然後在一小時之後醒過來。小睡片刻醒來的我會滿頭大汗，心跳劇烈得好像剛跑完一百公尺一樣。這些跡象都不是什麼好事，對吧？」

連領班都如此了，其他的清潔工呢？「大概有一、兩位會樂在其中，其他大多數人就得靠意志力硬撐下去。上夜班對這些人來說實在太辛苦了。」

我跟勞倫斯說：「可是我很喜歡夜晚，我喜歡夜晚的自由自在，隨我高興幾點才要上床睡覺……」勞倫斯沒等我把話講完，就垮著一張臉打斷我：「如果你是因為現實的生活壓力，不得不上夜班的話，那就完全是另外一回事了。」

陪同勞倫斯巡視的過程，可以聽到很多其他人的故事。喬伊過去十三年來都上大夜班，可說是上夜班的老手，我以為他很喜歡這樣的工作內容。「喜歡？還好而已啦。這份工作就是這樣子。我以前在神學院學音樂，出社會後的工作待遇並不好，所以與其說是喜歡，倒不如說是心態的調適，要嘛選擇不是夜班的工作，要嘛學會泰然處之。你知道嗎，我在清晨還兼了另一份差事，所以我每天大概都會從下午兩點睡到晚上九點，無法與其他人一樣，享受怡然的午後時光。好幾次睡醒準備來上班的時候我都會想：『唉，又這樣過了一天了。』」

另一位是五十多歲、身材魁梧的雪莉，她在大學擔任清潔工已有十八年之久，直到最近兩年才開始上夜班。「上夜班真的很難熬，糟糕透了。」然後她說了一句我整晚不斷重複聽到的話，只是每個人的語氣強弱或有不同：「不過，久了也就習慣了。」

我問她，上夜班最難調適的部分是什麼，雪莉想都沒想就開口說：「要在白天入睡這一點最困難。我的睡眠節奏大亂；下班後回到家，我會先設法睡上兩、三個小時，接著醒來，等到下午再躺回去。這是上夜班後讓我覺得最無法適應的地方，尤其是星期天。星期天通常是全家人聚在一起的時候，結果卻要突然喊卡上床睡覺。我現在最期待星期五、六可以正常入睡的夜晚。這兩天我都會早早上床進入夢鄉。有些失眠的人整個晚上都無法入睡，我這兩晚卻可以睡得像死豬一樣。」

雪莉說，夜班最難撐過去的時段是清晨兩點到四點（勞倫斯在一旁插話說：「說的對！就算是去參加派對，這個時段也該是散場回家的時候了。」）

我問她：「那妳是怎樣撐過來的？」

雪莉說：「簡單啊，如果事情多到做不完，你就不會去想那些有的沒有的了。」

或許雪莉辦得到吧。不過根據哈佛醫學院睡眠醫學部謝斯勒（Charles Czeisler）教授的說法：「你不可能要求上夜班的員工振作精神。」但在我們現在這個追求二十四小時不間斷的社會裡，包括飛機、公路、鐵路交通都要營運到通宵達旦，既然如此，有關當局也開始把上夜班的疲勞現象視為導致（或者差一點導致），重大意外事故的主因。

看看以下幾個例子。二〇一〇年，印度航空（Air India）一架載有一百六十六名乘客的班機在降落時墜毀，機上除了八位幸運兒之外，全數罹難。調查報告顯示當時飛機駕駛才剛從小睡片刻醒來，兀自「昏昏欲睡」。二〇一一年，兩架飛往華府雷根國家機場（Reagan National Airport）的班機，在欠缺塔台指示的情況下自行降落，當時值班的塔台管制員已經睡著了。事後才發現這位老兄已連續四天從晚上十點值班到隔天早上六點。同年，一輛聯結車在內華達撞上一列美國國鐵（Amtrak）的火車，造成八名乘客罹難。相關單位懷疑當時聯結車駕駛邊開車邊打瞌睡，因而肇事。

二〇〇九年，佛羅里達的四號州際道路（I-4）上發生一起造成十人罹難的連環車禍，調查發現聯結車上高齡七十六歲的駕駛，在車禍過程中完全沒踩煞車，並把這起重大事故歸咎於要命的睡眠不足、夜班輪值再加上睡眠呼吸中止症。根據估算，大約有兩千名美國人晚上開車上高速公路時會昏昏欲睡，而且有百分之二十的車禍是駕駛精神不濟所導致的結果。你是否也很討厭在開車的時候壓過跳動路面（rumble strip）的感覺？或許我們應該把「跳動路面」正名為「起床路面」（wake-up strip），才能讓社會大眾真正體會這些小路障的重要功能。

在美國，「嚴重鐵路意外，駕駛疑似過度疲勞」這類的新聞標題，自從二〇一一年某輛運煤火車發生意外，導致火車駕駛及一位交管人員身故後，似乎變得稀鬆平常。國家運輸安全委員會（National Transportation Safety Board，簡稱NTSB）在一份報告中強烈要求聯邦鐵路局（Federal Railroad Administration）立即針對相關問題採取必要措施。委員會主席賀斯曼（Deborah Hersman）說：「正常人的生理狀態無法適應不規律的工作規劃，尤其是遭逢生理機能低潮期（circadian trough）的時候。」

所謂「生理機能低潮期」，指的是午夜一直到清晨六點的這段期間。人體在這個階段最欠缺活力，反應能力也最差。大多數人的低潮期介於半夜兩點到四點之間，威克森林大學的清潔工也多半如此。三十五歲的恰克是一位老練的火車駕駛，他說當火車在夜間載運危險物質穿越軌道兩旁進入夢鄉的社區時，火車上的駕駛通常也因為連續好幾個小時沒有闔眼，而顯得精疲力盡。恰克挑明著講：「如果有火車駕駛告訴你，他從來不曾在上班的時候打瞌睡，我敢保證，這個傢伙一定是在說謊。」

疲勞只是生理時鐘被擾亂後的其中一種結果。正常人早就已經適應「日出而作，日落而息」、大約每二十四小時形成一個循環的生理時鐘，這個節奏不只會影響我們日常起床／就寢的週期，還會影響其他諸如心理反應、行為舉止與新陳代謝等各個不同的層面，就連荷爾蒙分泌、體溫與血壓升降等人體內部運作的規律，也都會受生理時鐘所影響。

我們大腦會根據眼睛是否接受到光線的訊號，設定生理時鐘；數千萬年以來，這個訊號唯一的來源就是「天亮了沒」，所以我們的生理時鐘才會以二十四小時為一個循環。總而言之，看到光線後，我們的身體就知道該起床了，然後會預先默默規劃到日落之前會經歷哪幾個階段，以調節人體機能，直到黑暗來臨時，再進入夢鄉休息。然而現代社會到處都有電燈的夜晚，已經完全打亂演化而來的生理時鐘，因此造成疲勞等各種不同的後遺症。

如果你曾經整晚熬夜，或是因為時差而無法入睡，你一定可以感受到生理時鐘大亂的後果。不過別忘了，偶一為之的失眠，根本無法和固定上夜班、日復一日擾亂生理時鐘的嚴重性相提並論，因為固定上夜班的勞工，沒有機會讓生理時鐘重新調整回自然的節奏。疲勞還不算是最嚴重的後果，那只是科學家列出上夜班導致各種健康問題的一長串清單中的其中一項。洛克雷說：「不光是生理時鐘被擾亂，上夜班也會讓與生理時鐘有關的人體機制通通失靈。」

人類身上不同的器官，各有其不同的運作時間表與節奏。洛克雷指出：「我們可以將人的大腦看成是一個主時鐘，擔任類似樂團指揮的角色，能夠控制其他器官跟著主旋律運作。其他器官也都有各自正常運作的節奏，這樣才能互不干涉，發揮其正常的機能。生理時鐘被擾亂，當然會對健康造成衝擊，因為當整個人失去運作的主軸後，不同器官搭配的效率，自然會變得比較差，所以說，擾亂生理時鐘是一回事，讓器官運作失靈，則是另一層風險。」

失靈的情況會有多嚴重？除了疲勞會導致越來越多因昏昏欲睡而造成的交通事故與傷亡外（如火車出軌、船隻對撞、橫衝直撞的大卡車或遊魂般飄忽不定的小汽車），哈佛醫學院流行病學專家薛涵默（Eva Schernhammer）說：「研究顯示，上夜班的勞工發生心血管疾病、消化系統潰瘍的機率明顯偏高，還有容易流產與不孕症的問題。此外，藥物濫用、情緒低落也是常見的症狀……而不正常的飲食習慣，亦容易產生過重的問題。」

健康最容易出問題的，其實是「輪班制」的勞工，也就是交替上日、夜班的勞工。這些人有時候要在白天睡覺，有時候又可以在晚上入睡，因為缺乏一個固定的時間表可以依循，結果反而讓身體完全沒有調適的空間可言。不過，絕大多數固定上夜班的勞工，在放假那幾天也都會恢復正常的作息，所以他們擾亂生理時鐘的情況，似乎也沒有比較輕微。

洛克雷表示：「生理時鐘需要花時間慢慢調整，平均而言，一天大概只能修正一個小時而已。如果有人從夜班換回日班，中間有十二個小時需要調整，相當於要花上十二天，才能真正適應新的時間表。從日班換成夜班的情形也一樣，但大多數勞工不但沒有那個閒工夫慢慢調整，而且他們都有休假，也往往會在休假期間迅速轉換成日常的生活作息。這就表示，基本上沒有任何上夜班的勞工真正適應過自己工作的時間表。」

因此上夜班的勞工儘管可以在上班時維持清醒的樣貌，但卻不停收到生理時鐘要他們回去睡覺的訊號。這個現象頗值得玩味：無論使用什麼方法，都克服不了驅使我們去睡覺的生物本能。我們當然可以試著猛灌咖啡或機能飲料，硬是鼓起精神或打定主意不睡。這樣大概可以維持幾個小時的效果，但最後獲勝的一定還是瞌睡蟲。

如果每天晚上都要拚命抗拒睡眠的誘惑，久而久之，鐵打的身體也會受不了。

我在工作空檔問勞倫斯：「對上夜班的勞工而言，『為什麼要上夜班』這一類的問題似乎沒什麼意義，是嗎？」

勞倫斯回答道：「一點也沒錯。這群勞工在經濟條件的限制下，根本沒什麼其他的選項。如果硬要說出個理由的話，大多數人是為了照顧家庭，不得不如此。」

「照顧家庭」這個理由確實是當晚好幾位清潔工選擇上夜班的原因，包括勞倫斯在內（勞倫斯的說法是：「我愛死上夜班了，這是到目前為止我找到最能符合我的家庭需求的一份工作。」）女性清潔工特別在意是否能照顧到家庭，上夜班的她們，因此可以在白天照顧其他家庭成員。不過有位女性清潔工告訴我：「上夜班真是拿命來拚的一份工作。自從開始上夜班後，沒打算減肥的我，體重卻掉了十五公斤左右。雖然上夜班會讓人覺得像被掏空一樣精疲力盡，但為了陪伴家人，每逢週末我都會設法恢復正常的生活作息。」

我追著問：「那妳現在能夠適應日夜顛倒的生活嗎？」

「恐怕從來都沒適應過吧。」

諷刺的是，為了照顧家庭而選擇上夜班的女性，通常發生家庭問題的機率也比一般的職業婦女來得高。很多人以為上夜班的女性勞工可以整個白天都留在家裡，人際互動應該會更融洽才對，然而事實上，通常她們的配偶白天也要出門上班，交替出門工作的這兩人，反而只剩下非常少的時間可以相處。即便有時間可以與配偶共度，上夜班的那一位，往往也都沒什麼精神。雖然少數訪問對象笑著告訴我，或許就是因為「聚少離多」，所以夫妻倆的感情很好，但大多數案例都會承認自己的家庭狀況「經常出問題」。

頭髮灰白的辛格泰瑞說：「我已經上了六十五年的小夜班，最近才開始覺得生活步調有些不對勁。越來越像老人家，大概一隻腳已經踏進棺材了。這陣子當大家都在睡覺的時候，唯獨我神智清醒到翻來覆去睡不著。飲食方面就更不用提了，我已經很久沒吃過早餐。當我下班回家，我太太也已出門上班去。」辛格泰瑞會讓我想起爺爺，不只是因為年齡，也因為他每講一句話都會咯咯笑的緣故。雖然勞倫斯和我的距離只有幾英尺，辛格泰瑞還是大剌剌地表示自己會在睡不著的時候跑去教堂的庭院、鄰近的足球場和自家的院子裡修剪草坪。

我笑著回應：「看情形，你似乎沒打算睡覺了。」

「總得找些事情做嘛！」他嘆了一口氣，接著說：「我也不知道接下來該怎麼辦。」氣氛變得有點惆悵。辛格泰瑞再度開口打破沉默：「上帝會指引我的，祂會告訴我該怎麼做。」

在美國東南方知名的威克森林大學裡，很多上夜班的清潔工是非裔美國人，辛格泰瑞就是其中之一。一位之前在當地花生工廠也一樣上夜班，工作時間從下午五點到凌晨五點，所以「早就習慣」日夜顛倒的清潔工（非裔美國人）；一位十八年來每天只睡兩、三個小時的女清潔工（非裔美國人）；

一位表明「所幸沒有多少人會來搶大夜班飯碗」的清潔工（非裔美國人），我問他一直輪值大夜班到底是什麼感受，他回答道：「你有上過大夜班嗎？啊？沒有？呃……那我也實在不知道該怎麼替你說明才好。」

這就看出另一個與夜班有關的實情：在美國社會裡，不同族群的生活壓力並不相等。大約百分之二十的非裔美國人上夜班，比率比白種人、西班牙裔、拉美裔或亞裔的族群都還高。一方面，都市裡社經地位比較落後的區域，為了治安考量，經常可以看見大量的照明設備，另一方面，經濟條件比較差的少數族裔，輪值大夜班的比率也不成比例地偏高，再加上科學家已經舉證光害的嚴重程度與一長串的健康問題脫不了關係；綜合以上三個因素，上夜班已經成為一個值得注意的公衛議題，因為美國社會的特定族群比其他人更需要面對這些問題。甚至還會因此受害。

我在凌晨一點半左右與勞倫斯告別，回家後，按照我正常的作息睡到早上七點起床，結果那天，異常疲勞的我精神渙散，差點記不得前晚與清潔工之間的對話。除此之外，呵欠連連的我，眼角也不時泛著淚光。我想起一位護理師朋友的故事：每當上完夜班要開車回家的時候，她都會把頭上的馬尾綁在汽車天窗上，如此一來，要是開車時想低頭打瞌睡，用力拉扯頭髮的痛感，一定會讓她清醒過來。

除了上述疲勞、肥胖、糖尿病、心血管疾病、流產、藥物濫用、情緒低落等種種現象外（這還只是稍微列舉上夜班的健康風險而已），大多數人最害怕的癌症當然也名列其中，而且大概也得靠癌症，才能讓我們正視夜間照明所造成的問題。

過去二十多年，有越來越多研究報告提出有力的證據，說明夜間照明與癌症之間的關係，特別是乳癌、前列腺癌這類與荷爾蒙有關的癌症。簡單來說，只有在黑暗環境裡才會開始分泌的褪黑激素，是預防與荷爾蒙相關的癌症發病的關鍵要素，而夜間照明會中斷，也可以說是抑制，人體褪黑激素的分泌。月光、星光、燭光、火光這類光源的亮度，不會強到抑制褪黑激素的分泌，但電燈的亮度就是另一回事了。

這表示，當你半夜上廁所點亮浴室的電燈後，你的身體就不再產生褪黑激素了。雖然那盞燈對你而言，只是用來看清楚馬桶的位置，但你大腦裡的松果體卻會判斷成「日光」！我所訪問的每一位科學家都不敢斷言夜間照明會導致癌症。我們還需要更多的研究證據與討論，凝聚共識後才能做出因果關係的論斷，但已知的研究成果，大致上都已指往相同的方向。

史帝文斯（Richard Stevens）在一九八七年公開發表第一篇探討夜間照明與癌症關係的論文。史帝文斯當年住在華盛頓州里奇蘭（Richland, Washington）的一間公寓，他栩栩如生地描述當時的情境給我聽：「我那天在半夜醒來，發現從窗戶照進來的路燈，幾乎亮到可以讓我讀報紙了，剛好我不但認識城市裡另一位研究照明與褪黑激素的專家，也認識另一位在西雅圖研究荷爾蒙與乳癌關係的研究人員，所以我就把這些關係串在一起，自己問自己：『如果沒有夜間照明的話，工業化的社會還會有什麼不一樣的特徵嗎？』」

史帝文斯從這一刻起，開始用學術理論建構夜間照明與乳癌之間的關係，並提出以下的命題：「當我們在夜晚越來越常使用電燈，白天與夜晚的界線就變得越來越模糊，可能因此造成乳癌在現代社會越來越常見，在開發中國家患病風險越來越高的結果。」順著這個命題往下走，史帝文斯的理論提出兩項預測：上夜班的女性會接觸到大量的夜間照明，所以患病機率比較高，反之，女性盲人應該屬於低風險的族群。這兩項預測結果都獲得實際數據的支持。

最初幾年，懷疑史帝文斯理論的人比支持他的人還多，所以他在一篇文章裡用標題自我調侃：「電燈會致癌？別鬧了，史帝文斯先生。」這趟「從電燈到乳癌」的過程，是另一個值得記載下來的故事。及至二〇〇一年，史帝文斯已經是美國《國家癌症研究所期刊》（*Journal of the National Cancer Institute*）兩篇探討「女性夜班工作，明顯提高乳癌罹患風險」論文的共同作者之一，史帝文斯自己也把這個階段視為「夜間照明與乳癌真正搭上線的轉捩點」。

接下來這個領域朝向兩個大方向發展，其一是血液中褪黑激素濃度與癌細胞成長有多大關係的研究，其二是研究哪一種光線的波長最能抑制褪黑激素的分泌。

布拉斯克（David Blask）在二〇〇五年發表有關第一個主題的重要研究成果，證明在黑暗夜晚時抽取的人血，可以有效減緩老鼠體內癌細胞成長的速度（也就是褪黑激素濃度最高的時候），白天或是在有照明的夜晚抽取的血液，則沒有減緩癌細胞成長的效果（因為褪黑激素的濃度較低）。這個實驗結果顯示經由夜間照明抑制褪黑激素的分泌後，如果你已經是一位癌症患者，則癌細胞的成長速度會加快，如果你不是癌症患者的話，則有可能提高患病的風險。史帝文斯說：「這個實驗結果，基本上已經差不多可以把夜間照明與乳癌之間劃上等號了。」

二〇〇一年時，傑佛遜醫學院（Jefferson Medical College）的布雷納德（George Brainard）搶在布拉斯克之前，透過自願參與人體實驗的一群人，研究出最能影響人體分泌褪黑激素的光線是藍光，隨後柏爾森（David Berson）和布朗大學（Brown University）的同事，於二〇〇二年再接再厲，發現視網膜神經細胞層中新的感光細胞（在眼球內，但卻與視覺無關的新細胞）。這是眼科一百二十年來相當受人矚目的新發現，而且就算被單獨放在培養皿裡，這種細胞對藍光的反應也一樣強烈。

人類研究眼睛的歷史超過了好幾千年，我們原本以為自己對眼睛如何運作瞭若指掌，以為外在光線進入眼球之後只有一種結果（透過視桿細胞與視錐細胞形成視覺），但是布雷納德的實驗結果卻與以往認知大不相同：人眼似乎有辦法在一般的視覺之外，偵測出一天當中光線的變化。這種新的細胞稱做自主感光視網膜神經節細胞（intrinsically photosensitive retinal ganglion cells，簡稱ipRGCs），本身與視覺一點關係也沒有，專門用來察覺每年日光時間週期性的變化，並在判斷過程中調整人體的生理時鐘。布雷納德發現「所有的光線都有抑制褪黑激素的效果……其中又以包含藍光波長在內的抑制效果最顯著」，這種新細胞對藍光的反應在波長達四百八十奈米（480nm）時最激烈，也就是對大白天的光線最敏感。從演化論的觀點來看，這就表示人體已經很能區分白天與夜晚的光線波長有什麼不同了。

問題出在世界各地，使用藍光的情況越來越普遍，不光是一般室內、戶外的照明，就連我們的電腦螢幕、平板電腦也包括在內。二〇一二年總共賣出超過十五億台的電視和手機不說，為提高能源效率，市面上也有越來越多的藍光LED取代原本的白熾燈泡。所謂「藍光」，指的是光譜中的其中一個區域，眼睛之所以能看見不同顏色的光線（或是看不見的光線，像是X光或紅外線），就是因為它們的光譜組成差異的緣故。不幸的是，最能抑制人體在夜晚分泌褪黑激素的光線波長，正在我們在現代社會越來越容易看見的藍光。

如果上述推論的連結無誤，則整體影響層面將難以想像。假設我們可以把夜晚電腦與電視螢幕的藍光和乳癌掛勾，接下來的課題就有得科學家忙了。美國每年有二十萬的女性被診斷出患有乳癌，其中約四萬人因此喪命，史帝文斯說：「夜間照明有可能是二到三成乳癌的成因。我沒有說一定是，但極有可能。」布雷納德也說：「就算夜間照明是一成乳癌的根本源由，如果我們能徹底摸透這一點，就可以拯救數以千計的女性了。」

這些有關藍光的新發現來得很即時，有機會讓我們改變既有的生活型態，畢竟研究人員認為問題的重點並不在於哪一種光線比較危險，而是出在夜間照明本身。洛克雷便表示：「現在一般人會開始在意該用哪一種光線，但是卻還沒注意到全面檢視夜間照明，這根本就是劃錯重點了。藍光或白光LED也好，其他照明也好，這些都是需要在夜晚減少使用的光線。有些人擔心換成LED會不會製造問題，其實自從我們的夜晚不再黑暗之後，問題早就出現在那邊了。」

雖然上夜班的勞工生理時鐘被打亂的情況最嚴重，但是工業社會的每個人，都有可能受到夜間照明的潛在影響。薛涵默發現不只是夜班女性的血液中，褪黑激素的濃度最低，一般女性的情況也好不到哪裡去（其他研究報告也認為，夜間照明與男性罹患前列腺癌的機率有正向關係）。換句話說，即便我們不是上夜班的勞工，我們通常也都很晚才上床睡覺，因此我們的身體也會暴露在演化還來不及適應的夜間照明中。

下一個問題是：究竟要多少量的光線，才會擾亂我們的生理時鐘，抑制褪黑激素的分泌？是否我們就連在家裡面、在臥室裡都會受影響？是不是入睡後，從窗戶照進來跟從門縫透進來的燈光都會有問題？雖然研究人員已經警告我們大腦會把床邊的小燈、電腦與平板螢幕的光線視為抑制褪黑激素的訊號，但是如果想要證實光害與健康之間的直接證據，我們恐怕還處在所知非常有限的階段。

史帝文斯也同意這種說法，他說：「在一九八〇年以前，我們認為人與其他生物不同，無論夜間照明有多麼亮，人體分泌褪黑激素的節奏不會受到影響。直到《科學》（*Science*）雜誌在一九八〇年發表一篇影響深遠的論文，才改變了大家的想法，不過那時候的研究重點仍舊是以強光為主。之後，對於到底多亮的光線能夠抑制褪黑激素，科學界達成的共識開始下修，下修再下修，但是我們還無法掌握長期從窗戶照進室內的黯淡路燈到底會不會有影響，還不曉得這種環境對人體的影響。」

我們還不清楚住在到處都是夜間照明的現代社會，會對健康造成哪些衝擊；我們已經太習慣於燈火通明的世界，所以這一類的問題根本連想都沒想過。要是我們可以清楚舉證夜間照明的電燈會導致癌症，一定對人體有害的話，或許社會大眾的習性就會不一樣了。我問洛克雷，根據我們已知的事實，是否足以認定電燈和癌症之間的關連性。

「我認為這種說法並不過份，但身為一位科學家，我只能根據實際的實驗成果發表看法，可惜這類實驗尚未完成。這就是為什麼我經常使用『疑似』、『有可能』等字眼的緣故。以上夜班勞工為樣本所進行的各種研究，已經證實上夜班與癌症之間的關連，實驗室裡也有可以取得的數據，因此就算我們目前還沒有臨床實驗的結果，也已經有非常多的證據顯示，電燈與癌症之間的脫不了關係。根據世界衛生組織的分類標準，雖然欠缺直接證據，但上夜班毫無疑問是非常有可能的致癌因素。」

我們知道很多其他能直接致癌的因素，譬如我們確定石棉會導致間皮癌（mesothelioma），所以世界衛生組織把石棉認定為**第一級**的致癌因素。所謂**第二級**致癌因素（「上夜班」在世界衛生組織的認定中屬於第二級），就好比前不久所認定的吸入柴油廢氣與暴露在紫外線的環境中，而這兩項也已

晚嗎？夜貓族這個詞或許有其可信之處（就好像沒有什麼人會對「早起的鳥兒有蟲吃」這句話有意見），每個人的生理時鐘當然不會完全一樣，有些人生理時鐘的週期是二十三點八小時，有些人則是二十五小時，前者會習於早起，後者則比較習慣在夜晚活動。

年齡也是影響生理時鐘的因素之一，舉一個最經典的例子：十九歲的大學生得下定決心，才有辦法趕上早上九點開的課，但五十來歲、習慣在清晨五點起床的教授，卻可以輕而易舉辦到這一點。青少年多半習慣在半夜兩、三點或四點才去睡覺，要他們七點起床上學的困難度，就跟要四十歲的人在凌晨三點撐住不睡是一樣的道理。這兩種情況都蠻殘忍的。

必須說明的是，就算夜貓族，也無法避免整晚不睡所造成的影響。洛克雷說：「影響的結果因人而異，有些人的調適能力確實比較好，但幾乎沒有上夜班的勞工，可以完全適應日夜顛倒；他們的表現（對抗正常生理時鐘的作息）或許比沒辦法上夜班的人來得強些，但一樣會受到上夜班的負面影響。」

「照實說就可以了。」蜜雪兒把我介紹給她的同事克莉斯後，就去巡房了。四十歲、穿著藍色外套的克莉斯也說她很喜歡夜班工作：「我原本非常嚮往夜班工作，」直到兩星期前，她的時段從晚上七點到凌晨三點半，調整成晚上九點到清晨七點半為止。工作時間的調整，對克莉斯來說是一場災難。「第二天下班後，我覺得自己快要死了。」我告訴她，換成是我在新時段上班的話，大概也很想死吧。但這幾小時的差異，對她來說有這麼難適應嗎？

克莉斯回答道：「我上夜班已經有二十一年了，我認為只有不太正常的人，才能適應這種生活。

以我為例，我本身是糖尿病患，不上夜班對我的身體應該會比較好，我的醫師當然也是這樣建議。相信我，上夜班絕對不是一件好事，每當上完大夜班後，我就會發現血糖濃度不太對勁，還有，什麼時候該吃藥，該依照正常作息時間吃藥？還是用日夜顛倒的時間吃藥？這些全都是問題。呃，其他方面呢……我會說人會變得很不帶勁。過去十多年來，我一直告訴自己回學校讀研究所，結果都只是嘴巴說說而已。我應付白天的一般事項還沒問題，像是洗碗、洗衣服，接送小孩上下學什麼的。我基本上不是個健忘的人，但是有很多事情都懶得做就是了。」

另一位護理師瑪麗蓮靠過來答腔道：「喔，是嗎？我沒有這些感覺欸。我一開始是為了照顧家裡的緣故才上夜班，當時孩子還小，白天我需要留在家裡照顧他們，現在他們都已經去上學了，而我也已經喜歡上夜班的工作型態。白天我沒有睡不著的問題，老實說，現在要我在白天入睡，甚至會比在晚上睡著來得簡單。」

克莉斯笑她說：「妳不擔心四歲的小鬼把妳家給燒了嗎？」

瑪麗蓮笑了笑，說：「沒什麼好擔心的，我家的狗白天都會和我一起呼呼大睡，有牠在身旁，會讓我放心許多。我想，我已經適應上夜班的日子了吧。上夜班是一種完全不一樣的生活型態，沒經歷過的人恐怕都無法理解。我的孩子現在反而認為晚上或週末看見媽媽在家很奇怪，瞧，我們全家大概都已經習慣了。」

克莉斯接著說：「我一開始也是因為方便照顧家裡的緣故上夜班，我相信薪資差異還不足以成為讓人上夜班的誘因。」

「別開玩笑了，薪水根本不是重點。」瑪麗蓮立即附和。

「有些人會說：『別抱怨了，你們這些上夜班的待遇比我們好多了。』」

「但我們不是因為薪水才來上夜班的。」

「付出與所得根本不成比例。」克莉斯挑明了說。

瑪麗蓮附和道：「薪資根本補償不了。有些人上夜班就只因為他們想在那個時段上班而已，我還沒聽過有人是因為薪資的差異而選擇上夜班的。相信我，不需要為那麼一點點錢拚成這樣。」

說完之後，克莉斯也去忙了（她是當晚負責檢診的護理師，必須定期更新每位病患的電子看板），我開始問瑪麗蓮有哪些因素**值得**一個人去上夜班。

「我喜歡夜班的氣氛。上夜班的同事會有不一樣的人格特質；上夜班比較會有團隊合作的感覺，畢竟夜班的工作團隊就這麼幾個人而已。夜班也比較不會讓人喘不過氣，沒有行政管理人員在一旁囉哩叭唆。更重要的是，」瑪麗蓮頓了頓，「要我五點起床準備去上班是不可能的事！我寧願整晚不睡也不要在凌晨五點起床。此外，我也很喜歡白天可以待在家裡，或者是在其他人上班時可以出門去逛街的感覺。」

各種嗶嗶聲伴隨閃爍不同顏色的燈泡，加上對講機傳來紊亂的問答聲，這些基本上組成了急診室的環場音效（嗯，我這才發現醫院晚上沒有播放背景音樂。我是沒有期待聽到背景音樂啦，不過如果有的話，要放哪一種音樂才恰當啊？）我還聽見一位女士不停發出痛苦的呻吟，不過急診室裡的醫師與護理師似乎都沒當成一回事，接著是一個男聲咆哮著：「給我閉上嘴！」瑪麗蓮楞了一下，低聲告訴我：「她先生大概聽得有點煩了。」

回過神的瑪麗蓮接著說：「我的意思是，上夜班當然會覺得累。很多人都是直到熬過夜之後，才知道上夜班有多累人。我認識很多長期上夜班的人，他們都跟我講上班很累，只能讓自己盡量維持清醒。我想，我只上夜班已經有二十年了，所以我很清楚上夜班的疲勞程度，只是現在已經習慣這種程度的疲勞了。」

在我訪談的對象中，偏好上夜班的人經常提出「已經習慣了」的說法。無論所謂夜貓族的說法成不成立，就生物結構而言，貓是貓，人是人，人再怎樣也不算是夜行性生物，還沒演化到可以整個晚上都不闔眼。哈佛醫學院睡眠醫學部的達菲（Jeanne Duffy）就說：「人還沒有辦法超越生理上的侷限。」

只能說，我們還是很喜歡挑戰生理上的極限就是了。

「還有啊，我們用餐狀況也很糟糕，」話匣子打開的瑪麗蓮，告訴我上夜班最艱困的其中一項生理挑戰，「我有次上完夜班後去看醫師，他問我上一餐是什麼時候吃的，我告訴他：『半夜三點，半夜三點吃晚餐。』」

之後瑪麗蓮有事離開了，我則轉身去找當晚的護理長史提夫。我想起有位護理師曾經跟我開玩笑說：「如果不用上夜班的話，我起碼可以減重一百磅（約四十五公斤）以上。」過了夏天就要六十歲的史提夫，上夜班已經超過三十年了，嗯……史提夫還真的蠻胖的。

史提夫倒是很大方地說：「我認為上夜班的確與肥胖有關。大約四十年前我剛開始上夜班的時候，還瘦得跟什麼一樣，上夜班後想要減肥，就變得難如登天。不曉得是因為可體松還是因為什麼其他因素，總之，上夜班之後我經常覺得肚子餓，這在以往白天上班時是不曾有過的現象。」

幾乎每一位跟我聊過的夜班工作者都坦承有飲食方面的問題。當工作負擔比較輕的時候，他們靠吃東西保持清醒，當工作負擔重的時候，他們沒時間好好吃東西，所以會「隨手抓一包洋芋片之類的趕快塞進嘴巴了事」。我在醫院的這個晚上還算平靜，當我在休息室與史提夫對話時，其中一位警衛恰好走進來翻箱倒櫃找餅乾吃。

在洛克雷眼中，深夜吃東西是最能「改變新陳代謝節奏並擾亂生理時鐘」的做法：「半夜兩點吃下肚的披薩，一定會比下午兩點吃下肚的更不容易消化，因為消化系統依照生理時鐘的節奏，一定無法在半夜發揮最大功效，所以要在白天進食才比較容易消化。」因此半夜吃東西的話，「人體沒辦法好好消化吸收，久而久之就會出現胰島素、血糖、血脂飆高的問題，也就是容易提高罹患糖尿病與心血管疾病的風險。上夜班的勞工真的要面對比較高的健康風險。」

幾乎每一位我訪問過的夜班工作者都知道對抗疲勞的困難，但卻沒有多少人，包括專門負責衛生保健的護理師在內，清楚研究報告早就提出疲勞只是上夜班負面影響的一小部分。現在時間剛剛過半夜一點，我還在休息室等蜜雪兒回來，我利用這段空檔，和來自阿布奎基的護理師凱薩琳聊聊，並問她有沒有和一起上夜班的同事談過相關的健康風險。

「沒有。」凱薩琳回答得很乾脆：「我沒跟任何人提過這些問題。如果有日班職缺的話，要求主管幫我換班不會是問題，但如果告訴她我是擔心罹患乳癌或其他疾病的話，她一定會回給我一個難以置信的表情。」

凱薩琳接著說：「從事護理師這個行業，就要有輪值夜班的心理準備。不用擔心會做一輩子，不過在護理師這一行的文化裡，資淺的人總會先輪值夜班，等到有些年資、又剛好有職缺的時候，就可以申請調回日班。我不太在意夜班相關的健康問題，如果想吃這一行飯，就一定要輪值夜班，這是這項職業的必經歷程。我這樣說不是為了掩飾自己對健康問題的無知，但是這就是工作無法避免的那一面。」

凱薩琳與其他護理師不一樣，她經常瀏覽其他同事轉寄的文章，因此很清楚夜班的健康風險。凱薩琳四十出頭，是位單親媽媽，上夜班對她來說也很掙扎。「過去幾個月，我幾乎快撐不下去，覺得生活頓失重心。那種感覺……我不曉得你有沒有碰過洗衣機失去平衡的狀況，洗衣槽不停轉啊轉，但是越轉就越失去平衡；這就是我經常感受到的情形，感覺自己就像是轉個不停的陀螺，但忙個半死卻反而越來越難取得平衡。那個時候我很希望能夠有所改變，可我又捨不得夜班的收入；這筆錢讓我似乎非得習慣這樣的生活不可。朋友轉寄的文章，讓我多少知道夜班工作會出現哪些狀況，所以我經常會達到臨界點，然後找理由告訴自己身體為什麼會出這樣、那樣的問題；因為這樣所以常常覺得沮喪，因為那樣所以覺得疲勞，諸如此類所以經常諸事不順什麼的。這些後遺症終於讓我發現，根本不值得多賺那麼一點錢。」

讓我印象最深的還是疲勞的問題，因為這是訪問夜班勞工時最容易感同身受的一部分（之前訪問清潔工後，拉長下巴打呵欠的情景還映在我的腦海裡），而且也是這群夜班勞工最需要克服的考驗。

「要怎樣形容這種感覺呢？」另一位護理師海瑟爾在我問她什麼叫做「生活一團亂」的時候想了好一會兒。「就好像我人在這邊，也知道自己在做什麼，但兩小時後再往回看，就會有『天啊，這是我做的嗎？』的不切實感，彷彿自己什麼都記不得了。認真說起來，那是一種人在心不在的感覺。在清晨下班開車回家的時候最是可怕，就連到家以後，都還搞不清楚自己是怎麼回去的。**依我看，這不會是件好事吧？**」

凱薩琳坦承需要靠處方藥才能維持清醒。「必須依靠藥物才能維持清醒，這是我不喜歡上夜班的另一個原因。弄到最後，就算我已經累得半死了，也得依靠藥物才能入睡。我認為每次開車回家的時候最危險；開回家的路程約半個小時，平常只要過沒幾天，我就一定會在路程中開到睡著。」

待在急診室的這一晚，讓我懷疑夜班的工作型態該如何調整（如果有可能調整的話），畢竟現在已經有越來越多證據顯示，上夜班會導致嚴重的健康問題。現代社會確實需要有人輪值夜班（依照蜜雪兒的說法：「總不能跟患者說：『喔，你心臟病病發痛得要死啊？可是很抱歉，醫院晚上十點就打烊了耶！』」）但是上夜班的勞工，有多少人只是管理階層追求獲利的犧牲品？只是職場陋習的犧牲品？就像住院醫師被迫每星期輪值兩次三十小時的連續班一樣？

「我們現在的處境和五〇年代對待香菸的態度差不多，」洛克雷從歷史中尋找類似的軌跡，「五〇年代也有很多人認為抽煙不好，但是卻沒有足夠的證據支撐相關論點，要再經過三、四十年，才能累積出足夠的證據顯示抽煙毫無疑問會導致肺癌。三十年前的人無從想像在公共場所抽煙是違法的，甚至還會嗤之以鼻，但是這一切卻真的發生了。這些法令一開始是為了避免無關的人受到二手煙影響；抽煙的人高興拿自己健康開玩笑也不干其他人的事，但他們沒有權利因此犧牲其他人的健康，所以社會開始有制訂法令以避免二手煙危害的共識，於是現代人就不能在公共場所抽煙了。相同的發展也可能套用在夜間照明或是睡眠不足的問題上。鄰居院子裡的燈光可能會造成我的困擾，就好比抽煙者會讓其他人罹患肺癌一樣。相同的道理，上夜班的人下班後一路昏昏沉沉地開車回家，有可能因此在半路睡著，害自己出車禍而喪命。這個結果已經夠不幸的了，如果他們還撞死其他人，那就更不能接受了。因此我們應該用看待二手煙的方式看待夜間照明與睡眠不足的連帶影響，唯有從這個角度切入，才有可能從根本上促成改變。」

「這邊晚上的情況跟白天一樣，」走回座位的蜜雪兒說：「燈光的亮度都一樣。」我注意到旁邊有位護理師打了個大呵欠，然後輕輕吐了一句明尼蘇達專有的「嗚呼達」（uff da，我上維基百科查過，「嗚呼達」是美國中西區北方人用來表示「受夠了」的慣用語，不論是吃驚訝異、精神疲勞、心情舒坦或灰心喪志的時候都可以用）。我知道現在不是白天，所以看見任何人打呵欠都不意外；現在不過凌晨一點四十五分，還沒進入兩點到四點要硬撐住不睡的最艱困時段，但我沒辦法從急診室看出現在是半夜時分。

看不出來的原因當然就是看不見黑暗，原本夜晚應該有的黑暗。急診室裡沒有窗戶，所以沒辦法得知外面已經是半夜了。我就像置身於地下碉堡一樣，與外面的世界距離遙遠，直到我離開急診室、開車回市區，才看見被人為隔離的自然夜晚，看見一個完全不一樣的世界，這才驚覺有那麼多人的工作環境只侷限在急診室明亮的室內照明內。

睡眠就跟食物和水一樣，是人類生存的必需品，是我們無法克服的生理需求。起碼經不起長期抗戰，但卻有越來越多的人睡眠不足：七千萬美國人深受睡眠失調、失眠的困擾，其中百分之六十已經演變成一種慢性疾病了。百分之二十至四十的美國人，都在一年內有過失眠或是睡不著的困擾，三分之一的美國人一輩子會碰上一次。美國全國睡眠協會（National Sleep Foundation）在二〇〇五年發現百分之七十五的美國成年人，在一個星期裡會有好幾天的晚上出現睡眠不適的症狀。

有關睡眠與睡眠失調的書籍汗牛充棟，但是很少聚焦在黑暗對睡眠品質的重要性上，也很少談論長時間照明與睡眠不足的關連性；會不會我們一大堆睡眠失調的問題，都直接源自於缺乏黑暗呢？看起來這兩者當然有直接關係（睡眠失調與長時間照明，在現代社會開始並存），但專門診療睡眠問題的醫師，在這方面的研究進展相當緩慢，遑論接受這個觀點了。雖然全美各地的醫院都有「睡眠治療中心」，協助病患解決睡眠失調的問題，但這些機構往往不太在意夜間照明會不會是問題的根源。

還好這個現象正在改變中。我與兩位專業的睡眠治療師談過，他們都認為不珍惜黑暗的環境，是造成現代人睡眠困擾的主因。

「美國人眼前的挑戰，是重新學會在黑暗中處之泰然。」說這句話的人是麥克寇（Vaughn McCall）醫師，他是威克森林浸信會醫院睡眠中心（Sleep Center at Wake Forest Baptist Medical Center）主任。「當清醒的我們置身黑暗時，往往不知所措。」麥克寇用濃厚的卡羅來納口音告訴我，他看過「數也數不清的」失眠患者，這些人都非常在意一個問題：「為什麼我在半夜的時候會睡不著？」麥克寇說，我們應該理解半夜醒著不睡可能是人類的正常反應之一，但在電燈問世以後就被遺忘了。「如果你看過十九世紀流傳下來的日記，你就會發現一百五十年前的人，只要天黑就會上床睡覺，只要天亮就會起床，生活作息基本上都依循大自然的變化。他們可能長達九、十個小時都待在床上，只是不見得都在睡覺。」

研究《一日將盡：黑夜的歷史》（*At Day's Close: A History of Nighttime*）這本書的歷史學家艾克奇

也提到與上述相同的一件事。依照該書所描述，當時還沒有電燈，所以西歐人與來到北美殖民的人，都在太陽下山時上床，直到隔天天亮才起床。不過他們待在床上的時間未必是一覺到天亮，通常會經歷兩個階段的睡眠，中間會有一小時左右「靜靜醒著」的間隔。

艾克奇說：「那時候的人在半夜兩次入睡之間，會有一段清醒的過程，對他們來說如同常識一般，已經習慣到不需要特別去適應。」換言之，在半夜醒來並不會對當時的人造成困擾，相反地，他們會利用這段「靜靜醒著」的時光與爸媽交談、與配偶做愛，甚至是起身找樂子、找朋友。當時很多人會利用這段時間的無拘無束，做一些白天不能做的事情，尤其當時的女性直到這個時候才有屬於自己的時間，可以把白天瑣碎的煩惱、身為家長的權威等種種負擔擱在一旁。

艾克奇還另外找到一個現代人與古代人睡眠習慣的主要差異：「在工業時代以前的人，沒有急著要睡著的壓力。現代人從躺下到入睡大概要花十到十五分鐘，三百年前需要花的時間可就長得多了。」

以我一個現代人的角度來看，花上兩個小時以後才入睡，聽起來真的很不可思議，甚至會讓人有種頹廢感。這段時間是要在燭光下看書嗎？是要與自己所愛的人剪燭夜話嗎？還是要在火爐邊烤火？或許你認為夜晚在戶外數星星、慢慢入睡很浪漫，但進入二十一世紀後，我們不乏各種藥物「解決」睡不著的問題，否則大概不符合美國人凡事講求效率的習性。很多現代人的確因為上床後睡不著而感到壓力倍增，但壓力只會讓人更難入睡。麥克寇認為我們對睡眠的要求就跟對很多其他行為的要求一樣，太過理想化了。

「以性行為為例，電視、電影裡描述的性行為，和一般人的性生活不太一樣，所以會有人問：『我的性生活看起來跟他們不太一樣，是不是我有問題啊？』睡眠也是一樣，如果我們太強調理想的睡眠狀態，一定會有人問：『如果沒辦法依照理想狀態進入夢鄉，是不是我有問題啊？』理想狀態其實不是個正常的標準，因此會讓我們形成錯誤的期待。」

我和麥克寇說，自己睡眠狀況還好，只要能睡足八小時就行了。但我一直幻想有一個可以在半夜一點入睡、隔天早上五點起床的理想時程，這樣才能在黑漆漆的屋子裡、池塘邊、院子中……享受夜晚的寧靜與孤單，然後再好好欣賞黎明的景致。深夜與清晨都是我所喜愛的時段，如果可以的話，我寧可挑下午的時候睡。

麥克寇給我的處方是：「那你應該搬去西班牙才對。」

嘿，這還真是個好主意，只可惜西班牙也已經受到資本主義全球化的嚴重影響，傳統午餐過後小睡片刻的習慣，也已經被全天候的營業時段給取代了。如果世界潮流往另一個方向移動，開始鼓勵世界各地的人在白天挑一段時間好好用餐，享受性愛與忙裡偷閒的話，會變成什麼樣的光景？

回歸現實吧，世界潮流不會往那個方向去的。麥克寇說現代人自己造成的第二大睡眠障礙，就是把電燈帶進臥室，帶進屬於個人的夜晚。「純粹就行為上的結果論來講，電燈就像是伊甸園誘人的蘋果，讓我們情不自禁去從事一些干擾睡眠的行為，像是看電視、上網等等。有了電燈以後，我們就可以更晚睡，更壓縮睡眠的時間，然後突然把在半夜醒過來，變成一件不正常的事情。」

麥克寇推論電燈讓我們有晚睡的「選擇空間」，但也造成了嚴重的睡眠失調問題，例如越來越普遍的睡眠呼吸中止症。「社會大眾多半認為睡眠呼吸中止症與肥胖有關，只要美國的肥胖症越來越普遍，睡眠呼吸中止症也會越來越普遍。想想看，哪些是肥胖症常見的病因？恐怕說都說不完。再想想看，人工照明對我們的飲食有什麼影響？有了照明之後，我們會在什麼時候吃什麼食物？這是不是肥胖症的病因之一？假設一百年前，有一個人住在明尼蘇達深邃森林的小木屋裡，這個人沒有冰箱可用，當然也不可能呆坐在電視機前吃冰淇淋。」

我告訴麥克寇自己小時候就有全家住在明尼蘇達北邊的經驗。麥克寇試圖把夜間照明與肥胖問題連結起來，研究已經發現上夜班的勞工很容易有肥胖症的問題，用實驗鼠也模擬出相同的結果，所以問題的根本恐怕不是在半夜醒來，而是在有照明的夜晚維持清醒。

所以麥克寇認為治療睡眠問題的重點是「在黑暗中保持輕鬆，不要焦慮」，而解決失眠問題的方法就是協助患者改變原本的想法，採用稀鬆平常的態度看待在半夜醒過來的情形。「因此，我的處方不再是解釋某些現象代表什麼，而是告訴患者該用什麼方式處理；既來之，則安之。」

亞利桑納大學的奈曼認為睡眠失調問題，其實也提供現代人重新檢視該如何看待黑暗與夜晚的機會。奈曼住在索諾蘭沙漠（Sonoran Desert）的土桑市，這邊到處看得到巨大的柱狀仙人掌；我和他約在土桑的一間餐廳碰面，高大背板隔出的小空間內有一張樸素的木頭桌子，上面擺著兩大碗熱湯、兩大碗熱炒。我很快就認出奈曼本人，與相片一樣滿頭白髮和滿嘴白鬍。這讓他特別顯眼。

奈曼曾說：「該如何看待黑暗，是一個有趣的課題。一般人認為黑暗是缺乏光線的結果，我反倒認為光線破壞原本黑暗的環境，端看你用哪個角度去想。」

「人類染上過度使用夜間照明的習慣，是現代人普遍罹患睡眠失調最容易被忽視的原因」，因此「現代人染上嚴重的夜盲心慌複合式症候群：完全無法理解夜晚對生命、對身心健康的重要意義」。

奈曼在《夜診：睡與醒的科學意義》（*Healing Night: The Science and Spirit of Sleeping, Dreaming, and Awakening*）一書中說明自己試圖恢復「人們對夜晚的尊崇」，提升「人們認知夜晚的意識」。

提升夜晚的意識？這是本書一直圍繞的主軸：我們對夜晚太不了解了。以國際暗空協會發起人克勞佛為例，他不只想要讓「所有世人」了解光害的課題，也希望讓「世人重新接受夜晚的存在，知道夜晚的美麗，知道每個人都需要沒有光害的夜晚」，第一步就是重新恢復夜晚應有的時空觀念。夜晚的時間佔人生一半左右的歲月，促使奈曼投入死亡夢境與癌症末期的研究，並協助軍人解決從阿富汗、伊拉克戰場退役後惡夢連連的問題。這些工作讓奈曼感到很挫折，因為傳統的睡眠醫學會用死板的框架看待夜晚、睡眠、夢境，把這些視為可以客觀分析的科學現象，試圖切斷這些屬於個人主觀的體驗，遑論在精神面加以尊崇了。

奈曼主張：「睡眠失調的現象具有哲學上的意義。現代人長年歧視夜晚，毫不在乎壓縮原本該屬於夜晚的一切。有的人認為夜晚沒什麼值得留戀，有些科學家甚至想要在找出人為什麼要睡覺的原因後動點手腳，這實在太不可理喻了。我們難道不知道人體需要休息、充電嗎？」

這讓我想起《星艦奇航記》影集中九之七（Seven of Nine）這個角色。九之七是被博格人同化的人類，帶有一種可能是未來人類睡眠方式的特性：不用睡覺。九之七只要回到能量槽，從脖子注入綠色的電流就行了。奈曼聽了我的描述後啞然失笑：「這也是在充電啦，只是沒有正常人會這樣做而已。從人類的觀點來看，九之七的做法太過機械化，一點人味都沒有。會創造出這種角色，表示幕後編劇認為黑暗的夜晚，沒什麼值得描述的地方。」

奈曼認為真正的事實是我們不了解進入夢鄉的內涵。「如果能夠接受作夢的內涵的話，用心去體會怎樣才能好夢一場，就會變得非常迷人。只可惜大多數的人快要踏入夢鄉時，心裡想的不是好好一探究竟，反而是想方設法讓自己趕快在晨曦之際清醒，所以根本就沒有認真睡過一回。睡眠應該是一場奇幻的夜遊，但是現代人卻只想著隔天醒來要做些什麼。」

當奈曼開始向社會大眾闡述相關理念時，有些聽過的人，不再只是把睡眠當成八小時的關機，反而認真看待起自己與夜晚的關係。「無論是好是壞，他們願意全心接受屬於夜晚的一切。」

奈曼引用梭羅在《湖濱散記》裡描述月光下垂釣的情境推斷，如果人們更願意回歸自然的話，改變的力量就更大了。他說：「梭羅的文字記載了一個美妙的場景。當時他在湖邊，天上的星星在湖面上的倒影閃閃發亮，讓他一時分不清哪邊是天空、哪邊是湖泊。」

我看過這一段。神遊太虛的梭羅，因為一尾忽然上鉤的魚而醒了過來：

> 很奇特的感覺，尤其是在深夜的時候。當人的意識已經衝出九霄雲外了，這微弱的波弦卻能打動心弦，把人帶回大自然的懷抱中。下一次，當我再往天空甩動釣竿的時候，可能也同時往夢境的深處甩了過去，甩進更深不可測的境界，彷彿用一根釣竿同時釣兩條魚似的。

奈曼說：「很美的描述，不是嗎？梭羅描述的就是夜晚意識的流轉，忽焉在大自然中，忽焉在人的內心深處。我認為當一個人開始願意認真看待夜晚意識的時候，就一定能夠感受到它的存在。」

奈曼對夜晚意識抱持堅定的信念，讓我對他刮目相看。夜晚的意識明顯與白天的意識不同，而且也不是把白天的光線拿掉那樣地簡單。

奈曼若有所思，緩緩開口道：「有人說，只要是活著的東西都會不停移動，我可不這麼想。我在住家附近的這座山丘，每天來來回回，每天都可以看見巨大的柱狀仙人掌一動也不動。如果把時間軸拉長來看，拿春天與夏天的早晨互相比較，拿秋天與冬天的午後互相比較，你就會看見靜止的移動是怎麼一回事。一動也不動的仙人掌，在陽光和水分的滋潤下，活著，然後用另一種不同的方式移動。我認為同樣的道理也可以用來比喻夜晚本身的生命力。想要了解這一點，我們要先能融入夜晚的世界，學會用心眼看見夜晚的深沉，然後才有辦法真正感受夜晚，感受到夜晚的生命力。」

五級暗空
夜晚的生態

人也只是一種動物，當然沒理由自封為萬物之靈。
世間萬物依照日、夜週期生養休息的規律，是數千萬年演化而來的成果，
一旦這個穩定的循環被打破了，千萬別以為人類不會因此受到牽連。

——哈佛醫學院睡眠醫學部洛克雷教授（Steven Lockley, 2011）

梭羅從一八四五年年中開始，花了兩年時間住在麻薩諸塞州的森林裡，之後把這兩年的生活體驗寫成《湖濱散記》一書。梭羅當時居住的森林，在他離開後沒多久就被砍伐殆盡，那間小木屋也賣給一位農場主人當作穀倉，隨後還被拆掉當成柴火燒。這個美國國家歷史地標（National Historic Landmark）的景點，一開始還真是厄運連連。

所幸經過長年復育後，這片森林不但又恢復了生機，原本的小木屋也被州政府指定為「梭羅故居」（Walden Pond State Reservation）保存至今，所以今晚我才能迫不及待地一探梭羅故居入夜後會呈現什麼樣的光景。黃昏時分，我把車停在鄰近鎮上商場的停車場裡，先去食堂飽餐一頓，然後跨過鐵

軌的圍籬，沿著軌道，一路朝瓦爾登湖走去。

我想梭羅當年也是如此興致勃勃的吧。他在書裡提到康科特這座城鎮：「我在鎮上待得很晚，期待入夜後朝木屋出發，如果是暴風雨的夜晚，就更有趣了，那會好像是從燈火通明的碼頭啟航一樣。」停車場這一句當然是我自己加的，因為我正追隨梭羅的腳步，踏過一根又一根的枕木，朝瓦爾登湖的森林前進。一股孤單的感覺襲來（《湖濱散記》整整一章都在講寂寞）。我經過的每一棟房子都背對著鐵軌，每一戶都用鋁製或木製的圍牆把後院和軌道隔開。我可以看見前方盡頭的軌道轉了個彎，越往深處走，就越常回頭張望，除了看見好幾百隻螢火蟲從軌道兩旁的灌木叢忽上忽下地飛行並發出黃綠色閃爍的光芒外，四周空無一人。

當梭羅在一八四〇年代中期一樣沿著鐵軌往前走時，那時候的「黑暗」跟現在有什麼不一樣呢？那個年代，二十英里外的波士頓才剛開始有煤氣燈而已，當然不會對這一帶的黑暗造成什麼影響，康科特這邊也沒幾盞比鯨魚油燈還亮的燈具。梭羅在書裡寫道：「我聽見鎮上街頭巷尾有人說，夜夠深、天色夠黑的話，拿小刀刮一點鯨魚油回家都不會有人發現，也不知道是真是假。」當我看向東邊的波士頓，一如預期看見「昏黃的夜空」，我知道自己是看不見當年的「黑暗」了，我也在這個時候離開康科特的最後一盞燈光，讓自己的眼睛進入「夜視模式」。站在這個地方，我相信只要抬頭，就一定能看見波特爾五級暗空的景象。不過我還是很好奇，真的走到湖邊的森林後，有沒有機會看見不一樣的景致？

入夜後的森林只剩下梭羅獨自一人，根據他的記載：「晚上幾乎不曾有人經過我家門口」，「深沉的夜晚形同凡人無法觸及的聖地」。為什麼呢？今昔的理由應該都一樣：「我相信一般人或多或少都還是會害怕黑暗吧，雖然世界上已經沒有女巫，而且我們又已經有基督信仰和蠟燭了。」是啊，就是這個道理。但當我開車上三號高速公路（Highway 3）、摸黑往目的地前進，任憑頭髮隨風飄揚的時候，仍不禁嘴角上揚，而且完全想不出還有什麼比這更好的朝聖方式了。

一般人對梭羅的印象不外是躲進森林裡，住進小木屋，然後……就不知道了。其實梭羅在那段時間並非過著與世隔絕的生活，他會定期回到康科特吃一頓好的、添購些補給品，還會請他媽媽幫忙洗衣服，有人認為光是這幾點，就足以毀掉梭羅荒野隱士的神聖地位。如果梭羅真的想要出世的話，他就不該再回到文明世界，必須想辦法自立自強活下去才行。事實上，梭羅沒打算要脫離資本主義，他只是想轉換不同的視角看人生；他從一開始就知道自己遲早有一天會回到文明世界（兩年兩個月又兩天之後），因此，荒野與文明在《湖濱散記》裡的比重相當，後者甚至更為重要。

我想，當梭羅提到自己「走進荒野」是為了「活得更自在」時，主要反映的應該是他對生活周遭的感觸，不論人為或天然環境的變化。一八四〇年代的美國與現在差不多：迅捷的變得更急迫，聒噪的變得更喧囂，到處都有新科技改變一般人對日常基本生活的認知。對我而言，這就代表沒辦法自由自在的生活了。

深夜外出，張開雙耳、品味芬芳；沐浴星光下最美好也最困難的一件事，不外乎是夜晚有它自己的時間表。月亮會按照自己的步調升起，流星也是來去無蹤。夜晚的聲音與氣味更是可遇而不可求，完全無法事先預約。走進荒野的梭羅想要逃離快讓人發狂的壓迫感、噪音，以及各式各樣的新發明，想要擁有一段可以依照自己意願、讓意識與觀點覺醒的時光，讓自己可以從荒野中帶著（「大自然教導的」）領悟，回到康科特。橫跨歷史長河的不同文化，都有這類英雄破繭而出的典故：一個人在旅途中面對各種艱辛的挑戰後（其中免不了穿越黑暗的橋段），才能帶著智慧與財富回家。

「就算在平常的夜裡，森林裡的黑暗程度都不是一般人能想像的。」梭羅的觀察一點也沒錯，當我在森林裡繞圈圈時，電影《厄夜叢林》（*Blair Witch*）的劇情就會浮上心頭。鐵軌附近還有足夠的微光，往東也可以看見天空反襯著一路連往波士頓的光彩，這些都夠讓我看清楚四周的景象，但森林裡黑到讓人伸手不見五指，頭燈照在腳邊的落葉，又呈現出超現實的血紅色，所以我很慶幸能看到這些光芒，當年梭羅享受不到的輔助設備。

梭羅寫道：「經常要在樹木的間隙處抬頭借光，才能看見腳下的道路……才能確定自己真的走在羊腸小徑上。」所以在亮度這一點我玩勝梭羅，但梭羅顯然比我更清楚該往哪邊走。走著走著，我好像失去了方向感，一直以為走過下個斜坡，就會在彎角處看見湖泊，結果沿著小徑往下走、拐過彎後，才發現自己走錯了。這邊的地形地貌就算讓我大白天來走，也會走錯路吧！但我沒有因此心慌意亂；我不擔心在路旁突然竄出一位陌生人，不擔心自己鬼打牆，不擔心樹木伸出枝幹來抓我。我不會全身冒冷汗、拚命責怪自己：怎麼會笨到在這時候闖進森林裡？

然後我聽見青蛙的聲音。夏天鳴叫的青蛙，唱出六月仲夏夜的氣氛。

順著蛙鳴，我終於在半夜找到瓦爾登湖。

我在湖畔，彎腰撫摸著平靜的湖面。湖水東邊可以看見旅客中心唯一一盞防盜用探照燈，還有一輛租賃用車（輪胎在瀝青路上發出悉悉窣窣的聲音，車頭大燈其亮無比）。不過，還是因為以被波士頓所照亮的昏黃夜空為背景，湖面才看起來比剛剛的森林還要亮。這座淡水湖在夏天可以聽見川流不

作者拍攝梭羅小木屋的現存遺址，是由面向瓦爾登湖的石柱做為標記。（Paul Bogard）

息的水聲、遠處的狗叫與蝙蝠往返來回的聲音，還能聽見貓頭鷹的低鳴。聽見貓頭鷹叫的梭羅，曾很興奮地表示：「牠們代表昏暗的暮光，和永無止境的求知慾。」

在森林住過一段時間的梭羅，能用各種角度談論黑暗。他在過世後出版的散文《夜與月光》（*Night and Moonlight*）一書中寫道：「對大多數人而言，午夜不就像非洲大陸那樣，讓我們很想一探究竟？」據說他在過世前真的打算用身歷其境的方式寫一本非洲遊記。梭羅在湖畔能看見一級暗空，在康科特能看見二級暗空，我很好奇他可以因此看見什麼？我舉起雙手想要遮住波士頓方向的天空，然後閉上雙眼。真希望知道當年梭羅看到的夜晚是什麼樣子。

雖然一聽見蛙鳴就會想到湖畔，就會想要立刻走到湖邊。就像我現在一個人站在湖邊這樣，可以體會梭羅當年獨自身處湖畔的感覺。我當然不是看見他的靈體，但站在湖畔邊緣，再往後退回梭羅小木屋的遺址，在十乘十五英尺的範圍內，用小石柱圈成的地基，就能感應到梭羅的存在。一百五十多年來，在白天造訪這個遺跡的旅客成千上萬，但是會在半夜來的旅客，大概少之又少吧。

半夜獨自一人的時候，特別容易穿越時光回到過去。我想像梭羅當年一個人坐在湖邊沉思（就跟我現在一樣）：「多美妙的夜晚啊！可以感受到身心合一，每個毛孔都透露出舒緩的氣息。這就是大自然難以言喻的無拘無束與自由自在，而我自己也已經融為大自然的一部分了。」

梭羅的文筆處處都精彩，其中最令人難忘的應該是《散步》（*Walking*）中「世界存乎野性」（In Wildness is the Preservation of the World）這句話。最常誤解這句名言的方式是把「野性」（Wildness）替換成「荒野」（wilderness），就好像把「光之城」巴黎貶抑成「充滿光線的城市」一樣。「光之城」對法國首都巴黎而言具有雙重意義，是個值得加以區分的話題，而「野性」這個字眼，也讓梭羅的名言更加鏗鏘有力。

「荒野」通常指某一種或某一個特殊的地理環境，「野性」可就是不受地理限制的特質了（梭羅就在很多文章、動物與人的身上找到這種特質。或者說，指出欠缺這種特質的現象）。在荒野當然很容易找到野性，而在城市裡，在人的思想與抉擇中，在我們日常生活起居裡，亦可找到野性。西方文明史試圖全面摒除野性，不論是未知的、神秘的、開創性的、女性主義的、獸性的或者是黑暗中的野性，梭羅認為當年美國社會窮盡一切可能阻絕、驅趕、過濾、踐踏、隔離掉野性的蹤跡，大膽宣告這種做法根本有違大自然的生生不息。

如果世界存乎野性是正確的，那野性又存於何處？在《湖濱散記》的〈寂寞〉（Solitude）這一章中，梭羅提供了一個可能的答案。

雖然現在一片漆黑，森林裡還是可以聽見陣陣風聲，湖面還是有漣漪，一些生物已經在大自然的樂章中安詳入睡。絕對放鬆是不可能的，野性十足的獵食者正在尋找獵物呢！狐狸、臭鼬和野兔毫不畏懼地在森林的曠野中穿梭，牠們是大自然的夜巡者，將引領我們進入另一個朝氣十足的白天。

梭羅之後經過一百五十年，我從瓦爾登湖跨越美洲大陸，來到洛杉磯拜訪朗寇爾（Travis Longcore）和里奇（Catherine Rich）兩人所成立的「都會蠻荒團」（Urban Wildlands Group）。這個組織致力於「在都會或都市化地區進行保育，維護生物棲息地與其應有的生態環境」，其中一項需要特別關照的，就是夜間照明的光害問題。

朗寇爾表示：「話說二〇〇二年的時候，如果上Google搜尋『照明對野生世界的影響』、『野生動物與夜間照明』等關鍵字句的話，基本上大概除了鳥類與海龜之外，就別無所獲了。」二〇〇六年，朗寇爾和里奇打算改變這個現象，一起編了《夜間人工照明對生態環境的衝擊》（*Ecological Consequences of Artificial Night Lighting*）一書，蒐羅當時研究光害對生態衝擊的文獻資料，裡面除了包括鳥類與海龜的文章外，還有蝙蝠、蛾、螢火蟲、爬蟲類、兩棲生物、蠑螈、魚類等等。儘管這是一本相當讓人印象深刻、頗具意義的文選，但內容其實還很單薄。比方說，哺乳動物的專章只有兩篇文章，魚類與植物更是分別只有一章，也就難怪他們倆在序言裡寫道：「大自然用夜晚的節奏維持生態系統運作，其重要性就跟白天的效果一樣……只是絕大多數的生態保育專家，還沒意識到這一點。」

全世界起碼有三成左右的脊椎動物、六成左右的非脊椎動物屬於夜行生物，如果再加上習慣於黎明、黃昏出沒的動物，就不難想見光害的影響層面有多廣了。當人類在室內進入夢鄉的時候，戶外野生世界才剛要揭開序幕，展開交配、遷徙、授粉與養育下一代等各種活動。簡單來講，就是維持生物多樣性的所有必要活動。光害的威脅主要在於強迫習慣日夜交替演化的生物，在短時間內改變固定作息方式（隨便舉個例子，脊椎動物視網膜裡的感光細胞——對人類來說當然也一樣重要——是經過五億年的歲月才逐漸演化成現有的樣子），除了深海生態系裡看起來超級古怪的活化石魚之外（或是不見天日的洞穴和土壤裡），地球所有生物都是日夜交替演化而來的產物，而且也沒有任何一種有足夠的演化時間適應光輝燦爛的人工照明。

朗寇爾和里奇刻意區分「天文光害」和「生態光害」的做法很值得一提。所謂生態光害，指的是改變生態環境明、暗的自然模式。朗寇爾說：「這是必要的區別。現在提到『光害』，往往會聯想到天文相關的課題，可是就算營造一個沒有天文光害的環境，讓所有光源直接朝地面照射，實際上還是會造成很多光害的問題。」

夜間照明對野生動物的影響主要分為五個領域：方向感、獵食、物種競爭、繁殖與生理時鐘。不難理解夜間照明對野生動物方向感的影響；昆蟲繞著路燈徘徊不去是一個例子，候鳥被燈火通明的大樓、通訊電塔的燈光吸引是另一個例子，沙灘上剛孵化的海龜往錯誤的方向移動（朝向馬路或旅館），最後被車輛碾斃或是輕易被天敵掠食，又是另一個例子。自從人工照明劃破已有數十億年歷史的黑暗夜空後，有些物種突然發現自己被掠食的風險大增，掠食者現在可以輕易發現獵物的身影。

人工照明為不同物種帶來不同的競爭壓力，其中有些物種調適得比較快一點。人工照明不但會打亂原本的生物繁衍，像是螢火蟲對著變化的光影求偶，也會打亂鳥、魚、昆蟲、植物等各種物種體內的生理時鐘，一如對人類的影響一樣。把尺度再放大一點，遷徙行為會受不同季節日夜長短的節奏影響，原本整個生態系會因四季的日照時間不同而運作，有位生物學家告訴我：「現在燈光比大自然原始的亮度亮上數百、數千倍，如果我們相對把日間照明的亮度也減弱數百、數千倍，結果會怎樣？後果當然不堪設想。這只是一種比喻方式，我的意思是，我們不可能改變二十四小時中一半的環境，卻不造成任何影響。」

或許有人會問，這跟我們人類有什麼關係？我建議不妨換個角度來看。當我們在談光害對生態系統的影響時，我們看重的是如何維繫一個健全的生態，因此不論我們是誰、住哪邊，我們都是受生態系統影響的其中一員；多了解生態系統的各種知識，就更能維護人類所處環境的健康。

朗寇爾說：「我擔任兩門大講堂通識課程的老師。我通常會問學生：『有辦法說出三種早餐麥片名稱的，請舉手。』然後所有人的手都會舉起來。『說得出三個電視節目名稱的，手繼續舉著。』兩百人坐的大講堂，每個人的手一樣舉著。『說得出校園內三種鳥類名稱的，繼續舉著。』──『呃，黑色的那種叫什麼名字去了？』──『再講出校園內三種植物的名稱。』──『嗯……草皮算不算？』」朗寇爾笑著說：「我不是故意要尋學生們開心，但這就是現在美國人的成長環境。大家都都市化了。如果有人可以回答我提出的這幾個問題，對方一定是在鄉下長大的，城市長大的小孩，懂不懂這些知識，根本無關緊要。」

朗寇爾認為，這個現象長久下去不是辦法。他曾經和洛杉磯都會蠻荒協會（Urban Wildlands in Los Angeles）合作過；洛杉磯在他眼中是一個光害嚴重的標準案例，因此要設法把黑暗的環境與更廣泛的生態知識串連起來。朗寇爾表示：「我們必須讓其他人從開始重視生活周遭的大自然做起，否則渺無人煙的地方，更不會有人重視。現代人成長的過程中，沒有機會在空地看見毛毛蟲，沒有機會看見毛毛蟲蛹化成蝶，也沒有機會看見滿天的銀河，所以沒辦法與這片土地、與大自然建立緊密的連結。美國的保育團體必須正視自己所處的社會環境的真實樣貌。」

每年我都會回到北明尼蘇達的湖畔。小時候我會跟爸爸站在碼頭，看著流星在滿天的星空中，緩慢留下一道清晰的軌跡；有時候會躺在凍結的湖面，用新入手的手持望遠鏡看著天上的月亮。那是七〇年代的事情，當時的夜空，基本上符合波特爾二級暗空的標準，「真正黑暗的環境」。我深信三十年前的星星比現在多很多，就算到了大約十年前，也還是一樣。而現在這邊，最暗的夜晚大概只能算是三級暗空，附近幾個城鎮大概都已經往四級暗空移動了，真不敢想像這個趨勢究竟會發展到什麼程度為止。

再怎麼說，湖畔的夜晚還是讓我感到最放鬆的，不論是在碼頭、森林邊緣、還是在門口的台階。我感受著這一切，在一個寂靜的夜晚，從杉木下輕輕划著斑駁的獨木舟往湖心而去。夜晚的湖水凝重得像是黑色的原油，仔細看卻又是清澈冷冽。我在星空下划槳，黑暗的湖岸離我越來越遠，明亮的月光從樹林後方映射出來；月亮看起來一點也沒變，一樣又大又亮，仍舊美麗。

月亮依序照七個階段（加上「新月」就變成八個了）呈現盈缺，每天以慣有緩慢的步調，從我家後面的森林升起，劃過湖面。我們看見的月光是來自太陽光的反射，有趣的是，月亮上灰色的岩石和塵土，只微不足道地反射百分之七的太陽光，但卻足以照亮森林。森林中各種夜行生物循著聲音與氣味蠢蠢不安，我們可以在月光下看見這些生物在飛翔、獵食、吟唱，維持呼吸的脈動。世界各地的原始生態系統都一樣：覆上一層黑紗的夜晚裡，月亮是唯一的光源。當晚上人類窩在家裡無所事事的時候，各種夜行生物繼續讓這個世界生生不息。

在岸邊，在碼頭，或是在湖心中搖槳。湖的夜晚有太多東西值得我學習，我總會期待等月亮升起時，出發前往探詢關於夜晚的一切。

往湖心划過去的時候，獨木舟反射出波光粼粼。在柔和的月光下，幸好我戴著雙城隊的球帽；把帽沿往下拉，多少可以擋住一些刺眼的閃爍。英仙座從地平線緩緩現身，夏季大三角就在頭頂，我在獨木舟裡躺了下來，任憑它在月光下隨意旋轉。突然間，水花濺起嚇了我一跳，想必是一隻魚吧，四周旋即恢復寧靜；接近攔沙堤時，獨木舟底下吱吱嘎嘎作響，聽起來像是小孩子「咿咿嗚嗚」的聲音，很是奇特。我調整一下方向，再把獨木舟划往湖水深處，四周寂靜無聲，然後我聽見一英里遠之外的高速公路傳來卡車經過的聲音，音波不僅在空氣中震盪，就連湖面也受到影響。車子的聲音從遠處來，接著向遠處飄去，從地平線那一頭開始擾亂大氣的寧靜，像漣漪般往地平線另一頭擴散而去。

岸邊森林裡的貓頭鷹發出「嗚嗚、嗚嗚」的聲音，湖裡不時聽見青蛙低鳴和魚群躍出水面的聲音，整座湖充滿生命的脈動。我還聽見水面下，水草的氣泡浮上水面破裂的聲音，想像獨木舟底下有魚隻迴游而過，還有一隻水鳥發出悲鳴，淒厲的程度真的會讓人以為有人正在求救。

小時候，我和表兄弟會拿手電筒在湖邊游泳；手電筒亮白搖曳的光線，像是在黑暗湖水上比劃的寶劍。我曾聽過以前有兩個人在冬天結冰的湖面上玩雪車，結果不幸落水溺斃的故事；我以為手電筒的光線，可以讓我找到連同雪車一起墜落湖底的兩位罹難者遺體。

波赫士（Jorge Luis Borges）曾說：「我認為應該要有一種作品，能讓所有人進入不確定性之中，因為這才是真正現實世界的樣貌。」夜晚的湖邊也有許多我們還不知道的事情：貓頭鷹如何無聲無息地在夜晚穿梭、獵食？狼群如何像一團煙霧般，在森林裡不定點出沒，而且一定會在第一道晨光出現前，集體消失得無影無蹤？

「咿—咿—咿——咿嗚！」我家後面有隻貓頭鷹先是發出長嘯，最後用一個顫抖的低音收尾，接著換成好幾聲「嗚嗚、嗚嗚、嗚嗚」的短鳴，隨即聽到湖畔有另一隻貓頭鷹用更低的音調回應。

我坐在獨木舟裡，聽著身後這兩頭貓頭鷹來來回回停不下來的對話，然後我稍微有些動作：划兩下槳，把獨木舟轉向岸邊後，把槳放好。我盡可能用最安靜的聲音動作，但貓頭鷹的對話停了，牠們發現了我，並迅速在月光下振翅飛回樹林裡去。

「夜晚時分，人的聽力會變得比較好。」說話的是布魯恰克（Joseph Bruchac），一位美洲大陸的原住民，身兼作家與老師兩種身分。「我有一位卻洛奇族（Cherokee）的朋友告訴我他小時候聽到的故事，也可以說是卻洛奇族的固有文化，叫『打開你的夜晚』（opening the night）。怎麼做呢？只要走進黑暗的夜裡（以前大概只要走進自家後院就行了），然後坐下，只用耳朵去傾聽自己身邊最近、約一隻手臂的範圍內，周遭各種不同的聲音。靜下心來專心聆聽的你，接著再把範圍擴大一倍，聽聽看還有什麼聲音。就這樣，一次又一次擴大聆聽的範圍，最後會進入一種境界：在夜晚中靜坐的你，可以聽到一英里以外的聲音。」

與布魯恰克交談的時候，我想到辛莫曼（John Himmelman）曾說，他喜歡「調整頻率收聽」蟋蟀和螽斯的叫聲（在他眼中，這兩種昆蟲是長腿的葉子），就好像特別注意交響樂團中某種樂器的聲音那樣。辛莫曼是《蟋蟀電台》（*Cricket Radio: Tuning in the Night-Singing Insects*）等多本書籍的作者，住在五英畝大、種滿樹木的環境中。他說：「我很喜歡聽著蟋蟀的叫聲神遊，讓我的意識能夠超越身體的侷限，前往森林裡旅行。」

辛莫曼會注意蟋蟀、螽斯、鳥類、青蛙的叫聲，就連「夏天毛毛蟲掉到葉子上反彈的聲音都聽得到。因為我從很小的時候，就特別專注於這些聲音，所以聽得見森林裡到處都有的悉悉窣窣。」他經常帶人去聽夜晚昆蟲的鳴叫聲，看見很多人因為這些聲音而興高采烈。辛莫曼說：「這些人待在室內太久了，所以晚上走出戶外，成為相當新奇的體驗。我們還會刻意等九點過後才出發。」旅程中，成年人開心得像小孩一樣。「我最常聽到他們說：『從來沒想到，這些昆蟲就在這裡！』如果當晚只聽見一、兩種聲音，我會覺得是很無聊的一趟旅程，但對幾乎不曾夜遊的這群人而言，已經足夠讓他們興奮到發抖了。」

一九二〇年代，美國作家貝斯頓在鱈魚角漫步，思考這群「數以兆計，算不清總數的生命，大規模蠕動、鳴叫的現象」：

> 我發現，我們不太欣賞昆蟲為大自然所演奏的偉大交響樂。這麼豐富多樣的聲音，卻似乎沒有撼動我們的感官意識，但是請想想看，草地裡的弦樂音、蟋蟀特殊鳴叫的管樂音，這些在仲夏之夜月光中傳來的聲響，難道不是美妙得筆墨難以形容嗎？

辛莫曼說，昆蟲的鳴叫聲是經年累月的成果，蟋蟀與螽斯的始祖可以回溯到兩億五千萬年之久，所以人類應該很習慣在夜晚聽見昆蟲的叫聲。他表示這個聲音來自於「兩片硬翅不斷互相摩擦的結果」，牠們會在夜晚鳴叫以避開白天的掠食者，並會用合唱的方式，讓夜晚的掠食者分不清他們的位置。辛莫曼的書裡寫道：「鳴叫是昆蟲的天性，除非把牠背後的翅膀綁起來。與其這麼做，不如把昆蟲的叫聲當成『上天賜予我們的禮物』。聽見昆蟲鳴叫是值得開心的事，不用太在意昆蟲鳴叫的原理，也不用刻意分辨不同昆蟲的叫聲，光是聽得見就已能豐富我們的人生了。」

氣味也是一樣的道理，夜晚的氣味尤其豐富。白天溫暖的熱空氣會帶走地表的氣味，等夜晚溫度較低、風勢較和緩的時候，地表會散發出各種氣味，讓聞得到的物種取得相關的訊息。昆蟲、腐食動物、肉食動物和牠們的獵物，夜晚地表的氣味對牠們而言有如辨別方向的地圖，告訴牠們遷徙或求偶的方向。有的氣味像是在說：「來抓我啊。」有的氣味則透露出「滾遠一點」的訊息。儘管人類的嗅覺能力很差，我們還是可以聞到夜晚的空氣裡瀰漫著各種氣味，讓我們可以穿越地理環境的限制，進入時光中漫遊。

小時候我住在家裡面向西北角的二樓角落，我的床鋪就在窗戶旁邊，熄燈後還可以朝窗簾探頭，閉上眼睛，幻想湖泊、爺爺奶奶家，或是進入過去與未來的時光隧道，造訪不可能抵達的地方，或是進入自己的身體裡。我也不知身在何處，但我喜歡這樣的隨心所欲。

秋天的夜晚是烤火爐取暖的時候，父母會把白樺或橡木木柴丟進壁爐裡燒，讓夏天的味道飄盪在秋天的空氣裡，並在周遭縈繞不去。接著，森林和湖泊帶有雪花的寒冷空氣，很快會穿越秋天的界線逼近我們，告訴我們冬天來了。早春時，我會把窗戶開一條小縫，然後呼吸室外清冷的新鮮空氣。春天即將從南方而來，紅雀和綠繡眼的歌聲會日復一日離我們越來越近。我把鼻子湊近窗邊，雀躍不已，恨不得把這股充滿南國風情的氣味一口氣通通吸進肺裡。

氣味對蛾類的重要性難以言喻。求生存的指引、找配偶的關鍵，甚至是靜思的泉源。我們通常會嘲笑飛蛾撲火的行徑，看著牠們傻傻地繞著燈光飛來飛去；我們把蛾類當成一般夜間的野生動物對待，除之而後快，用補蚊燈或是蒼蠅拍送牠們上路。蛾類有促進地球生生不息的貢獻，而人類卻多得是可以輕易殺死牠們的手段，這兩者呈現出強烈的對比。每隻蛾的壽命雖然只有大約一、兩個星期，但所有蛾類卻能替全世界八成左右的花卉完成授粉。根據估算，全世界大約有十五萬到二十五萬種不同的蛾類，不論我們住在哪邊，蛾類的身影都會伴隨左右。

有些蛾類會對農作物造成嚴重災情，但比例只佔所有蛾類的百分之一，其他絕大多數的蛾類都不是害蟲。然而，在夜間活動的蛾類往往會讓人感到害怕，要不是驅之別院，就是直接送上西天。此外，夜復一夜的趨光性，也確確實實造成蛾類的重大災情。蛾類替植物、花卉傳播花粉的重要性不但無可替代，同時也是生態系統食物鏈中不可或缺的一環。蛾類的趨光性讓其他物種隨時可以守株待兔、大快朵頤。還記得樂蜀酒店的天際星光嗎？光線就好像吸塵器一樣，會把生態系統裡的基礎蛋白質來源（蛾類），吸附聚集，然後再漸次展開後端食物鏈的發展。

生態學家開始注意到蛾類受夜間照明影響後，長此以往會對生態系統造成什麼樣的衝擊。辛莫曼認為沒有蛾類的世界將會「一片荒蕪」，不只是因為牠們的經濟效益而已。他在一篇文章裡描述長尾水青蛾（luna moth）的生活方式如下：

長尾水青蛾帶有飄逸的靈性美，但是卻無法長存。牠們的壽命只有一、兩個星期，從枯枝落葉中破蛹而出後，會在四十八小時內完成交配、產卵的工作以繁衍後代，接下來就沒有其他事情要做了。長尾水青蛾的存在沒有任何目的，不進食、不沾水，所有能量都來自於蛹化前吃下肚的葉子；牠們生命的能量有限，無法補充，就好比橡皮筋玩具飛機飛出去以後，鬆弛的橡皮筋遲早無法再繼續帶動螺旋槳，玩具飛機也一定會掉在地上。

長尾水青蛾的活動多半發生在半夜，因此很少人會注意到。長尾水青蛾有鮮豔的翅膀和長長的尾巴，是在月光下活動的夜間生物；牠無聲無息地出沒在世界中的一角，直到生命終結為止。除了好看以外，「多沒意義的生物啊」！或許是吧。如果我們只看重美麗的外觀，長尾水青蛾除了交配、繁殖外，就真的只能等死了。然而事實上，這種生物可以活過幾個夜晚。我反倒認為這種夜間出沒的蛾類漫無目的舞動翅膀的目的，就是為了讓這個世界更多采多姿。

住在湖畔，我發現一隻咖啡色的蛾飛進臥房。原本我打算直接拍死牠，但之後猶豫了一下，反而開始觀察起這隻蛾了。牠有四片翅膀，左右各兩片，頭頂有小小的眼睛和觸角，靜靜停在臥室的門板上。一位研究蛾類的朋友依據翅膀傾斜的程度，把這種蛾歸類成「噴射戰鬥機」，但我發現這隻小小的蛾可以做出噴射戰鬥機無法完成的動作。我把牠輕輕捧在胸前，帶到窗戶放手讓牠飛走，看見牠深褐色的腹部。這隻蛾屬於裳夜蛾（Catocala）的一種，有一對後翅是牠的特徵；有的會在後翅演化出

「一對眼睛」遏阻掠食者，有的則是用斑斕的後翅表示「有毒誤近」。這些用來嚇阻掠食者的特徵，當然沒辦法嚇到我，在我眼中反而成為湖畔野生世界裡，隱隱約約閃爍的生命之火。

某年夏天，我家附近一則地方新聞報導一名機車騎士在路上撞到一隻灰狼，六十二歲的機車騎士摔進路邊溝渠，不知道幾歲大的灰狼則卡在機車底下，雙雙不幸罹難。夜晚發生在湖邊的事故，想必讓騎士與灰狼都大感意外。也許我聽過這隻灰狼的嚎叫聲，也聽過這部機車路過的聲音；我不確定機車騎士有沒有戴安全帽，灰狼應該已經換上夏季的皮毛了。當時停在公路上的灰狼，應該就是湊巧出現在那邊而已，不可能故意去擋路，可能是聞到某些氣味，或是看到什麼景象。注視一抹新月掛在地平線的那一頭嗎？在其他的日子裡，這隻灰狼可能會迅速穿越柏油路面，消失在另一頭的森林並走回牠的巢穴，風馳電掣的機車騎士經過時，可能還來得及看見灰狼深邃的眼眸、灰色的大衣或是消失的後腿，不過這一次騎士可能也在分心看月亮，好奇天都快亮了，月亮怎麼還在天上？這應該是機車騎士最後的一個念頭，要不然他可能在想「我的天啊，好漂亮的月亮喔」。

光是在美國，每天就有超過一百萬隻鳥獸在公路上喪命。由於這些受害者以夜行生物居多，因此大部分事故都發生在晚上；而夜間車禍的意外事故，當然也對人類造成不少損失。根據統計，撞到鹿的次數遠比撞上美洲獅、熊、狼的次數還多，每年美國有超過兩百人因為撞到鹿的車禍而往生，更驚人的是，每年有超過一百萬件撞到鹿的車禍，總計造成上萬傷患與超過十億美元的損失（被撞到的鹿當然也是災情慘重）。

研究顯示，更多的公路照明其實無法有效解決這類車禍，反而會讓野生動物在晚上、黃昏或凌晨的時候變得更加遲緩，更沒辦法避開車輛。原本動物的眼睛可以在黑暗或是昏暗的光線裡看得一清二楚，因為牠們的視桿細胞比視錐細胞更發達，但車燈和路燈卻亮到讓牠們什麼都看不見。《夜間人工照明的生態影響》（*Ecological Consequences of Artificial Night Lighting*）一書的作者拜爾（Paul Beier）說：「從動物的觀點來看，如果要設計能夠降低死亡率的公路照明系統，根據我們對哺乳類動物視覺系統的了解，路燈是越少越好。」

路燈減少、亮度降低一點，對野生動物和人類都具有提高安全的效果。當我們只依靠車頭大燈開車的時候，我們一定會提高警覺慢慢開。

怎樣才能減少公路上的路燈？舊金山有一家名為「民間暮光」（Civil Twilight）的公司採用創新概念設計照明：根據月亮的亮度調整路燈光線，也可以說是「月光感應式路燈」。他們用敏感的感光元件結合LED燈，讓路燈與月亮的亮度維持相對平衡的關係。如果是沒有月光或是新月的夜晚，路燈亮度會提高到讓路人、駕駛可以看清道路的程度，等到滿月時，路燈的亮度會低到快要熄滅的程度。引用「民間暮光」的估算，他們的技術可以減少四分之三的照明費用，而且也可以讓月光營造的氣氛再次回到我們居住的生活環境裡。

這個想法並非原創。早在十八、十九世紀時，路燈的亮度就是隨著月亮盈缺與季節性的天色亮度進行調整。以巴黎為例，當煤氣燈在一八四〇年代問世之後，街道上就有兩種不同的路燈，其中一種是整夜都不關的路燈，另一種則是在月亮無法照亮街道時做為輔助的光源。即便進入二十世紀以後，很多市政機構也是依據月亮的亮度調整點亮街燈的時間。早在巴黎被封為「光之城」之前，巴黎就和世界其他主要城市一樣，是一個靠月光度過夜晚的城市。

這種做法的效果很迷人，亞特力（James Attlee）在《小夜曲：追尋月光之旅》（*Nocturne: A Journey in Search of Moonlight*）一書中說：「就好像是黑白照片一樣，當月光的亮度無法讓我們看清楚顏色後，建築物的結構與地表的輪廓反而更顯眼。」歌德（Goethe）在一七八七年前往羅馬旅遊時，也看到相關的描述：

> 沒有親自漫步在滿月時的羅馬街頭的人，是無法體會那種美感的。在明亮的月光與陰影襯托下，我們再也沒辦法明察秋毫，只能看見所有事物最簡約的輪廓。我們在羅馬度過三個清澈透亮的夜晚……在月光下遊歷了萬神殿（Pantheon）、國會大廈（Capitol）、聖伯多祿廣場（St. Peter's Square），穿越大街小巷，逛遍好幾個著名景點。

我們現在已經無法體會月光下的視覺效果了。現代化大都會的人工照明，早已在不知不覺中逼使月光節節敗退，所以我們已經不記得原始自然的月光有多美了，更糟糕的是：因為從來不曾看過，所以也不知道該懷念些什麼。

德州奧斯丁（Austin, Texas），我現在就在國會大道橋（Congress Avenue Bridge）就教於塔托（Merlin Tuttle），他是全球最頂尖的蝙蝠專家。我們在暮光下看到約一百萬隻墨西哥無尾蝙蝠（Mexican free-tailed bat）聚集在橋下，這對人口數相去不遠的奧斯丁而言，是一個少見的自然奇觀。

塔托是「國際蝙蝠保育組織」（Bat Conservation International，簡稱ＢＣＩ）的創辦人，過去三十年不斷在世界各地奔走，希望能提升大家對蝙蝠這種奇妙生物的認識。在野生保育的領域裡，塔托已經成為蝙蝠的代名詞了。

或許是因為經常和黑暗連結在一起的緣故，蝙蝠不斷遭到人類極不友善的迫害，其他原因還包括沒來由害怕牠們會傳播狂犬病（事實上只有千分之五的蝙蝠帶原）、會鑽進頭髮裡面（蝙蝠可以用聲納清楚分辨每一根頭髮，鑽進去的說法實在是無稽之談；除非如俄亥俄天然資源部〔Department of Natural Resources〕網站上所警告的：除非你滿頭都是臭蟲），或者是「攻擊」人類（塔托說，在他從事蝙蝠保育四十年的歲月裡，還沒看過任何一隻蝙蝠攻擊人類）。用理性的角度來看，蝙蝠不但會幫我們捕抓蚊子、害蟲，還會幫忙替花果授粉，供我們享用。不論就經濟效益或是其他層面分析，蝙蝠都對人類貢獻良多。可是蝙蝠在全球各地的棲息地，卻被人類一個接著一個用槍枝、炸藥、火焰、棍棒等大肆摧毀。尤以美國最為嚴重，就只因為我們害怕這種會飛的小型夜行哺乳類動物。舉例而言，一九六〇年代初期，亞利桑納南部有一個當時全球最大的蝙蝠棲息地，結果原本三千萬隻的蝙蝠，被屠殺到只剩三萬隻，而散彈槍的彈殼，在棲息地的洞口散落一地。

塔托不辭辛勞的奔走扭轉了悲劇性的發展。他曾經拜託一位住在田納西州的農夫允許他在農地裡研究蝙蝠，結果對方告訴塔托：「如果有看到蝙蝠的話，能殺多少是多少。」之後塔托在蝙蝠洞穴的地面上找到許多被吃剩的金花蟲（potato beetle）翅膀（那是一種破壞農作物的主要害蟲），當場讓這位農夫完全改變自己對蝙蝠的觀點。塔托剛開始投入蝙蝠的保育工作時，每次演講前總要先花上十分鐘，簡短破除一些有關蝙蝠的迷思，現在已經進步到不會有人在演說中用狂犬病加以質疑，也不會有人聯想到吸血蝙蝠，更不會有人幻想一大群蝙蝠攻擊美國某個城市的畫面。

塔托在一九八六年搬到奧斯丁，當時許多人認為這座城市是蝙蝠會優先攻擊的對象。那時候國會大道橋才落成六年而已，有好幾百隻蝙蝠把橋底下當成最佳的棲身之所，奧斯丁市民群情激憤地想要發起蝙蝠滅絕行動。當時《今日美國》（*USA Today*）的頭條標題甚至寫著「生活在幾十萬隻蝙蝠兇狠攻擊陰影下的奧斯丁市民」。塔托說：「本地著名的《奧斯丁美國政治家》（*Austin American Statesman*）日報曾用『蝙蝠大軍啃食的城市』為標題，但該報現在卻把蝙蝠當成吉祥物，還設立『蝙蝠專線』讓民眾諮詢蝙蝠作息的相關資訊。」他笑了笑說，想要針對當年那些聳動標題深入報導，是一件不可能的任務，因為根本沒有人會承認自己當年主張發起蝙蝠滅絕行動。

我們一直等到入夜時分，各年齡層的群眾開始聚集在橋上的徒步區，橋下科羅拉多河上有一些小型觀光船往來穿梭，船上有好多熱切期盼的臉龐，另外還有一些人划著單人獨木舟，手上早已備妥防水的攝影鏡頭。橋的另一頭有一塊百加得（Bacardi）龍舌蘭酒的大型廣告看板，可以清楚看見該公司醒目的蝙蝠商標，靠近一點還可以看見一座迎接遊客的大型黑蝙蝠雕像，上面有一塊標語，宣稱國會大道是「全世界蝙蝠在城市內最大的棲息地」，因此這裡自然也是全世界「最有蝙蝠味」的地方。橋底下不時飄來蝙蝠糞便獨特的味道，似乎是蝙蝠在告訴我們已經準備好要出擊了。

只有極少部分的蝙蝠會傳染狂犬病這一點，似乎無法改變人類厭惡蝙蝠的態度。塔托說，沒有任何針對其他哺乳類動物傳染病的研究會多過蝙蝠，研究結果也顯示蝙蝠甚至是最沒有傳染疑慮的生物。「當年奧斯丁公衛部門的人認為蝙蝠會攻擊人類、散播狂犬病，使得整座城市的蝙蝠幾乎被消滅殆盡。我急忙把各種研究成果公諸於世，告訴大家蝙蝠在生態系統內所具有的價值，並且告訴他們『只要不去惹蝙蝠，蝙蝠就不會攻擊人類。』從此之後過了快三十年，我們還在等第一起蝙蝠攻擊人類的案例何時會發生。」

攝影是塔托改變一般人對蝙蝠印象的方法之一，學會攝影則是塔托在別無選擇的情況下，無師自通的技能。塔托為《國家地理雜誌》（*National Geographic*）寫了一篇專題報導，探討「蝙蝠實際上是很愛乾淨、無害的動物，與大家的既定印象完全不同」的現象。之後他去華盛頓，想找幾張和文章搭配的照片，卻發現雜誌社現成的都是蝙蝠張牙舞爪的照片。攝影師為了讓蝙蝠睜開眼睛，故意朝蝙蝠吹氣，然後捕捉到蝙蝠採取自衛行動的一瞬間。這些照片讓蝙蝠看起來面目可憎。

塔托向雜誌社抱怨說：「這些照片絕對不會讓人覺得蝙蝠很可愛。你們心知肚明，而且也不會對其他動物採用類似的照片。一定要讓讀者看到蝙蝠被激怒以外的神情，他們才會有不一樣的印象。」從那時候開始，塔托就在世界各地拍攝蝙蝠照片，像是鬆軟的短耳朵、快樂的眼神，或是黑色近乎透明的翅膀——換句話說，讓讀者知道蝙蝠是不需要害怕的一種生物。

世界上的蝙蝠總共超過一千多種，佔所有哺乳類分類的四分之一強，所以很難找出牠們的共通性。但我還是想從鑽研蝙蝠與蛾類生態系的博士生科克倫（Aaron Corcoran）口中多了解一些。他說：「蝙蝠是一種非常、非常神奇的生物。」當我要他舉出最神奇的地方是什麼時，他笑了笑說：「你準備好花一個小時慢慢聽嗎？我恐怕舉不出最神奇的一種特性。我首先想到的是蝙蝠對生活周遭環境的感測能力與反應速度。具有聲納定位能力的動物，每秒可以發出十次到兩百次不等的音波脈衝。蝙蝠可以在不到十分之一秒的時間內聽到回音，取得各種所需資訊，並做出下一步的判斷。蝙蝠反應的時間尺度實在超乎想像，有些可以在三千分之一秒的時間內發出介於二十到一百二十千赫的音頻，相當於六倍人類能聽到的音域，然後從回音判斷反射物的材質、距離與方位，迅速辨識該物體是該全力追逐的獵物，或是無關緊要的東西。」

我們通常認為從三〇年代開始研究蝙蝠的葛瑞芬（Donald Griffin），是發現聲納系統的第一人。他說研究蝙蝠的工作猶如造訪一潭神奇的泉水；在他六十年的研究生涯中，葛瑞芬總是能夠在這潭神泉中有新的發現。

還有一個蝙蝠的神奇特質值得一提。在一個聚居超過一百萬隻蝙蝠的洞穴裡，外出覓食的蝙蝠媽媽回家時，總是能在每平方英尺散佈兩百到五百隻蝙蝠的環境中，正確找到自己的孩子。塔托說，前不久有份研究報告指出，蝙蝠的世界與高等靈長類或是大象一樣，都擁有長期穩定的社會結構。有些研究人員發現儘管蝙蝠每半年會搬到不同的巢穴冬眠，但牠們還是有辦法認出彼此的個別身分，甚至會建立親密程度不一的「友誼」。塔托說：「不管你是否認為『友誼』是個恰當的字眼，但這種關係與人類之間的互動相去不遠，由此可見蝙蝠是非常聰明的物種。」

當奧斯丁的蝙蝠在夜空中用一長列的縱隊隊形竄出時，現場群眾不禁發出讚嘆聲，而且不分大人小孩，都因眼前的景象，興奮到說不出話來。我可以感到身旁的塔托因為見過這種景象太多次，所以沒有非常震撼的感覺（他還喃喃嘀咕著：「應該可以更壯觀才對！」），但我光是看見蝙蝠就很興奮了，何況是上千隻蝙蝠成群結隊帶給我的感受？在這裡，我看見一種很多人欲除之而後快的生物，在橋底下愉快地盤旋飛行。我轉身告訴塔托：「今晚的飛行隊伍或許稱不上完美，但已經足以讓人屏息

數十萬隻墨西哥無尾蝙蝠從德州奧斯丁國會大道橋底下蜂擁而出。（© Randy Smith Ltd.）

以對了。」塔托回答道：「當蝙蝠的飛行隊伍達到真正壯觀的境界時，絕對算得上是世上最難得一見的野生奇觀之一，甚至可以看到長達一英里的飛行縱隊。」

蝙蝠群盤旋成一條黑色煙囪狀的隊伍，朝東邊地平線飛去，目標是田裡的玉米穗和蛾類大軍；根據塔托估算，每年飛蛾對德州經濟損害的金額上看十億美元。前不久的研究顯示，蝙蝠光是在美國吃掉害蟲的經濟價值，就高達三十億美元。不誇張地說，每天晚上外出覓食的蝙蝠可以吃掉好幾噸的害蟲，替農民省下除蟲劑的費用。其實三十億美元還是一個保守估計的數字，因為這份研究報告並未涵蓋使用除蟲劑的後續成本，比方說對人體健康的影響，或是害蟲產生抗藥性這類更難估算的代價，因此實際上的經濟價值應該超過五百億美元。

全世界的蝙蝠都有消滅害蟲並替花卉水果授粉的功能，諷刺的是，蝙蝠對人類社會帶來的巨大利益，恐怕足以和我們對牠們憎恨的程度等量齊觀。

儘管有塔托或其他人幫忙代言，現實生活中的蝙蝠還是極度需要救援。除了人類從不間斷的侵擾外，密西西比河以東數以百萬計的穴居蝙蝠，還要面對「白鼻症」（white-nose syndrome，染病的蝙蝠會在口鼻、翅膀長出白色的真菌，因而得名）的瘟疫威脅。而會遷徙的蝙蝠，則是對風力發電機毫無招架的餘地，預估到二〇二〇年時，每年光是在美國，就可能導致六萬隻蝙蝠喪命。

鳥類通常是直接被風力發電機的葉片擊中而斃命，蝙蝠致命的原因則是來自於氣旋壓力（barotrauma），本質上跟潛水夫症相去不遠，只要風力發電機葉片周遭的氣壓迅速下滑時，就會導致蝙蝠肺部爆裂。照明對於造成這種傷亡，也發揮了一定的功效，因為蝙蝠之所以會靠近風力發電機而肺部爆裂，不排除是為了追捕被燈光吸引的昆蟲所致。

以上還不是所有的外在威脅，歐洲的研究人員還發現炫光、隨意亂射的人工照明會擾亂蝙蝠的習性，替牠們原本就很艱辛的命運更添壓力。相較於科學家至今仍對白鼻症與致命氣旋的解決方案感到棘手，如果要替對人類幫助匪淺的蝙蝠做些什麼的話，「控制照明」算是其中最簡單的一步了。

為了替蝙蝠發聲，塔托跑遍世界各地。傍晚第一次造訪塔托家的時候，即將去古巴演講的他，正在背誦西班牙文（我一進門，恰好聽到「儘管我們對蝙蝠越來越了解，但新聞媒體仍舊刊出蝙蝠是危險生物的報導」這一句）。那天晚上離開國會大道橋後，我們開車去觀察蝙蝠如何利用德州議會大廈的照明捕捉蛾類。蝙蝠在半空中就大快朵頤起來，只留下蛾類的翅膀在我們腳邊散落一地。我們倆當時就站在議會大廈旁抬頭仰望，聆聽塔托攜帶的「蝙蝠探測器」有什麼反應。一種類似電晶體收音機的設備，會不斷發出嗶嗶、嗡嗡的聲音，詮釋蝙蝠的活動。這時一位年輕的女士從我們身邊經過，看了一眼探測器之後，笑著問我們：「你們正在跟蝙蝠對話嗎？」

對塔托而言當然是啊，一直都是這樣，不論他使用的是哪一種語言。

六月某個晴朗的夜晚，暮光下，我把車子停在鱈魚角國家海岸風景區（Cape Cod National Seashore）的停車場裡，設法穿越一大群昆蟲（一位從海岸往回走的女士告訴身邊的友人說：「嚇死人了，這些昆蟲像是染病發瘋了一樣。」），拾級而下走向沙灘。我喜歡大步迎向夜晚的感覺，自從讀過貝斯頓的《海角索居》（*The Outermost House*）後，現在這個時候，更是我夢寐以求的夜晚。沙灘上的篝火隨處可見，不時傳來海鳥的啼叫與海浪拍擊的聲響，東邊的海面開始拉上一層幽暗的帷幕，終於，我踏上貝斯頓筆下的那片海岸了。

我認為貝斯頓是最會描寫夜晚的作家。《海角索居》這本書出版於一九二八年，當中記載他經年獨自一人住在沙灘上，親手打造雙房小屋的點點滴滴。貝斯頓經常在夏天造訪鱈魚角，他在一九二六年秋天發現自己再也離不開「這片世上最美、最奇幻的沙灘，還有外海那令人著迷的聲聲呼喚」，就連他的女友，也用「書沒寫完就甭結婚」（no book, no marriage）的方式，鼓勵他完成作品，因此接下來貝斯頓用一整年的時間，傾聽「大自然已經被人遺忘的偉大旋律」，特別是日夜交替時，由光明進入黑暗的律動，從中找出這些變化的重要性質。

貝斯頓表示：「我們大步向前的文明已經失去和許多大自然層面互動的能力了，其中尤以完全失去夜晚的現象最為嚴重。沒有最亮、只有更亮的環境，讓我們把夜晚光輝的美感全都趕進了森林與海洋裡。」

請注意，貝斯頓寫下「沒有最亮，只有更亮」這句話的時間是一九二八年，美國鄉村的電力照明還要再過幾十年才會普及，因此不得不讓人佩服他的預言能力。如果我們能重回貝斯頓當年的美國，大多數人一定無法相信自己的眼睛：夜晚的美國就跟黑暗大陸沒什麼兩樣。雖然貝斯頓描寫的是他那時候的美國，不過現在看起來也沒什麼違和感，譬如他寫到：「迄今的文明進展已經讓人再也想不起夜晚詩情畫意的那一面，因為現代人根本看不見真正的夜晚了，但這種日子，這種只知道人為改變過的夜晚，就跟只曉得人為運作的白天生活一樣無知，甚至可鄙。」

貝斯頓非常善於掌握「大自然永續的浪漫情懷」，每天都會花好幾個小時在沙灘上漫步，思索自己在鱈魚角看到的自然生活是怎麼一回事，其中當然也包括不時出現滿天星斗、明月皎潔與漆黑如墨的夜空。

貝斯頓對鱈魚角的鳥類特別關注，《海角索居》第二章的標題是〈秋天、海洋、鳥〉（Autumn, Ocean, and Birds），內容提到他觀察「一群鳥追著昴宿星團明亮的星光，迅速整隊，以確保飛行方位的可愛畫面」的心得，並寫成了他最膾炙人口的一篇散文。貝斯頓問：「我們真的相信鳥類如同笛卡兒所堅稱的，是來自天外的奇特生物嗎？」

他更進一步說明：「或許要在一個上古、更複雜多樣的世界裡，我們才能完整理解鳥類的行為。鳥類擁有人類已經喪失或未曾取得、更寬闊的感官能力，可以靠我們無法聽見的聲音過活。」這段描述鳥類感官功能天賦異稟的文字，是科學家多年以後才能具體證明的事實。貝斯頓對鳥類的洞察力，完全來自於他對世間萬物的仔細觀察。

有一天凌晨兩點過後，貝斯頓的房間「灑滿了四月份的月光，四周寂靜無聲，可以聽見手錶滴答運作的聲響」。他起身走向靠海的那一面，聽見「好玩、斷斷續續、合唱團般銀鈴的聲音。那是一群雁子利用月光導引，在寂靜的夜晚往北遷徙的聲音」。雁子飛行的隊伍，在貝斯頓筆下成為「一條夜晚劃過天際的生命之河」，當時他知道自己正在目睹「了不起的鳥類」在春天遷徙的過程。

鳥類利用鱈魚角黑夜的掩護，展開每半年一次的遷徙；牠們維持這個習性已經好幾千年了。貝斯頓寫道：「在遷徙的過程，有大小規模不一的隊伍；有時天空看過去空蕩蕩的，有時又充斥鳥類喧囂吵雜的叫聲，越往海洋的另一頭，就越來越聽不見。我偶爾會聽見鳥類拍動翅膀的聲音，然後在一瞬間看見牠們成群結隊飛過去（牠們飛行的速度真的很快），所以直到牠們在月光下逐漸變成一個個小黑點之前，我通常都來不及看清楚牠們的樣貌。」

如果貝斯頓還在世的話，現代「大步向前的文明」持續擾亂生命之河的現象，應該不會讓他覺得奇怪。每年光是在美國，大概就有一億隻鳥類因為各種人造結構而喪命。根據明尼蘇達大學貝爾自然史博物館（Bell Museum of Natural History at the University of Minnesota）鳥類館館長辛克（Bob Zink）的說法，「估算數字從每年一億到十億都有……說老實話，這就表示我們根本不知道真正的數字是多少。」（朗寇爾說：「大多數的案發現場，根本就沒人親自前往檢視鳥類的屍體，其他納入統計的地點，也都採用隨機式的探勘。」）

我們真正清楚的數字是七千五百萬座通訊電塔，像針一樣扎在全美各地（且數量還在增加中），大多數裝有照明設備與固定纜線（纜線本身就是致命的陷阱了）。其他人造結構還包括燈塔、鑽油機台、煙囪，以及灑在陸地或海面的風力發電機。更顯而易見的是，都會地區那些高聳的大樓所組成的鳥類難以判讀的迷宮，經常讓牠們偏離固定的遷徙路徑而不自知。上述總總人造建築，都是謀殺鳥類的陷阱，鳥類還來不及演化出相對應的求生之道，夜晚情況尤其嚴重。

康乃爾大學（Cornell University）教授方斯渥思（Andrew Farnsworth）說：「鳥類在夜間遷徙的歷史，有好幾十億年之久，而人類像是在晚上點燈的行為，也才不過一百多年而已，卻已夠對黑暗的夜晚帶來潛在且影響深遠的嚴重後果。」夜間照明會讓鳥類失去判斷力，增加牠們撞上人造建築物的機會。以下舉幾個比較著名的例子：一九五四年，喬治亞州某個機場的強力光束，讓五萬隻鳥往地面俯衝而撞死。一九八一年，超過一萬隻鳥在一個週末之內，就這樣撞上安大略省境內的某個煙囪。一九九八年，堪薩斯州的無線電廣播電塔，也造成一萬隻鳥的死傷。前不久的二〇一一年下半年，一千五百隻鸊鷉正在猶他州南部遷徙，結果某個晚上因為城市的光線受到雲霧反射，讓這群水鳥誤把停車場當成池塘，結果全數摔死。

值得慶幸的是，這些怵目驚心的案例似乎還不是常態，但類似的大屠殺，就這樣這邊一些、那邊一些，哪天晚上氣候不好的時候再爆大量，累積起來就是非常可觀的數目了。在鳥類傷亡慘重的數字當中，並非每一件的成因都和人工照明有直接關係，不過兩者之間的真正關係，還需要更進一步耙梳。在此以克萊門森大學（Clemson University）教授郭德侯（Sidney Gauthreaux）的一句話做為結論：「所有證據都顯示，越來越多的夜間人工照明，會對鳥類造成負面影響，對習於夜間遷徙的鳥類，影響更是明顯。」

北美洲大陸有四、五百種鳥類會在夜間遷徙。方斯渥思教授說：「這四、五百種鳥類的分佈範圍很廣，從蒼鷺、杜鵑到鳴禽類都有，有些海鷗、燕鷗，或是水鳥、鸊鷉也都會在夜間遷徙。」其實這

四、五百種鳥類，基本上也還是在白天出沒，只有在遷徙季節，才會在夜間活動。方斯渥思指出，由於有太多類型的鳥類有遷徙行為，因此實際上的遷徙「季」橫跨一年當中的好幾個月。「我們通常認定春、秋兩季是遷徙季，其中大部分在四、五月和九、十月，但幾乎一整年都有鳥類在夜間遷徙。這還只是北美洲而已，如果把範圍擴大到全世界的話，需要討論的鳥類就更多了。」

除了全體鳥類傷亡慘重的數字外，特定鳥類的大規模滅絕，則是另一個更嚴肅的問題。簡單講，死了五百隻鴿子是一回事，死了五百隻快絕種的畫眉自然是更嚴重的一回事。方斯渥思說：「如果夜晚喪生的鳥類中，有固定比例來自於瀕臨絕種的物種，而不是像麻雀、鴿子這種數量眾多、分佈廣泛的物種，那後續的影響，可說是天差地遠。」因此方斯渥思這些專家，想盡辦法要解開飛越頭頂上那條「生命之河」不再流動的原因。使用雷達雖然可以探知鳥類在夜間的大規模遷徙，但卻無法分辨出有哪些鳥類參與其中。

最近得力於聲道監控技術的突破：先用麥克風記錄遷徙鳥類的聲音，然後利用電腦辨識不同種鳥類的叫聲。方斯渥思他們開始有辦法深入分析組成夜間遷徙鳥類的成員，他說：「不同的鳥類，會有獨特的叫聲和夜間遷徙模式，所以我們可以用一些電腦程式，自動分析即時記錄的聲音，再用後端應用程式處理相關資料，這樣就能大概掌握夜間遷徙的鳥類是如何組成的。」

方斯渥思和其他同僚目前正在九一一紀念廣場（September 11 Memorial）試用這套聲道監控系統，觀察晚上會有哪些鳥類被廣場中的巨大燈柱吸引過來。有一天晚上，當燈柱熄滅時，方斯渥思說：「原本燈柱範圍內有幾千隻鳥，集體鳴叫的分貝數越來越高，但當燈柱被關掉的瞬間，幾乎所有的鳥類，不約而同地閉上嘴巴。」方斯渥思認為，鳥類迅速靜默的現象是：「說明燈光會顯著影響夜間遷徙鳥類各種行為的最具體例子。」

在多倫多，我和梅蘇爾（Michael Mesure）相約碰面，他是「認識致命照明計畫」（Fatal Light Awareness Program，簡稱FLAP）的發起人。多倫多市中心的加拿大國家電視塔（CN Tower）在一九七六年落成，塔身有探照燈照明。梅蘇爾說：「我有好幾次直接在這邊看見好幾百隻、甚至上千隻鳥圍繞著電視塔盤旋不去，牠們都是被探照燈筆直的光線吸引而來。由於鳥類聚集的數量實在太多，其中有些會直接撞上電視塔，有些則會彼此相撞。只要電視塔的探照燈一如往常在半夜一點左右熄滅的話，這些被燈光吸引的鳥，就會不由自主往下掉，七零八落像是下冰雹一樣。我突然想到，如果在一間燈光明亮的房間裡，有人突然把燈關掉，我們一定要花點時間重新適應才看得見，相同的道理，這些摔下來的鳥也需要一段適應期，然後才會朝夜空飛去。」

如果把範圍限定在都會地區的話，大概沒有任何人比梅蘇爾發起的「認識致命照明計畫」更能幫助夜間遷徙的鳥類了。

梅蘇爾說：「我以前曾經抱持懷疑的態度看待類似的計畫，我是那種眼見為憑的人。直到一九八九年的某一天，我在破曉時分起床出門晃晃，居然在天亮前看見多倫多的街道上，真的有掉在地上的鳥可以撿，這才相信這麼一回事。」

梅蘇爾在一九九三年正式成立該計畫，提供建築師、工程師、大樓地主相關資訊的建議手冊，並要求他們在興建新建築物時，必須採取避免被鳥撞擊的措施，像是在企業大樓推廣使用兼具美感的彩色玻璃或貼膜，這才有效降低多倫多市區鳥類的致死率。之後包括紐約、芝加哥、明尼亞波利斯和卡加利（Calgary）等地的類似團體，也開始比照「認識致命照明計畫」的方案行動。

梅蘇爾表示，雖然事實上鳥類在白天撞上建築物死亡的數量比夜晚還多，但他們發現這兩者其實有直接的因果關係。「之所以天亮後還能在城市街道上撿到鳥屍體，主要還是因為牠們在前一晚被城市燈光吸引過來的緣故。即便牠們有辦法避開在夜晚撞死的命運，等到白天時，大概也飛得精疲力竭，來不及對會反光的物體做出反應了。」

雖然梅蘇爾經常使用「微小的進展」、「還有待觀察」這類字眼說明該計畫的成效與後續各項工作，不過他倒是對兩個關鍵因素感到樂觀：照亮建築物的能源價格逐步攀升，以及未來企業不同的運作型態，好比說，「以往清洗大樓的時間都是從日落開始，由上洗到下，這就表示整棟大樓會有大半夜的時間需要亮燈，但現在在白天清洗大樓的方案越來越普及。」往年基於隱私權的考量，多倫多清洗大樓的工作都挑半夜完成，但後來發現大樓內的住戶、上班族其實很樂於跟牆面清潔工有所互動，那就沒必要維持半夜洗大樓的運作模式了。

梅蘇爾認為降低鳥類在都會區的致死率並非難事。「這不像被污染的湖泊或是被砍伐殆盡的森林，需要花上好幾年、投入大筆經費，才能恢復原貌；只要一個晚上，就能解決致命照明的問題。這到底有什麼困難的？」在梅蘇爾眼中，所有辦公大樓的承租人、使用者都可以為這項計畫盡一份心力，只要主動改變照明的使用方式就行了。要求商業大樓必須做到對鳥類友善這一點，已經成為多倫多大多數人的共識。「我們只需花點時間，就能讓所有大樓接受這個理念。」梅蘇爾講得相當堅定。

梅蘇爾希望有一天，加拿大的所有市中心，不論新舊大樓、建築物，都能採取保護鳥類的措施；他還夢想這些做法能夠推廣到整個北美洲大陸。他現在已經不用四處奔波去宣揚理念，這個夢想看樣子有逐漸落實的可能。「很多人從來沒有在街道上撿起鳥屍體的經驗，只要有過一次，『保護鳥類』的動機在每個人的心裡都會被喚醒，而這個苦澀的畫面，也是提醒我要繼續堅持下去的動力。」

為什麼我必須親自回到貝斯頓當年駐留足跡的沙灘呢？因為我想親眼目睹貝斯頓當年描述的環境，看見這邊入夜後的景象。當然啦，只在鱈魚角待一個晚上（或是一星期、一個月，甚至像貝斯頓一樣待滿一年），不可能讓我完全理解貝斯頓當年的感受，而且當年讓他有所感動的元素，恐怕都已經消失了，在我們還來得及有所領悟前就消失了。儘管如此，我們還是有理由來這邊走一趟，看看這邊到底還剩下哪些元素。

腳下這片沙灘遠離貝斯頓筆下城市裡「泛黃天色」（great yellow sky）的喧囂，與瓦爾登湖遙相對望，所以整個西邊的地平線全是發亮的天空，污濁的環境把星星全都趕到高空去。這也就罷了，當我往南邊看過去，不遠處的海岸線竟然有十多盞明亮的『防盜』探照燈！在鱈魚角這樣一個崇尚自然的環境裡，我還真不敢相信會有這麼拙劣的照明設施。

這裡畢竟是美國，猶如作家傑斯納（David Gessner）在廣為人知的散文〈侵擾夜晚〉（Trespassing on Night）當中所提到的，一位新入住鱈魚角的鄰居，堅持「照亮我們的夜晚：他一共使用三十五盞探照燈、地燈及泳池燈」，堅持自己有權利把住家附近弄得燈火通明。躲在「捍衛家園的粗鄙斗蓬下」的他，看起來頗洋洋得意。傑斯納和他太太當初是被鱈魚角「粗獷的原始風味」吸引而來，但他之後在散文中卻寫道：「結果我那些粗獷的鄰居，總是能安裝各種新奇的燈具：他們已經被電燈馴化了。」

幸好在國家海岸風景區裡面，還保有一片沒有電燈的空間，希望那裡以後不會也被馴化。深夜後，就連沙灘上的篝火也都熄滅了。我沿著瑙塞特沼澤（Nauset Marsh）繞了一大圈，一路上有許多破碎的空蟹殼，還有羽毛落盡的鳥類遺骸。這段沙灘附近有笛鴴保育區，當然也是燕鷗的棲息地，想必貝斯頓對這些鳥類知之甚詳。四下寂靜，幾乎空無一人，只有兩位漁夫跟我共享這片沙灘。他們在沙灘上豎立標竿，沿著海岸線張開漁網，等著入夜後看看會不會捕撈到大量的銀花鱸魚。我一直走到沼澤最邊緣的位置，看見潮濕的泥濘地上，到處都有水鳥Y字型的足跡。

到此為止，已經沒辦法再繼續往南走了。更南邊的沙灘，在長時間風暴的侵襲下早已流失，貝斯頓當年居住的雙房小屋，也已沉到海裡。原本緊鄰海岸線搭建的這間房子，於一九六四年成為美國國家文學地標（National Literary Landmark）。貝斯頓的太太寇茲沃斯（Elizabeth Coatsworth，貝斯頓當然已經完成當初她所提出的求婚條件了）表示，貝斯頓最後一次到鱈魚角，就是為了參加文學地標的紀念儀式，之後過了四年，便去世了，再隔一年，即一九七八年，這棟雙房小屋便被劇烈的暴風雨掃進海裡。

原本的沙灘，現在已成為黑色天際線下更黑暗的一條地平線，伴隨著海浪潮汐，點綴著幾顆孤星。北邊，瑙塞特燈塔以固定週期往來旋轉；東邊，海面上少數幾艘漁船燈火點點；南邊，沒有防盜效果的燈光一個勁在虛張聲勢；西邊，只看見天空發亮的程度不斷打破紀錄。儘管東西南北各方位的情景都今非昔比了，這片沙灘仍舊屬於黑暗的勢力範圍，起碼可以讓我看見深邃的銀河在天上畫出一道美麗的弧形，並且幾乎以平行線的方式，向沙灘的另一頭延伸過去。

在貝斯頓《海角索居》結尾的地方，在他度過一整年孤單的日子、清楚曉得一年四季「大自然偉大的旋律」後，他用一段致謝的感性文字劃下句點：

我可以感受到源源不絕的創作能量，如同現代社會五彩繽紛般的豐沛創造力，一股可以延續到明日、供人傳頌的史詩篇章。

雖然有一部分沙灘已經看不見了，雖然貝斯頓的雙房小屋和一部分的夜空也已看不見了，鱈魚角這邊的夜晚，仍舊讓人覺得非常接近貝斯頓當年的情境。漫步在沙灘上的我，試圖和貝斯頓一樣，感受那上古世界的神秘力量。雖然人事已非，但我相信這股力量還在這裡：鳥類一樣在夜間遷徙、夜晚的海邊仍舊有大量的魚群、天上的銀河依舊沿著蒼穹蜿蜒。我想知道這邊的夜晚是否仍舊黑到具有粗獷的原始風味，獨自漫步在熟悉的沙灘上，是否可以感受到世間萬物的變化？在這片黑暗的天空下，在這塊孤寂的沙灘上，在身旁往返的海浪聲中，是的，我感受到了。

在此引一段貝斯頓的文字做為結尾：「我們應該學會崇敬黑夜，而不是本能地感到恐懼，因為，我們對夜晚越來越感到疏離，越來越不懷抱宗教的情懷與詩意的情緒，終將讓我們喪失深入探索內在人性的途徑。」那天晚上，我躺在床上閉上雙眼，遙遠海岸那一頭的沙灘，就像是吐出長長一口氣的嘴唇，海浪拍擊沙灘的聲音，就像是餘音繚繞的低音鼓。在這樣沒有燈光的環境下，雖然是獨自一人，有大海為伴、與星空為伍，就跟躺在情人身旁感受對方的呼吸、心跳與悸動一樣，也一定會對四季的變化、大自然的旋律、變幻莫測的風雲與天籟特別有感覺的。

四級暗空

人性的黑暗面

然而，黑暗，包容一切：
形體與陰影再也分不開
萬物與我，人民與國家，亦然

——德國詩人里爾克（Rainer Maria Rilke, 1903）

從筆直的道路轉往顛簸的泥土路再開十二英里，就會抵達新墨西哥州的查科文史國家公園（Chaco Culture National Historical Park），驅車前往查科的過程中，車輪捲起了滿天塵土，終於讓我在黃昏前趕到了目的地，還來得及利用僅存的陽光一覽峽谷中的園區。查科文史國家公園位於阿布奎基西北方，兩地相隔三個半小時的車程。在這邊可以找到自西元九世紀中葉起，曾經流傳過三、四百年的文化遺產。來到這裡的觀光客，可以在斷垣殘壁中找到好幾棟散佈在峽谷各處的「大宅院」（great houses）和地穴屋（kivas），其中最大的一棟大宅院名為「Pueblo Bonito」，在半圓形的建築基地內，總共可以算出超過六百個房間，大部分位於三、四層樓的高度。

沿著園區鋪設的環狀道路，可以讓觀光客輕易抵達裡面每一個著名建築物景點，但是查科所在位置實在太過荒涼，因此造訪的遊客並不多，所以很容易發現自己孤單一個人走在十世紀前的大街上。站在著名的圓形地穴屋「Casa Rinconada」裡面，可以看見夕陽逐漸把古老的石牆與峽谷染成橘色，頭上原本已經是深藍色的天空也變得越來越黯淡，白天吱喳作響的鳥叫聲也逐漸被黃昏裡的蟋蟀叫聲所取代。我很好奇這邊入夜後會變成什麼樣子？站在鬼影幢幢、距今一千多年前的廢墟之中，是什麼感覺？這裡的一磚一瓦，街角庭院和一間間的小屋，在月光的照耀下，會是什麼樣子？

然而這座公園只開放到黃昏時分，再過沒多久，所有遊客都必須離開園區。這麼做是有必要的。人手不足的巡邏管理員，在白天就已經很難避免園區內有人惡意破壞了，他們可不想在晚上看見遊客在園區中迷路的畫面，而且這樣做還可以省下一筆照明費用。只不過，這個文化園區原本是為了紀念善於觀察夜空的民族而成立，現在一到晚上就不對外開放的做法，難免有些突兀和遺憾，白白喪失緬懷先民遺風的機會。這是初來乍到的我，一開始所抱持的想法。

上一次來查科已經是十五年前的事情了，當年我從明尼蘇達搬到新墨西哥，對眼前所見的荒蕪景象，至今仍舊印象深刻。山坡台地，河川切割侵蝕的鐵鏽色峽谷，白天可以看見頭頂寶藍色的天空，當然也不能忘了嗆辣的綠椒醬。我越來越喜歡這裡的風土民情，一直延續到現在。雖然我清楚記得，到查科之前必須經過這一段顛簸的泥土路，但我之前並不清楚這個沙漠遺址這麼具有代表性。岩壁、氣候與光影的變化如故，原本居民彷彿才剛離開沒多久。我很高興能和這一切再度重逢，特別這一回是為了向比現代人更熟知夜空的文化遺產朝聖，懷抱頂禮膜拜的心情而來。

查科最吸引人的地方，不外乎所有建築結構都與天文星象、月相變化相互呼應。園區內很多殘留的象形文字，似乎都是觀測天文的成果記錄，像是某個「超新星象形文」（supernova pictograph），就被認為是描述某個一〇五四年的天文事件，只可惜究竟是不是真有這麼一回事，已經無從考證了。因此認真分析起來，與其說遊客是為了一覽園區內的建築結構，倒不如說他們是被背後的歷史謎團吸引而來。

「因為沒有人可以肯定這一點，所以『可能是超新星象形文』的說法會比較恰當。」說這句話的人是里奇曼（Angie Richman），在國家公園服務的天文考古學家。意思是，她特別關注天文星象在古文明中所扮演的角色，這也正是查科文史國家公園的特色。雖然沒人看得懂，不過里奇曼指出：「園區附近有很多證據顯示，原本的居民已經能夠觀察出天文現象的變化；畫在岩石上的壁畫，可能代表著慧星和日蝕。天文現象是此地居民日常生活相當重要的一部分，不但可以用來報時，也能算出適當的播種與收割時節，甚至還帶有宗教色彩。天空、太陽、月亮和星星是他們信奉的神祇，可以指引他們，塑造出這個文明的特有風格。」

圓形地穴屋Casa Rinconada的遺址從Pueblo Bonito大宅院一路往東延伸，遍佈整個峽谷。園區西南方有一間呼應太陽運轉軌跡的大型地穴屋，是遊客主要參觀的景點。圓形建築的牆面上總共有二十八個小方龕，還有兩個從正南到正北遙相對望的大型T字門，每年夏至如果出太陽，陽光會從東邊牆面的缺口直接射入其中一個小方龕。古代人如何算出夏至太陽的位置，也因此成為園區吸引世界各國遊客的主要因素；至今仍沒有人曉得這個格局是有心的規劃，或是無心的巧合。地穴屋的牆面在三

天文學家諾格倫在查科峽谷圓形地穴屋，用慢速快門拍攝出的夜景。（Tyler Nordgren）

〇年代徹底翻修了一遍（當年參與修復的工作人員穿著鬆垮垮的褲子和麂皮帽，整體造型與電影主角印第安那瓊斯不相上下），上千年的古文明可以達到這樣的建築水準，相當令人敬佩。如果只把參觀重心放在日月星辰的移動與季節的變化上，雖然可以找到很多尚未解開的謎團，但也必須提升其他對天文星象變化不感興趣的觀光客的遊園動力。

查科文史國家公園所在的峽谷，無論是深度或彎曲度上，都遜於其他美國西南方的峽谷地形，但如果以方便看到天空的角度評價，想要找出另一個更適當的地方，恐怕是不可能的任務。

查科這邊是東西向的峽谷，兩端窄、中間寬，峽谷兩邊等高的懸崖壁面，皆由平滑的沙岩構成，所以多年以來，太陽和月亮都是從峽谷東邊升起，西邊落下。峽谷本身的腹地夠大，不像其他更深、更窄的峽谷，因此可以把懸崖壁面視為水平線的高度，看見更寬廣的天空。站在查科的峽谷，就好像置身於一座專門用來仰望天空的體育館一樣，或者是看著一個超大型的天文儀一樣。不難想像當年本地居民席地而坐，看著頭上宇宙立體圖像的感覺。他們可以看見星光直接射向地表，也可以看見星星從峽谷這端移動到另一端的過程。

文史公園一向著重在斷垣殘壁的保存工作，現在開始把注意力移轉到保存查科與天空相關的文化成果。可努科皮雅（G. B. Cornucopia）擔任園區巡邏管理員已有二十五年以上的資歷，他和里奇曼一起設法把查科的傳統文化資產轉換成吸引現代遊客的工具。他們倆從一九九八年起開始推廣夜間天文相關的節目，地點就在園區遊客中心附近，也就是在園區夜間封閉的入口大門外。在望遠鏡、志工以及業餘天文學家的協助下，現在查科文史國家公園每星期都能推出幾種不同類型的夜間活動。

我抵達文史公園的那一晚，可努科皮雅正在向數十位遊客顯示月相盈缺變化的縮時攝影，月亮看起來好像是活的一樣，此外還展示從園區最大望遠鏡觀察M13星團的圖像。看似不起眼的M13星團，居然由數十萬顆星星匯聚而成，看起來像是一顆閃閃發光、輕盈透徹的雪球。夜晚來臨時，星空從我們身後峽谷的黑色輪廓中升起，可努科皮雅說：「這片星空是我們與查科古文明最直接的連結，千年以來從沒變過。」雖然文史公園外圍社區製造的光害越來越嚴重，但在可努科皮雅眼中，查科「仍舊是非常黑暗的地方」，夜晚的廢墟或許會讓人感到毛骨悚然，但是整體環境也會讓人忘記「自己正置身於哪一個世紀裡面。」

我原本就認為自己與其他遊客不一樣，沒打算闖入園區看看夜晚的環境，而且在這邊待得越久，我就更加確定不應該在晚上去侵擾園區的環境。如果可努科皮雅說的沒錯，查科文史國家公園越晚就越接近一千多年前的狀況，那麼，我們更應該站在入口大門外，除了這是對先人表示尊重的一種方式外，保持Pueblo Bonito大宅院和圓形地穴屋Casa Rinconada在星月交輝的夜空下的神秘感，也會讓人更想要了解這邊的一切。

在晚上出發去看瓦爾登湖旁的梭羅故居遺址，可以讓我和梭羅建立一部分的連結，所以不會有不敬的感覺，然而在查科這邊，雖然我也有一探究竟的念頭，但總覺得夜晚的園區並不是我的世界，所以保留些許不受打擾的神秘感，也不會有懊悔、遺憾、錯過可惜的感覺。等到遊客人數越來越少，望遠鏡也傳到其他人手上後，我轉頭看看峽谷西邊，幻想古代查科人看向無垠夜空的感受。我想，如果不保留一點夜晚未知的神秘感，讓現代人總是要什麼有什麼的話，那才是另一種真正的遺憾吧。

日本小說家谷崎潤一郎在灰色調性的作品《陰翳禮讚》（*In Praise of Shadows*）中描述西方人「從蠟燭到油燈，從油燈到煤氣燈，最後再從煤氣燈到電燈，對明亮光線的追求永無止境，甚至就連氣若遊絲的微小陰影，也要用盡一切辦法加以排除」。《陰翳禮讚》是一九三三年完成的作品，谷崎潤一郎當時預見氾濫的電燈，將會衝擊黑暗在日本文化中的重要地位，不過現在看起來，就好像是昨天才完成的當代作品一樣。

谷崎潤一郎並不反對電燈、暖爐和衛浴設備為現代生活帶來的便利性（他甚至認為衛浴設備是「真正能夠釋放心靈壓力的地方」），但是他希望我們認清「無意義鋪張濫用電燈」將會「摧毀美感」，而且會「逐步消滅世界上所有黑暗的角落」。谷崎潤一郎對西方思維模式的批判頗令人感到震撼，他認為如果東方世界也發展出自己一套科學觀的話，「現在我們對大自然、燈光的看法……很有可能會以完全截然不同的型態加以呈現。」

至今我都還深深記得，有其他文化會用不同於西方文化的態度看待黑暗，而且另一種看待黑暗與夜晚的文化觀點不假外求，既不用穿越時空，也不用遠渡重洋。

雖然我們不可能從西方文化那涵蓋五百多種不同民族與哲學觀的領域中找到共通點，但簡單來看，西方文化眼中的夜晚，與北美洲各種原住民文化大相逕庭。在西方文化中，我們會把自己鎖在室內，用緊閉門窗的方式克服對夜晚的恐懼，不論恐懼的根源來自於自然或超自然力量（還記得狼人跟吸血鬼吧）。

然而布魯恰克（Joseph Bruchac）卻認為北美洲原住民文化幾世紀以來都相當推崇黑暗所隱含的精神層面的力量：「比方說，當我們走回家，走進陰暗的棚屋後，我們就走入了黑暗，猶如走回母親的子宮。黑暗予人一種撫慰與安全的感覺。當我們抬頭看著夜空，看著銀河，星星鋪成的道路就好像是靈魂的旅途，可以讓人穿越前世與今生。」對安貝納齊族（Abenaki）民俗故事如數家珍的布魯恰克，是七十多本書的作者，他說在傳統原住民文化中，夜晚是用來療癒的時光，也是舉行許多重要儀式的時段，會為人類帶來各式各樣發展的可能。布魯恰克笑著說：「所以我們可以在星空中看見很多、很多事情，就是不會看見有什麼妖魔鬼怪，會挑深夜的時候衝出來吸血。」

西方文化非常強調善惡的二元對立，布魯恰克說：「美洲印地安文化中，善與惡的分界比較模糊，或者說，看待不同物種、不同事件的角度，比較像是灰階色彩一樣寬廣，因此很難百分之百認定某些事物屬於全然的惡。既非善類也不屬於邪惡這一點，對歐洲文化來講根本是無法接受的。」就連在不同情況下的黑暗和光明也經常帶有不同的觀感。黑不一定是壞的，白不一定是好的。「黑、白兩者彼此相互包容，取得平衡，就好像是太極中的陰、陽。在安貝納齊的民俗傳說中，英雄葛魯斯卡貝（Gluskabe）身旁經常伴隨一匹白狼和一匹黑狼，一匹在白天出沒，另一匹在夜晚現身。對葛魯斯卡貝和其他人而言，兩匹狼擔任守衛與同伴的重要性不相上下。」

布魯恰克當然知道黑夜在安貝納齊傳統文化中的角色，沒辦法自然而然融入現代化的社會，他甚至不諱言有很多傳統的夜間文化都已經流失了。他說：「越來越不常見了，舉家外出夜遊的情況，還比不上荒野大鏢客在美國大西部來得活躍。」亞利桑納東邊查利峽谷（Canyon de Chelly）的國家紀念區裡有古代流傳下來、非常著名、沿著峽谷長長懸崖峭壁興建的住屋，目前已經轉變成現代化的納瓦霍社區（Navajo community），用以「延續特殊地景與歷史遺跡的偉大精神意含」（起碼紀念區的說明手冊上是這樣寫）。然後當你在這邊看見在美國各地隨處可見的防盜用探照燈，同樣發出刺眼強光時，請不要感到特別驚訝。納瓦霍社區號稱要「延續富有精神意含的地景」，但居民對於光害問題的敏感程度，顯然也跟我們一般人沒什麼兩樣。

不過還是有些原住民社區完整保留了傳統的生活方式。易洛魁族（Iroquois）作家喬治（Doug George）說：「因為夜晚，地球才有休養生息的空間；因為夜晚，我們才能看見銀河，尋找昴宿星團的七姊妹；因為夜晚，靈魂才能從漫遊太虛中體驗生命的型態；因為夜晚，我們才有穿越時空的想像空間，從其他靈體獲致寶貴的指引；因為夜晚，我們可以進入不同的世界，往返古今。我們的血肉之軀需要幻想空間，現下的實體環境只是大千世界中的一種，唯有透過幻想，才能在實體環境中覓得平衡；只要我們懂得善用夜晚時光，用正確的觀點看待所處世界，我們就會知道自己並不孤單，不會受肉身之軀所限。」

在布魯恰克眼中，所謂原住民傳統文化的正確觀點，是用心靈體會黑暗與光明互補交替的現象。他更進一步說明：「人必須學會墜入黑暗，也必須學會從黑暗的另一頭破繭而出，認清黑暗與光明的循環關係。這就好像黑夜過後是白天，白天之後會有夜晚一樣，是個無止盡的循環。人生的過程也是一樣，如果一生太過順遂，不論是對我們自己、對後代子孫、對民族文化而言，都會是一場大災難。夏安族（Cheyenne）的長老說過：『人生本來就應該充滿困頓，否則我們就不會懂得要珍惜人生』。」

威爾森（Eric G. Wilson）無疑是相當成功的大學教授；四十五歲左右的他，不但已經取得長聘資格，開設的課程也獲得專人贊助，甚至還以自己的名義發行過好幾本書，但是別懷疑，威爾森也一樣站在幸福人生的對立面——起碼這是威爾森希望讀者能夠接受的理念。在《對抗幸福：為憂鬱獻上讚美》（*Against Happiness: In Praise of Melancholy*）一書中，威爾森對美國社會普遍追求幸福的觀點提出強烈批判，質疑「會不會有一天，各種興奮劑會讓我們以為過去的苦澀全都是甜美的回憶？如果美國社會上的每個人都帶著自得意滿的微笑，其實就只是陷入溫柔場景裡，在臉上抹了一把甜蜜的表情，用炫目的霓虹燈影美化前方的道路而已。」威爾森認為人工照明問世、進入現代化的美國人「正在設法消除任何憂鬱存在的空間。」

到底，「憂鬱」這個詞的定義是什麼？隨手翻閱字典時，不難找到「悲傷」、「陰沉」甚至「煩悶」之類的同義詞，這些情緒在現代醫學的眼中，往往是可以藥到病除的症狀，來顆百憂解（Prozac）就一勞永逸了。不過上一個世代的狀況未必如此，翻閱五、六〇年代的精神疾病診斷與統計手冊（The Diagnostic and Statistical Manual of Mental Disorders，簡稱DSM），就會發現「悲傷」、「苦惱」、

「哀戚」都屬於人類自然的情緒反應，自然而然會產生的憂鬱情結。因此威爾森指出，我們現在太常把臨床問診時自然呈現的情緒低潮當成必須吃藥解決的問題，「搞得現代人要不是很開心，要不就有情緒問題，兩者之間明明就有非常重要的過渡階段，也被視而不見！對我而言，陷入憂鬱是無可避免的，這就是我用來對抗幸福的基本論點。」

威爾森在大學傳授浪漫主義文學，因此他有許多觀點可以回溯到浸淫多年的十八、十九世紀詩人，像是布雷克（William Blake）、華茲華斯（William Wordsworth）、狄金森（Emily Dickinson）、濟慈（John Keats）等人。當我以撰寫本書的名義，向博覽群籍的威爾森進行約訪時，我心想，為了配合這位帶有憂鬱色彩的新一代學者，應該沒有其他地點會比約在他汗牛充棟的辦公室更加理想。輕輕敲門表示來意的我，推開門會看見幽暗的小房間裡點上蠟燭，空氣中瀰漫著芳香，古意盎然的留聲機傾洩著管風琴賦格曲的幽雅旋律，歲月刻畫的桌面零散堆放著手稿，上面是古英文韻腳寫成的詩句，為了推敲適當用字的威爾森教授，不禁在臉上留下一抹殫精竭慮的苦悶表情。

想不到威爾森卻提議在市區文藝特區一間時髦的酒吧裡碰面！這間酒吧是年輕一輩教授愉快消磨午後時光的公共場所，顯然主張「在無疑悲劇的世界裡尋求幸福是不實在的，那只是用不切實際的抽象概念，逃避紮紮實實的現實問題而已」的年輕教授，還是很懂得在當地知名酒吧裡輕鬆一下的道理。

老實說，喧囂的公共場所其實很適合做為威爾森論證憂鬱的絕佳場域，他說：「憂鬱是構成人生的基本元素。」我們不應該把憂鬱視為挫折或是不幸的疾病，反而要把這項陰鬱的特質當成人生稀鬆平常的一部分，就像透過酒吧窗戶，自然可以看見的落日餘暉；相同的道理，浪漫主義重視憂鬱的原因，也是為了針對過度的啟蒙思想進行反擊。

威爾森說：「從文學史的角度來看，十八世紀末的詩人開始反思，只強調理性色彩，會不會因此失去人生當中豐富又深刻，引領我們邁向生命終極意義的體驗呢？布雷克完全無法接受牛頓的觀點，因為牛頓認為人可以分解成原子組成的世界，在所處空間的一言一行，都能透過數學機率加以解釋；簡單來講，牛頓的世界就像是一部機器。浪漫主義當然包含多元的文學概念，與理性世界的對抗當然不是唯一的元素，但是我認為浪漫主義代表性人物所追求的感性、情懷、憂鬱、陰暗、混沌、隨機與自由等特質，多少都與夜晚或暮光的啟發有點關連性。」

威爾森筆下的憂鬱是「在已經享有的基礎上，主動探尋我們與世界產生更多連結可能的行為」，他以濟慈在一八一九年完成的〈憂鬱頌〉（Ode on Melancholy）為例，「濟慈認為，真正能夠讓我們對世事變化萬千的美感懷抱感激之情的原因，在於我們要面對世間萬物終將逝去的痛苦感受，這也就是為什麼精美瓷器做成的玫瑰，永遠不及真正玫瑰來得美的原因。為什麼真正的玫瑰比較美？因為真正的玫瑰會當著我們的面凋零枯萎，無法永恆。」

延續威爾森的論述，濟慈認為世間的審美觀都源自於「萬物會在黑暗中消逝」的深層情懷，所以我們會期待美好的事物能夠維持下去，永遠沒有消逝的一天，換句話說，這種期待事物長存的心態，會讓我們迫切想要擁抱美好的事物。在威爾森的眼中，浪漫主義詩人「因為時間因素所產生的憂鬱，適足以成為建立美感的主要基礎。」

威爾森用「暮光狀態」定義的憂鬱，介於盲目追求幸福的「人工照明狀態」，與「深沉、無法回復、徹底絕望」的人性黑暗面之間。他自己對這樣的描述有很深的感受。身為一家之主、扮演好父親角色的威爾森，擁有非常成功的教職生涯，但他這一生中的大多數時間都在對抗人生的低潮，他在回憶錄《永恆恩典》（*The Mercy of Eternity*）裡提到自己「處於極度不協調的狀態」，「既沒有死，也沒有活著，簡直生不如死。既無法平靜休息，也絲毫提不起勁，只能在各種兩極狀態間來回擺盪，猶如一具行屍走肉。」

我認為從這個角度認識威爾森的話，就更能夠體會他對憂鬱進行反芻的意義。儘管「殺不死你的，會使你更堅強」這句話是耳熟能詳的老生常談，但是這句話背後包含一個顛簸不破的真理：人生最痛苦的體驗所留下的疤痕，就是我們對人生最痛徹的領悟，一如威爾森對憂鬱的描述：「行過死蔭的幽谷後，我終於拋下人世間的一切虛假，回歸生命本體，感受到自己真正具體而確實的存在。」

只要我們用心去看，黑暗帶來隱晦不明價值的例子俯拾皆是，不論是在詩詞、宗教、文學或藝術領域裡。問題的關鍵在於「只要」這兩個字。每個人都會經歷痛苦的黑暗時刻，如果不是情緒上的低潮，就是失去永恆的可能，即便是無所事事一天混過一天，也無法倖免。如果把憂鬱，無法在現實環境讓美感與永恆並存後的自然反應，與臨床診斷的情緒低潮混為一談，那可就大錯特錯了。「悲傷」、「陰沉」、「煩悶」這類通俗的字眼，無法帶出富含黑暗特質的憂鬱性格。我也一直把憂鬱視為體悟人生無時無刻變幻莫定，所有珍愛的人、事、物都留不住後，所獻上誠摯的感激之情，會因此讓我們在一切都還來得及的時候，把握機會分享感恩的心。

最後，威爾森告訴我：「當我們真正被感動的時候，當下的情緒總會帶有哀傷的感覺，甚至已然超脫哀傷的情緒。老派以弦樂器為主的 Carolina Chocolate Drops 是我深愛的民俗樂團，兩星期前我才在格林斯伯勒（Greensboro）觀賞他們的演出，他們的歌聲讓我在不自覺中被淘空了。

「我可以從他們的歌聲裡感受到漫長的一生，有太多神奇或古怪的事情是我無法完全理解的，但這就是我渴望的人生，感覺就像是看見帶有美感的事物時，眼前就會有深不可測的未知領域張開雙臂等著我們，然後我們可以清楚感受到，這些都是無法永恆的短暫經歷，而且無法重新來過。但是，永遠會有其他新鮮事繼續上演，一個奧秘接續另一個更深的奧秘，構成人生旅途上一整片的未知領域。這大概就是人性的黑暗面吧：每個人內心深處永遠有一個無法企及的國度。」

我曾經造訪過大峽谷南壁（South Rim of Grand Canyon），看過那壯麗的景致與霧氣繚繞，恨不得拍下所有畫面做為永恆的回憶。不過我之前從未去過大峽谷北壁，也從來沒有為了夜景，來到這座歷史悠久的宏偉公園。

為了看看這邊升起的滿月，我可不能等到晚上才到。從北壁進入公園，要先穿越芳草萋萋的凱霸高原（Kaibab Plateau），途中會看見成群結隊的北美野牛、參天聳立的黃松林，然後到達露營區。我在接近黃昏的下午與其他遊客會合，日落前在棚屋內先用過晚餐，然後信步走到一座面向東邊的瞭望台。雖然瞭望台離用餐的棚屋沒多遠，但是我卻費了一番手腳，才從嶙峋崢嶸的黃色岩石爬上瞭望台；塔頂窗戶釋放昏黃色的燈光，反襯出藍色暮光逐漸失去了光彩。大半的天空都披上了一層夜幕，只剩下西邊還殘存一絲落日餘暉。穿著羊毛夾克的我不覺得冷，望向南壁，可以看見一些和星星差不多大小的燈火，那當然是高壓鈉燈釋放出的粉色系光芒。這些照明設備和天上噴射機飛過留下的雲彩，是天地之間唯二與人有關的物品。

一開始，月亮像是著火的橘子一樣，從平整台地的下方竄出，隨即像是一顆紅色系的大球朝我撲面而來，迅速吞沒前方的樹林，一路往西邊移動。在物理學的世界裡，我們以將近時速一千英里的速度轉入夜晚的世界，只是站在地球上的我們，沒辦法感受到這一點；真要說有什麼感覺的話，大概就是月亮升起的速度吧。用正常人的時間觀來看，月亮升起的速度，雖然快到可以讓我們看出位移效果，實際上卻慢到足以讓人失去耐心。等到明亮的月球整個浮出地平線後，爬上瞭望台路上的黃色峥嶸岩石，都被照成了白色。

這邊看見的月亮似乎比其他地方來得小，也能相對看見更寬闊的夜空。我很快就弄明白是怎麼一回事：這裡可以一覽無遺看見周遭環境，環繞一圈完整三百六十度的全景中，只有身後的棚屋，以及些許岩石、松林豎立在地平線上。站在瞭望台上的我，就好像是在汪洋中站上一艘船的瞭望台一樣，四周都是平整的海面，頭頂夜空的星星像是附著在一只倒扣的碗上。這個場景讓我看得有些昏眩，雙腳發軟，有如吸食了迷幻藥一樣，不得不趕快找顆岩石躺下來。白天，大峽谷的岩石看起來像是大海中被石化的上古巨獸，只能附著在海床上，無奈地看著星空。

白天和我在一起的遊客，包括幾位體態臃腫的美國人，抱怨要走一百英尺才能到達定點；一對年輕的法國夫妻，揹著還不會走路的小孩；一位不停嚼食泰迪熊軟糖的英國女孩，不斷驚呼自己不敢往下看。但入夜以後，幾乎沒有其他人打擾我了。只有另外兩對情侶和我一起分享大峽谷上空無瑕的滿月，只不過他們手裡相機的閃光燈「喀擦喀擦」閃個沒完。在自然的月光下，岩石的層次感清晰可見，同時讓人更能感受到永恆的真諦。自古以來，一樣的月光照在一樣的岩石上，這世上只有包括我們在內的所有人，像過客一樣，無法永遠駐足。

這邊一樣有著沙漠專屬的寂靜。基本上，寂靜與黑暗這兩種特質應該孟不離焦，焦不離孟，一如光害與噪音的關係總是像一對連體嬰那樣。

我一直認為寧靜的夜晚是最契合的朋友。讀大學的時候，晚上寢室熄燈後，我會打開收音機放在耳朵旁聆聽，以免打擾室友休息。當時明尼蘇達公共廣播電台（Minnesota Public Radio）從半夜十一點到凌晨五點的節目，是海恩（Arthur Hain）所主持的「通宵音樂」（Music Through the Night）。

海恩低沉穩重的聲音可以說是夜間廣播節目的最佳人選，躺在床上聽海恩的節目，會讓我的思緒馳騁天際，回到小時候在南伊利諾祖父母家地下室的臥房，或是回到十八歲那年漫步在歐洲千年文化打造的街道上，或者是回到國境之北的湖畔，站在碼頭上抬頭看著天上繁星點點。白天在大太陽底下，不可能會有這些神奇的旅程，白天聽到的廣播節目總是帶有人工添加物般的庸俗，但夜晚的廣播節目卻會讓我感到過去的人生體驗歷歷在目，即便我還是能聽見樓下的室友偷偷開起宵夜派對。

人體中的三小聽骨：錘骨（hammer）、砧骨（anvil）和鐙骨（stirrup），為我們帶來一整天美妙的聽覺感受，但我們太過習以為常，所以幾乎不覺得這有什麼了不起的地方。入夜後，透過床邊的小收音機，透過待在戶外的體驗，我開始注意到聽覺是怎麼一回事，開始聽見夜晚大自然單音孤寂流轉的聲音。有時候甚至覺得，這些是大自然專門為我發出的聲音。

我回想起詩人卡爾文（James Galvin）的精彩回憶錄《青草原》（*The Meadow*）當中的故事。有位名叫李爾的鄰居告訴卡爾文：「在最靜謐寒冷的冬夜裡，我可以聽見不同星星發出不同的音調，可以辨別哪顆星星發出什麼音符。不是每個晚上都聽得見，一定要在冬天的夜晚才有可能。等到我已經六十歲以後，唉，我再也聽不見星星的聲音了，我想自己再也不得不承認，老了啊……」

有時候，當我跟今天晚上一樣站在沙漠中，或者是站在冬天凜冽的湖邊時，我可以看見天上星星呈現出立體的美景。比較靠近地球的星星更加顯眼，離地球比較遠的星星則比較模糊，伸手去抓好像可以把星星擁入懷中，墜入地心的感覺和奔向天際的感覺已經難以分辨，卻只能想像其他人是怎樣聽見星星正在唱歌。我不禁納悶，是因為我在黑暗的資歷還不夠，所以聽不見星星的聲音？還是因為周遭的噪音太多？或者，其實是我自己根本不夠用心聽？

這個世界到處都是噪音，不但會破壞美感，甚至也是造成健康問題的環境因素，嚴重性僅次於空氣污染。過度吵雜的環境會造成血壓飆高、睡眠失調，連帶增加患病的風險。為了解決這些問題，歐盟執委會（European Commission）設定夜間所能容許的最大噪音標準是四十分貝，相當於正常圖書館內的音量。美國在保護夜晚安寧這方面的表現遠遠落後，自從雷根總統在一九八二年廢止環保署的噪音管制計畫後，美國聯邦政府就再也沒對維護夜晚的安寧提出什麼有效對策了。

住在大城市裡，一天二十四小時，身邊隨時會傳來數不清的機器發出運轉的聲響，就連在深山林野和鄉間小路上也無法倖免；只要一輛車或是一架飛機呼嘯而過，就會劃破黑夜原本的寧靜。如果你的鄰居實在太超過的話，所幸我們還是可以請警方出面處理一下，但我們還不能把這些反制措施套用在夜間照明上。

最起碼站在大峽谷北壁，遠離其他世人的這個夜晚，我總算可以好好品味寧靜的幸福了。

第一次見到塞特利（David Saetre），是搬家到威斯康辛北方的亞士蘭，進入一所小型學院任教的時候。他不僅擔任宗教學教授，同時兼任校內神職人員的工作，但這些職稱都無法呈現出他在當地社區，不論校園內外，所扮演的關鍵角色的意義。比方說，去年春天才開學一個多月，罹患癌症的校長撒手人寰了，同時期還有另一位品學兼優、我非常欣賞的大四生，有一天晚上在確夸美光灣，因為車禍而不幸喪生。整個社區依靠塞特利才逐漸走出悲傷。他是那種在美國、在世界各地都會遇見的小角色。對圈外人而言，他只是個泛泛之輩，但是對圈內人來講，有他在的場合就是那麼讓人放心。我認為塞特利是一位誠實勤勞，能從內心深處發出喜悅的人，是一位適合交談的對象，特別是他總能針對光明、黑暗這兩元象徵，對我講出一番大道理。

「我小時候住在小鎮最外圍，童年時可以自在地在鄉村小鎮到處玩。現在就大體上而言，我想我們已經失去這樣無拘無束的自由了。」他接著說：「我記得小時候即便入夜後，只要在就寢之前，都還可以到處玩。現代社會的父母應該都不允許自己的小孩這樣吧？我們因此失去的不只是自由而已，同時也失去認識黑夜、認識地球的可能。我逢人便說出這樣的觀點：真正會在意環境問題的人，一定要非常熟悉生活周遭的環境，一定要有某種機緣，讓他與生活環境產生緊密的連結。我很慶幸從小就在自然環境中成長。不誇張地說，包括森林、土壤等大地上的一切都是我的玩伴，黑暗的夜空當然也包括在內。」

聽到塞特利這樣描述自己的童年，不禁讓我想起洛夫（Richard Louv）所寫的《失去山林的孩子》（*Last Child in the Woods*）一書。洛夫指出，現代美國小孩的童年都與大自然疏離了，結果導致一種稱為「大自然缺失症」（nature-deficit disorder）的疾病，不只對兒童健康造成嚴重後果，對整體社會發展也帶來負面衝擊。失去大自然的兒童，當然也失去了黑暗的夜晚，布魯恰克就說：「用黑暗缺失症替換掉大自然缺失症，也不會有違和感。」

如果我們不能從小時候親自體驗什麼叫做黑暗（在黑暗中自在摸索玩耍的意思），等我們長大以後，自然而然也就不會對大自然的黑暗環境，或是對黑暗在人生當中的意義，產生多麼深刻的印象。塞特利說：「因為沒人教過，所以不了解也是正常的。」

雖然塞特利身為神職人員，但他對於教會組織可說是又愛又恨。「對我來說，話講得太多這一點，讓我對基督教或其他大多數組織嚴謹的宗教很感冒。為了達到堅壁清野、絕不妥協的效果，有些教義主張得太過是非分明。這種完全阻絕模糊空間、追求任何屬於『絕對正向光明信念』的想法，其實已經陷入追逐虛幻的正義而不自知。」他還說，人之所以會想要鑽研宗教課題，其實是為了「對人生當中充滿矛盾、不確定性的現象，尋求適當的解答。這才是我們每個人真正能感受到的人生體驗。」塞特利相信自己在社區中的角色不只是為了循循善誘出每個人心中的善念，也是為了「保持一定的模糊空間，讓每個人反思，也就是讓每個人都懂得該如何質疑」。

我們之所以會質疑，就是因為有不確定的因素存在；無法明確知道未來的發展方向，所以里爾克鼓勵我們要學會「問東問西」。還好塞特利沒打算從政，特別是在美國從政，因為我們不習慣「在心中存疑」的文化，不喜歡有些事情無法問個明白。相反地，美國人喜歡直來直往、一目了然，喜歡用象徵符號簡化複雜的議題。黑與白、是與非、對或錯；給我答案，其餘免談，而且答案越精簡越好。

比方說，「明亮，好棒，黑暗，好爛」就是大家耳熟能詳的標語。光明與黑暗的對立，也是基督教教義的經典元素，當然也是塞特利口中虛幻的正義，畢竟這種說法，既不全面又太過簡化到令人不忍卒睹的程度。

事實上，光明與黑暗對峙的強烈象徵意義（黑暗帶有邪惡的原罪，光明帶有神性的良善），是源自於猶太基督教（Judeo-Christian）一部分的傳統教義而已，在聖經裡面，反而不難發現黑暗與光明有截然不同的形象。以舊約聖經為例，夜晚（黑暗來臨的時候），往往是我們見證神蹟降臨的時候。《創世紀第三十二章》（*Genesis 32*）記載雅各（Jacob）跟「陌生人」摔跤直到黎明的故事，這位陌生人很可能是天使的化身。就在天快亮的時候，雅各對僵持一整晚的陌生人說：「你不給我祝福，我就不容你去。」陌生人賜予雅各祝福，並為雅各取了個新名字，等同於賜予雅各一個全新的身分，從此雅各就改名為以色列（Israel）了。後人往往認定是神在跟雅各摔跤，這就意味著夜晚是人類遇見上帝以最活靈活現姿態造訪人間的時機。

另外也可以看看《撒母耳記上篇》（*first book of Samuel*）的第三章。撒母耳是位小男孩，有天夜裡在聽見「撒母耳，你在哪啊？」的問句後醒了過來，撒母耳以為是爸爸在叫他，連忙跑去找他爸爸，就這樣來來回回了三趟，撒母耳的爸爸只好明確告訴他：呼喚你名字的人不是我，下次再聽到相同聲音的時候，記得說：「請說，僕人敬聽！」原來是耶和華要召喚撒母耳並立他為先知。

塞特利說：「聖經裡有太多類似的故事，顯示黑夜並不屬於惡魔和原罪，反而是人類遇見全能上帝的時候。這些故事的主人翁，似乎要在沒有光線的情況下，才有辦法深刻體認到上帝最神聖的姿態。」

跟猶太基督教的傳統教義很不一樣吧？這樣的故事不勝枚舉：耶穌是晚上在客西馬尼園（Gethsemane）向天父進行最深誠的禱告，馬太（Matthew）、馬可（Mark）和路加（Luke）三位使徒一次又一次、一次再一次在夜晚走進荒原禱告，為耶穌傳福音，就連上古時期在希伯來人之間流傳的故事，諸如逾越節（Passover）典故和《出埃及記》（*Exodus*），也都可以找到死亡天使來到人世的時候：夜晚。

塞特利說：「根據榮格心理學的原型分析（Jungian archetypal analysis），《出埃及記》談論的，是要以不變應萬變的奴隸身分等死，還是要帶領所有族人尋求自由。」「以不變應萬變的奴隸身分等死」，這句話說得太好了！塞特利認為夜晚是我們跳脫常規、擺脫奴隸身分的機會之窗，也就是改變我們自身命運的時候，他說：「夜晚是卸下白天的重重裝備，讓人感到自由的時空環境。或者說，白天會讓我們無法體悟出真正的道理。」

十六世紀西班牙修士十字若望（St. John of the Cross）的文學作品，也許是詮釋在夜晚用心體悟基督教教義的最佳典範。十字若望不只留下經典之作《心靈的黑夜》（*The dark night of the soul*），他也說過自己第一首、最有名，也是最充滿感性的詩作〈深夜裡〉（On a dark night），就是在夜晚受聖靈感召下的產物。

塞特利十分喜愛十字若望的作品。「十字若望在詩作〈深夜裡〉、〈我家，依舊榮光滿溢〉（My house, at last, grown still）中都提到自己在黑夜的深刻體悟。白天的時候，我們對自己居家生活可以說是再熟悉不過，但此時感受到的是人生的義務：重重壓迫讓人快喘不過氣來的各種義務。想要感受到解脫的自由：十字若望用『把所愛轉變成摯愛』一詞表現他所深深嚮往的解脫形式，就必須挑在夜晚的時候。白天的我們承載太多責任重擔，陽光會把我們鎖進種種不屬於自我的刻板印象，非得要戴上面具，才能扮演好盡義務的角色。」

塞特利笑了笑，接著說：「但是我們每個人都有一生當中應盡的義務，我們不能永遠活在黑夜裡。我只是要提醒一下：白天的自我，其實並不是完整的真我。」

雖然塞特利主張黑暗與夜晚是人類靈魂回歸真我、化出真愛的時候，明亮的白天反而是充滿責任重擔、競逐虛幻正義的時光，但「明亮，好棒，黑暗，好爛」仍舊已成為西方文化中根深柢固的象徵手法了。塞特利並非想把明亮與邪惡掛勾，只是想表達這種對立，並非真的是源自古老的傳說，表達我們每個人都需要光明與黑暗的時候。既然白天是盡義務的場合，想要明心見性找回真我的話，就非得靠夜晚的時光不可了。

那麼，上帝《創世紀》裡說「要有光」（Let there be light）這句話，是什麼意思？塞特利回答說，這段廣為人知的句子，其實並非如一般人所想像的那樣簡單。換個角度來看，「黑暗的順位優於光明，這是《創世紀》沒有明說的部分。我們知道無所不能的造物主是從黑暗當中現身，這就好比說，黑暗當中包含了創造天地萬物所需的各種元素。」那麼，《創世紀》的句子是否表示我們有資格照亮這個世界？「那樣推論就過頭了，聖經文本裡面可沒提到這一點。」

可惜塞特利的觀點沒有在西班牙開枝散葉。十六世紀十字若望書寫、熱愛的城市，可能與全球其他城市一樣黑暗，如今卻都已被過度使用的電燈照得閃閃發亮了。我先抵達馬德里（Madrid）附近，當初監禁十字若望的托雷多（Toledo，被關的理由跟他「深夜的體驗」脫不了關係），然後轉往西班牙南邊的格拉納達（Granada），最後來到十字若望詩詞中提到的阿罕布拉宮（Alhambra）。

我走在當年十字若望走過的道路上，希望能跟他一樣獲得「心靈黑夜」的啟發。雖然我可以預期這兩個西班牙城市的夜晚不會太暗，但這趟旅程還是讓我感到十分沮喪，特別是托雷多，山丘上以石頭為建材的城鎮，聯合國教科文組織指定的世界遺產，狹窄、多風的街道上滿是周遭教堂餘音不絕的鐘聲，如果能稍微控制一下照明設施的話，會是一座多有魅力的城鎮啊。可惜托雷多刺眼的燈光，就和世上其他城市沒什麼兩樣，如今想在這個環境下寫詩的條件，已經不比幾世紀以前的十字若望，恐怕很難從寫意的黑暗中獲得多少靈感，總覺得「銀河不再耀眼的心靈黑夜」，再也不能觸動心靈了。我很好奇以後的人讀到十字若望的詩詞時，會不會已經完全無法體會什麼叫做「心靈的黑夜」了？

為多了解塞特利這個人，我回過頭再問一次：「你如何看待自己身為神職人員的角色？」塞特利說：「我希望保有在日常中看見不凡的空間，創造提出質疑的空間，因為我認為質疑才是宗教領域的根本，而不是兩極對立：沒有質疑就不會有信念。信念的反義詞是確知，不是質疑。除此之外，我還希望追尋另一項要素，或許是在整個社區面臨重大事故的時候，或許是一個人獨處的時候，即幫助我們看見自己的憂傷、難過和失落，然後把這些情感視為人生必經的過程。我們如何能夠一方面迴避掉這些負面情感，也就是懷抱上帝必與我同在的必勝信念，另一方面又在面對悲傷難過時感到如此徬徨無助？我想，這應該是我這個年代神職人員的主要任務，也有可能一直都是吧。」

我知道塞特利指的是突如其來，讓人措手不及的負面情感，像是學校校長與學生不幸過世的消息，但我也同時想到生態學家李奧帕德在一九四九年於《沙郡年記》這本書裡所寫的一段文字。李奧帕德用這段文字，記下自然世界遭受破壞的傷痛，對生態教育最嚴厲的懲罰：

> 我們怎麼能對傷痕累累的世界無動於衷？不重視生態的人，對於許許多多大地的傷痕，當然可以視而不見，但生態學家要不只能躲進層層厚重的盔甲中，相信這一切文明產物的後果與他無

關，要不就得化身成醫師，血淋淋地檢視眼前一個又一個死於非命的生態系統，強迫自己相信這一切都還有救，然後不敢大聲宣揚。

英年早逝的李奧帕德，直到晚年才完成《沙郡年記》這本書（他過世的時候才六十歲而已），他在書裡留下個人的人生體驗與哲學觀，現代人把他視為「生態學之父」、「野生物管理學之父」。即便已經離開人世超過六十年了，至今仍可在生態保育的領域，發現李奧帕德的影響力無所不在。

納許（Roderick Nash）在包羅萬象的《呼喚野性的美洲心態》（*Wilderness and the American Mind*）裡，用一整章的篇幅紀念他稱之為「先知」的李奧帕德，稱讚他看見其他人沒看見，或是不願意看見的問題。這個面向的哀傷絕不亞於塞特利提到的負面情感，當你喜愛的事物慘遭蹂躪時，你怎能不痛？

值得一提的是，在第一版《沙郡年記》的手稿裡，李奧帕德原本有把上面那一段文字寫成序文，後來因為擔心這段太過陰鬱的文字無法讓讀者接受，因此刪除了。不過我認為自己和李奧帕德一樣，「設法相信」人類破壞環境的事實，並不存在絕對無法解決之道；海洋生態系統已經瀕臨崩解，大地被毒素污染得到處都是，地球的溫度也正以無法想像的速率持續上升中。一旦知道這些血淋淋的事實，我們怎麼可能還笑得出來？

所以我只好對地球還保有的環境滿懷感恩的心，藉以取代眼見地球環境江河日下的傷痛。一隻像是頂著海盜頭巾的黃雀站在幾英尺外的枯枝上；正午時分即便是萬里無雲，冬天的氣溫依舊冷到讓人發抖；黃昏時，獵戶座一樣從東邊緩緩升起，沒有一天例外，讓我不由得感謝上蒼又再給我一次機會，注意到頭頂的星空。一樣是那麼美麗的景色，讓我發出由衷的讚美和淺淺的微笑，感謝上蒼又讓我度過美妙的一天。

如果你堅持的話，你絕對可以感受到無邊的痛苦。我還沒提挨餓受凍的孩童、隨處可見的暴力事件、永無止境的戰火連天。這些當然也都是讓人無法忽視的傷痛，但是先讓我們把焦點集中在大自然的環境就好。套用里爾克的說法：「如果不幸的事情衝著你來，嚴重程度超乎你的想像，千萬別感到害怕。要知道，人生隨時都會有不幸的災難，但是它不會棄你而去，它會伸開雙臂保護你，不會讓你一蹶不振。」

我把自己從李奧帕德、里爾克那邊學到的觀點分享給塞特利，還提到澳洲開始流行起Solastalgia這個字。意思是想念某個自己深愛的地方，雖然那片土地還在，但是卻已經面目全非了。Solastalgia這個字是當代的創作，結合拉丁文「舒適」（solacium）和希臘文「痛苦」的字根（algia）。Solastalgia與Nostalgia（鄉愁）的最大差異，在於前者甚至還居住在自己想念的土地上，後者則已經離鄉背井。以後不論我們在哪邊，可能都會經常聽到Solastalgia這個字，譬如說，生活環境中的氣候條件已經不一樣，或是就快不一樣了。這種負面情感的傷痛程度僅次於得知自己或其他親人的死訊，而且會隨著地球環境持續被破壞而逐漸擴大。

塞特利安慰我：「別擔心，相信我，你不會那麼容易被擊倒。我認為你的擔憂、恐懼和傷心難過，都是出乎於人性正常的反應，這就是所謂的人間有情。如果不想哭泣的話，唯一辦法就是別投入感情。」

塞特利十歲那一年，有一天在摸黑走回家的路上，經過一間路德教派的教堂，他們一家人做禮拜的教堂。教堂的大門沒上鎖，裡面黑漆漆的看不見人影，塞特利就這樣大剌剌地一路往聖壇走了過去。「我那時候還小，不知天高地厚，只知道聖壇是教堂裡不可以入侵的『神聖領域』，闖進去褻瀆上帝的代價就是下地獄。我還記得當時的感覺很矛盾，一方面感到害怕，一方面又躍躍欲試。多年以後我讀到奧圖（Rudolf Otto）所寫的《論神聖》（*The Idea of the Holy*），他指出宗教體驗是讓人把焦慮與奇想合而為一的神秘感受，會讓人難以抗拒，越陷越深。這段文字讓我有茅塞頓開的感覺。會讓人感到害怕，會讓人產生期待，卻不會讓人感到逐漸疲乏的真實感受，這的確是古典宗教理論對於神聖性的註解。」

「這跟我們對黑暗的恐懼有關嗎？」我問。

「那就要看我們究竟是如何面對黑暗而定了，」塞特利緩緩解釋說：「據我所知，尤其是在西方文化中，我們最終必將面對黑暗的死寂，所以我們必須仰賴指引方向的明燈，面對難逃一死的鐵律時才不會感到害怕。我認為對黑暗的恐懼是必要的。」

「所以，這是一種『好的恐懼』囉？」

「嗯……對，好的恐懼，有價值的恐懼，要這樣說也可以。這讓我想到前一陣子很流行在衣服上印『無畏』（No Fear）兩個字的風潮。有一次我問學生，為什麼要把那兩個字穿在身上，學生們開始七嘴八舌說，是因為要勇於冒險啦，如果想要真的活著，就必須要能勇敢嘗試。我回應他們說：『真是胡扯，如果你真真切切活著的話，你一定會發現人生當中有太多會讓人感到恐懼的東西，就連去衝浪、攀岩都會讓人感到害怕。如果你什麼都不怕，那就代表你沒辦法真正去體驗，這才是我們要承擔風險的本意。所以，好好去當一位背包客，好好去急流中泛舟，好好弄清楚什麼是恐懼與害怕，然後你們就可以把那兩個字換成敬天畏神。』」

我接著說：「聽起來，好像可以把恐懼換成悲傷。」

「是的。我們並不是不會感到悲傷，而是要『知道悲傷』。如果沒辦法好好理解悲傷的話，我們就沒有辦法好好認識自己，不會對世間萬物產生同理心。」

「認識黑暗也是一樣？」

「那當然了。」

在威斯康辛北方這個小鎮裡，有時候清晨開車去咖啡店的路上，會看見紅狐狸在路邊碎步前進，偶爾也有全身斑點的小鹿巍巍顫顫、一拐一拐地移動；小鹿踢舞細長的四肢，總會讓我想起在家裡塵封許久的蘇格蘭風笛。有一年春天，一輛伐木廠的大卡車撞到一隻熊，沿著公路上的黃色標線留下一灘又一灘的深褐色血跡和皮毛。

在這裡，死亡不總是那麼出人意表。小到不起眼的蚊子、蜻蜓，大一點點的像是青蛙、兔子，隨時都會走到生命的盡頭。漂到岸邊的死魚吐出了最後一口氣，原本還在樹林磨爪子的獾，急忙衝過來搶食，樹幹上清楚留下牠前肢的兩道抓痕。

不過只要一提到人類的死亡，受內心深處文化薰陶影響的我們，就會有刻意迴避的衝動，就好像對待憂鬱、悲傷與黑暗的態度那樣。這些都是我們不願面對的人生課題，然而實際上就和月亮盈缺、潮汐起落一樣，都是再自然不過的現象。

至今我還沒有伴隨任何人走到生命盡頭的經驗。祖父母過世的時候我都遠在他處，最後一次看見他們時，他們還是活生生的人，之後再見面，已經在葬禮上了，形成一種天人永隔的隔閡感。我當然不是不知好歹；能夠減少生離死別的經歷，當然值得謝天謝地，不過我知道那只是時間早晚的問題。當我收到住在美國另一端非常要好的同事寫信告訴我，她罹患罕見又難以診治的癌症，要從秋天開始進行化療時，我不僅低頭沉思：對於死亡，我究竟了解什麼？做了多少準備？

「嘿，也別對自己那麼嚴苛嘛！」塞特利安慰我，「重點不是克服面對死亡的焦慮，重要的是學會認識死亡，知道那是怎麼一回事，最後才能接受那是人生的一部分。我想，我們應該都可以把對死亡一無所知的焦慮降到一定程度，克服『壞的恐懼』所帶來的心魔，用『好的恐懼』取而代之。我已經看過許多人從死蔭的幽谷走了出來，費班克斯（Rick Fairbanks）校長的告別式，就是其中一個例子。」

和塞特利初次見面的時候，費班克斯正擔任該校校長的職務，也是他同意讓我進入校園任教。我去過費班克斯校長的辦公室好幾次，那年春天可以清楚發現他的身形日漸消瘦，讓人輕易察覺是不是出了什麼問題。之後有人告訴我，費班克斯校長去遠方的滑雪勝地度假了，當然我還替他感到高興，後來才知道根本不是這麼一回事：被診斷出罹患癌症後不到半年，費班克斯校長就過世了。

塞特利說：「費班克斯校長是一位很有內涵的哲學家，有時候卻也混蛋的可以。他在人生的最後階段，反省自己這一生最驕傲的事情是什麼。病情惡化時，校長甚至沒辦法看書，等到病情稍微緩和，他就迫不及待地拿起自己最愛的小說，看得津津有味。他告訴我：『這些小說讓我看見各種人性無限可能的發展空間。』最後，當他臥病在床，再也不能看書時，他希望每個去探病的人，都能跟他講些故事。」

費班克斯校長過世後，有一則感動人心的故事在小鎮上傳頌：在自己生命的最後一天，費班克斯校長要女兒跟他講一個去泛舟的故事，他女兒就跟他講了一個兩人曾經一起去蘇必略湖划船的故事。那天原本風平浪靜的湖面，突然變得波濤洶湧，他女兒說：「就好像你原本的人生規劃被病情打亂了一樣。」費班克斯校長那時候幾乎已經沒辦法說話了，不過他還是勉強擠出一句：「現在這樣其實也還不錯。」

塞特利說：「我知道當時校長意識清醒地講出這句語帶雙關的回應，必須經過深思熟慮的人，才能看破死亡這道關卡。他知道這一關在劫難逃了，他也清楚自己對眼前的死亡還是有點恐懼，但是因為他已經參透了這一切，所以才能處之泰然。校長不是不怕，但他也知道生命大概已經真的走到終點了，所以才能用這種態度接受並克服內心的恐懼，而不是被恐懼所困。我時常在想，當我們談到對黑暗與死亡的恐懼時，我們真正害怕的可能不只是對生後世界的無知，恐怕還有一部分原因是害怕自己跨不過那道關卡。」

這跟塞特利一貫抱持的想法並無二致。如果我們避開所有黑暗的環境，那就只是住在人為操控的虛幻世界而已，不會感受到內心的恐懼。塞特利更進一步說明：「如果害怕黑暗的話，別轉身就逃。利用這個機會認清黑暗，認清內心的恐懼。想想看費班克斯校長留下的典範。我猜，這應該就是校長人生最後一晚的領悟吧：『我已經不需要害怕死亡了。』換句話說，『沒有什麼好抗拒的了。』我知道接下來會發生什麼事嗎？當然不知道，或許會下地獄也說不定。但無論接下來的下一階段是生、是死，我都可以坦然面對了。』」

塞特利望著我，微笑說：「如果你說自己對死亡所知有限，而我又好像能講出一番道理的話，我會告訴你：『嘿，該是時候換你告訴我有關黑暗的知識了，黑暗和死亡，總是有密切的連結，不是嗎？』」

三級暗空
共襄盛舉

只以經濟利益著眼推動保育的話，勢必會陷入無可救藥的失衡狀態
這種做法會忽視土地上欠缺經濟價值的元素，除之而後快
然而，這些都是維持生態系統正常運作的基礎元素（大家其實都心知肚明）
我認為，當這些元素被摒除後
還想維持生態系統原本的經濟產出，不受影響
根本是異想天開

——美國生態思想家李奧帕德（Aldo Leopold, 1949）

薩克島（The Isle of Sark）在英吉利海峽（English Channel）上倏然聳起，看起來像是從英格蘭島分割出來然後漂入海中一般。島上三百英尺高的峭壁佈滿深色灌木叢和高低不平的棋盤狀農田。不過，這是薩克島白天的模樣，到了晚上，薩克島幾乎消失在黑暗中。島上沒有路燈、沒有汽車、沒有夜間加油站，只有小酒館、農場和六百位島民的家，夜裡的薩克島幾乎沒有多餘的光線。位在英格蘭

南方七十英里處、距離法國北方三十五英里，只有區區兩平方英里大的薩克島，面積雖小，卻擁有很大的影響力，因為它是世界上第一個國際暗空島（International Dark Sky Island）。

我直到大約一年前才聽說過薩克島，我猜大概全世界將近七十億人口裡也沒多少人知道。薩克島在二〇一〇年獲得國際暗空協會認證，現在知道這個小島的人越來越多。國際暗空協會在二〇〇一年開始啟動國際暗空地點計畫（International Dark Sky Places Program），美國亞利桑那州的弗拉格斯塔夫（Flagstaff, Arizona）獲得世界上第一個國際暗空城（International Dark Sky City）的認證。暗空城這個分類現在已經改成暗空社區（Dark Sky Community），同時也增加了暗空公園（Dark Sky Parks）和暗空自然保育區（Dark Sky Reserves）這幾種認證。

除了國際暗空協會之外，其他地方也有類似的認證方案，像是加拿大皇家天文協會（Royal Astronomy Society）就擁有一套自己的暗空保育（Dark Sky Preserves）系統，聯合國教科文組織（UNESCO）也正在推動保留星光計畫（Starlight Reserves Program）。雖然每個單位的認證方法略有差異，但這些不同的計畫都朝向相同的目標努力：保護黑夜免受日益增多的人工照明污染。

薩克島的特別之處在於它不是荒島，島上居民也一樣害怕黑暗，一樣有對安全的疑慮以及追求「進步」的渴望。就像保護自然、原始的夜空一樣，只不過保護城鎮的暗空，將更有助於改變人們對待照明與黑暗的態度。

歐文斯（Steve Owens）這位蘇格蘭人，兩年來帶著國際暗空協會的成員走遍了薩克島，他說：「如果你以為在世界各地盡情設立暗空公園，便可以挽救暗空，那可就錯了。這樣做並不會改變任何一絲光線。在薩克島，我們必須對『照明』動些手腳。」所謂對「照明」動手腳，指的是薩克島居民為符合國際暗空協會的認證標準所採取的一系列行動。用清單記錄島上既有的照明設備，換掉會造成刺眼強光、讓天空發亮的照明設備，承諾未來任何新的照明設備必須符合抑制光害的規範等等，如此才能符合國際暗空協會對暗空社區的定義：「一個城鎮，或是由居民具體組成的社區，實行優質的照明法規、推廣暗空教育並願意支持、共同努力保護暗空的存在。」

歐文斯說：「國際暗空協會真心希望訂出明確的標準，指出還有哪些進步的空間，具體建議如何改善照明並做得更好。他們並不那麼關心那些已經成為照明模範的地點，因為這並不會達成他們改善照明的目標。」因此暗空社區的任務是幫助人們了解黑暗，以及良好的照明設備，並非國家公園或是天文台鄰近社區的專利，而是任何普通社區都可以實現的目標。

歐文斯從小住在蘇格蘭的印威內斯（Inverness, Scotland），就在著名的尼斯湖旁。打從小時候就對天文學感到興趣的他，以經營科學表演劇場為業，讓參與的民眾「可以安全地進行試爆及玩火」，而幫助不同社區取得暗空認證，現在也成為他工作的一部分了。第一個成功的案例，是讓蘇格蘭西南方的嘉勒威森林公園（Galloway Forest Park）成為歐洲第一個國際暗空協會認證的暗空公園。

嘉勒威森林公園，號稱擁有波特爾分類標準中的二級暗空。歐文斯原本準備了一長串暗空公園的候選名單，最後由嘉勒威公園雀屏中選，成為第一個暗空自然保育區。「我不認為自己提太多的候選名單，主要是因為英國的國家公園往往被稱為『英國的肺』，其評價標準是以寧靜程度來劃分。有關單位做過很多人們對於寧靜的定義調查，而『晴朗無光害的夜空』總是排在前三名。」

歐文斯認為若想成功獲得一個暗空環境，最終還是要得到當地社區的支持才行，這個支持可能和得到官方認證一樣重要。例如，當觀星活動開始在嘉勒威公園受到矚目、當地人開始聽到外地人稱讚嘉勒威是歐洲最棒的觀星地點之一時，歐文斯笑著說，當地居民的反應是：「哇！我以前都不知道原來我住在歐洲最棒的觀星地點之一，真是太棒了！」

消息傳開後，當地居民們對此都相當興奮。

「主要還是在教育工作上，」歐文斯說：「要確保人們意識到暗空的重要性。大多數人直到現在，都還沒意識到這一點。我想，暗空公園會帶來真正的巨變和更多自告奮勇的參與者。未來幾年內，嘉勒威森林公園可能會影響成千上萬來參觀的人。全球已經有一億六千萬人聽過這個故事，特別是英國媒體的報導，已經把光害這個議題提升到不同的層次了。」

暗空地點之所以出名，是因為他們將焦點放在正面觀點上。根據歐文斯的觀點：「媒體一定會有興趣報導一個和環保、經濟、觀光與天文學都有關的好故事。在英國，暗空運動的背後還有一股強大的勢力：天文學運動。這不只是規勸社會大眾放棄不良的照明設備而已，而是要告訴大家『你看，當我們有乾淨的夜空時，星空看起來是多麼美啊！』」

我從巴黎出發，搭火車到聖馬羅（St. Malo）這個法國沿海城市，在那裡換渡輪到根西島（Guernsey），再搭拖船到薩克島，再換拖拉機到村莊中心，接著坐上一輛維多利亞式的馬車，走在一條單線泥土道上，最後騎腳踏車去拜訪當地居民達沁格（Annie Dachinger）。一整天長途奔波直到半夜，我發現整個天空烏雲密佈，連一顆星星都看不見。

「你來之前應該先找個女巫占卜一下。」達沁格笑著說。她說薩克島有個壞習慣，喜歡捉弄遊客。「也許一整天都下雨，但當遊客一搭上船準備離開時，太陽就出來了。然後我就會想，老天爺你嘛幫幫忙，這樣太殘忍了啦！」

達沁格家外面的柵欄有一個手寫板，上面寫著「內有女巫」。她說有一位馬車駕駛喜歡帶遊客來這裡，然後告訴他們：「我岳母住在裡面。」達沁格大約六十歲，有著一頭紅土般的棕色頭髮，說話帶有粗糙的嗓音。她點燃一根煙後，劈頭就問：「要不要喝點什麼？咖啡、茶還是威士忌？」然後直接進入主題。她是促成暗空認證的成員之一。「這裡的星星很迷人。」當我們從她家的觀景窗往外看時，她不禁脫口而出。

在這昏暗的房間裡，唯一的光源是兩根點燃的白色蠟燭。「之前有一晚，看起來就跟梵谷『夜間咖啡館』（Night Café）那幅畫作一樣。我不知道，也許我喝多了，屋裡的東西看起來好像都變大了，而且還持續變大。我只好把身體靠在牆上，設法讓自己別太頭暈目眩。」她笑著，一種乾乾粗粗的笑聲。「在這裡最棒的是，可以在一個非常晴朗的夜晚，到外面隨便找一塊田野躺下，然後往上看。一開始你會看到三百顆或四百顆星星，然後當你越看越久，你會發現越來越多的星星，直到看見滿天星斗為止。」

達沁格在一九七〇年代從倫敦搬來這裡，並在這裡找到她從來沒見過的黑暗。「當我第一次來的時候，以為自己回到了五百年前。這裡的黑像是絲絨，一點也不可怕，像是被擁抱著。黑暗中的我像是睡著一樣，實際上卻是清醒的。」

島上沒有一般車輛，只有白天才看得見農夫使用的拖拉機，黑暗為田野和泥土道帶來寂靜。達沁格說，她有時候會驚醒過來問自己：「這是什麼聲音？」然後才發現那是她的睫毛碰到床單的聲音。

「因為這裡太暗了，」她解釋著，「你真的可以聽到如此細微的聲音。這真的是很美妙。在這裡，你可以真正好好地休息，每天和太陽一起起床。這些都讓你真實體認到自己的存在和自己的生命。」

她愛薩克島，她重複說了好幾次。「這是一個非常安全的地方。身為一個女人，我可以出門去聽音樂會，半夜再獨自一人穿過薩克島，走一里半的路回家，一點也不用感到害怕。如果月亮出來，我就走在月光下，如果沒有月光，我還有我忠實的老朋友：火把。」關於當女巫這件事，她說：「我就是我，我做我想做的事情。女巫的字面意義是指一位有智慧的女人；在歷史的長河中，她們扮演治療、接生，真正照顧大家的角色，這是古老大地信仰的多神論。我可以在夜晚走到花園裡發表任何我想說的意見，我可以裸身走出去，只穿上星星的光輝。」

達沁格認為觀看薩克島的星空帶給她許多思考的觀點。「你覺得，我是『什麼』呢？我是一隻在巨大動物身上的跳蚤，這個想法讓我知道自己的位置。我們其實很自以為是，很短視近利，因為我們不會考慮其他事物的未來，所以我們也沒有考慮到自己的未來。每當我想到我是一個人類，是破壞環境這個錯誤過程中的一部分，我的內心都枯萎了。人類就好像是一個做失敗的雕像，正逐漸被雕成怪物，真的。那麼，誰才是雕刻我們的神祇？」

然後她又笑了。「別擔心，這只是因為我今天有點怪怪的而已。到了晚上我就會這樣。」

與達沁格告別之後，我騎著古老的腳踏車，回到今晚下榻的村舍。從小路往下騎經灌木叢，風在周圍咻咻地吹著，望眼所及盡是黑暗。達沁格住在島上較大的「大薩克」（Big Sark），我今晚則住在「小薩克」（Little Sark）。從大薩克到小薩克，必須先經過「切口」（La Coupée）。這是一條德國戰俘在一九四五年搭建的小徑，只有九英尺寬，高掛在岩岸上。上世紀初還沒有鐵路的時候，為了避免被強風吹到兩百五十英尺下的岩岸，小孩總是四肢趴在地上爬過這條通道。

回到村舍一停好腳踏車，我立刻被東邊十英里遠、根西島上的燈光給嚇到了，還好只要走進一旁靠山腰的田野，根西島上令人炫目的光線就被斜坡給遮住了。我終於了解薩克島的獨特：薩克島的暗空已經夠令人印象深刻了，但地表的部分更是漆黑。風聲、浪聲與羊叫聲，全都可以聽得清清楚楚，但卻只能隱約看見沉睡中的村舍輪廓，裡裡外外都沒有燈光，而屋頂外就是整片的星空。就像達沁格說的一樣，夜空從我身旁的地平線開始變得明亮，唾手可得。

介於夜空與土地、海洋交接處上方的星星，可能是最令人興奮的星星，因為我們少有機會看見它們。它們通常被大氣層遮住，或是，尤其是現代化之後，被光害吞沒。灌木叢間的單線泥土道，加上在馬廄裡熟睡的馬匹，薩克島帶你走入歷史，不只因為這裡沒有車，也是因為這些在地球邊緣的星星。

當我的眼睛越來越習慣黑暗時，我才發現我原本以為天上像是雲的地方，並沒有因此變得更清澈，因為那是星雲。銀河向我靠了過來。這是人類對世界的初始感受，我的靈魂呢喃著：「是的，我記得。」在懸崖的圍繞下，我覺得我像是個豎立在星空裡的雕像。

明天我將前往根西島。一趟匆忙混亂的旅程後，等著我的只有路燈、沒有遮蔽的光線，和平日早已聽膩的引擎噪音。但今晚在薩克島的田野裡，我可以躺下來，前後左右端詳那片圍繞著我的星空。單獨地躺在田野裡，我感覺我是一個完整的人，一個消失在黑夜裡的人。

當李奧帕德寫《沙郡年記》時，他將「土地倫理」（land ethic）作為整本書的宗旨。主張我們對待其他生物的方式，應該要像我們按照倫理學對待其他人的方式一樣。土地倫理最重要的概念是共同體（community），李奧帕德認為人類對待大自然的方式之所以會如此短視，是因為我們並沒有將自己視為大自然這個共同體的其中一部分。他認為，經過幾世紀的努力，我們進步到可以把直觀的共同體概念擴展到更大的種族與性別，但我們還沒能對土地作出同樣的調整。「所有的倫理學，到目前為止都建立在一個片面的前提：個人是互相依賴的共同體成員之一。」他在書裡寫道：「土地倫理只是簡單地把共同體的概念擴大到土壤、水，以及動植物的身上。用一個概括性的字眼來說的話，就是土地。」

李奧帕德認為只重視共同體明顯具有經濟價值的部分是不夠的，像鹿、松樹等，因為「多數土地共同體的成員是沒有經濟價值的」，或者說，我們其實沒辦法認清真正的價值。相反地，李奧帕德提倡重視整個共同體，也就是說，不論我們是否理解它的價值，共同體裡所有成員都是有價值的。「應以倫理和美學的角度看待問題，同時找出符合經濟的權宜之計。」李奧帕德如是說：「凡是可以促進生態共同體完整、穩定與美感的作為，那就是對的；反之，則是錯的。」

一九〇〇年代的李奧帕德在美國西南方的沙漠地帶工作，他可能已經見識過奇幻般黑暗的場景，即使在一九二四年搬去威斯康辛州，他可能還是可以在位於麥迪遜市（Madison）外四十英里處的靜居所：棚屋（the shack）看過真正的夜晚。黑暗並沒有特別在他的寫作裡出現，但李奧帕德應該了解失去黑暗的代價。重視黑暗，也就是照他所說的：擴大人類對於共同體的想像，將會在生態學發揮非常重要的功能。舉例來說，如果我們真的重視夜行生物，我們怎能允許人工照明摧毀牠們的居住地？

李奧帕德的思想也同樣適用在這裡：黑暗或許不一定具有明顯的經濟效益，但我們要如何評價黑暗供海龜或水鳥在其中遷徙的價值？又該如何評價可能帶給下一個梵谷靈感的的星空呢？

我們還沒學會如何用李奧帕德的角度思考人工照明，亦即該如何以倫理學為出發點做出選擇：我們在意自己家的光線照入鄰居臥房嗎？我們在意人工照明擾亂了蝙蝠、蛾和候鳥賴以維生的黑暗嗎？我們會持續質疑夜班工作對勞工健康的危害嗎？我要說的是，我們已經把電燈視為理所當然，我們不僅忘記電燈是如此的不可思議，能夠綻放出光彩奪目的美麗，同時也忽略了電燈的使用方式，將嚴重影響人類生活圈之外的共同體成員。

這不是我樂於見到的。

無論從哪個角度來看，這裡都無可挑剔。在這個群山環繞的原野裡，密密麻麻散佈著糖楓樹、黃樺樹、冷杉和松樹，交錯縱橫覆蓋著登山步道，以及常在這出沒的生物，例如曇花一現的月蛾和雍容華貴的駝鹿。但從另一個特殊意義的角度來看，這裡真是糟糕透頂：沒有星星。這裡有令人無法置信的黑暗。當我和接待我的主人一起踏出天文台時，那裡黑得伸手不見五指，即便我們在黑暗中聊了二十分鐘，對方還是一個距我三尺遠的模糊形象。不幸的是，梅崗蒂克星空保留區（Mont-Mégantic Starry Sky Reserve）完全陷在羊毛般厚重的雲、霧和雨中。雖然我待在這裡的時間將看不見任何星星，但當我離開時應該還是會這麼想：某種程度上，梅崗蒂克是我見過最令人印象深刻的地方。

位於魁北克南方、緬因州的邊境旁，梅崗蒂克國家公園（Mont-Mégantic National Park）是國際暗空協會於二〇〇八年第一個認證的暗空自然保育區。國際暗空協會把「保育工作」視為「協會存在的象徵」，並且這樣形容暗空自然保育區：「為保存重要且具有價值的自然夜晚，社群們結合在一起努力，為這個共同意志進行宣傳，同時更換照明設備以重現夜空。」這個定義似乎是以梅崗蒂克的成果量身訂做寫出來的。梅崗蒂克逐漸成為未來後進者的典範，讓大家看到如何在保護黑暗和夜空的同時，不忘二十一世紀人類社群的需求。

這裡是另外一個完全不同的國家。從美國北邊過來，各種改變顯而易見，這裡每個人都講法文，路標也是用法文寫；當然，我早知道會如此，而且我也覺得這樣很有趣。使用不同語言暗示了區域的獨立性，這個道理也同樣適用於保育區。比方說，進來路上的路標並非用英文標記的「暗空自然保育區」，而是用法文書寫的「國際星空保留區」（Réserve internationale de ciel étoilé），因為當地居民認為這樣聽起來更正面。

更值得注意的是，他們所做的事情幾乎是別人不會做的：在不到十年的時間裡，梅崗蒂克成功地得到當地超過十六個不同社區對暗空的集體支持，制定了照明管制條例，更換了超過三千盞社區路燈，並將光害和暗空的概念介紹給超過五十萬名遊客。因此，即使梅崗蒂克只在蒙特婁（Montreal，加拿大的第二大城，北美洲的第七大城）東方一百英里遠，此處的夜空卻屬於波特爾分類標準中的三級暗空。

梅崗蒂克國際星空保留區有三個部分：一是天文科學台（建於一九七八年，至今仍是北美洲東岸最大、最具權威的天文台），一是一九九八年興建的「大眾」天文台，以及一九九六年興建的天文實驗室（ASTROLab），用來舉辦展覽、觀賞電影、導覽和當作遊客中心的場所。當我們站在大眾天文台外聊天時，接待我的馬勒馮（Bernard Malenfant）告訴我，當他三十三年前來到這裡時，走到天文台外面，一定要隨身攜帶一個手電筒；二十年過後，他不再需要手電筒了，因為天空的光害已經成長超過一倍。

經由最近這幾年的努力，「現在已經比一九七八年的夜空好多了，而且，因為將照明條例納入自治辦法中，這邊已經無法再隨意架設照明設備。在未來的兩百年內，我們可能是世上唯一還有黑暗的地方。希望情況不會如此，畢竟我們還有智利的阿他加馬沙漠（Atacama Desert）。重要的是，有人類居住的地方還能保留暗空嗎？這是一個需要長期進行的計畫，我們的目標之一，是為後代子孫保留暗空。」

梅崗蒂克的許多里程碑來自於這位低調、幽默的馬勒馮。即使他謙稱自己只是個夜間管理員，實際卻是天文實驗室的執行長兼創辦人，完成的工作早已遠遠超過應盡的本分：馬勒馮有辦法讓保育區的每棟建築物一起發揮功用，例如天文實驗室在夏季所舉辦的套裝主題秀，就是來自於他的點子。當他察覺旅客花了五個小時，從魁北克開車到這裡，然後用五分鐘的時間觀看天文望遠鏡，再接著開車回家，他就知道旅客應該有更深入教育的必要性。

保育區現在會在七月舉辦暗空節，八月舉辦流星節，每年吸引上萬遊客；勇於接觸大眾的做法，使梅崗蒂克顯得與眾不同。這裡的天空的確很暗，一部分當然是為了配合由兩間大學共同設立的天文科學台所需，但一樣黑暗的地點不勝枚舉，梅崗蒂克不一樣的地方，在於以大眾受益為優先考量，然後才是天文台，和其他地點採取完全相反的順位。

事實上，多數天文台對遊客而言是相當無聊的，不但很難抵達，而且還要被限制參觀時間。即使有供大眾使用的望遠鏡，多數情形就像馬勒馮所描述的那樣：長程開車，快速參觀，再長程開回家。

梅崗蒂克每年會聘請一群來自天文學系的大學生，或是熱愛星星的一般年輕人，到天文實驗室和大眾天文台當導覽員，藉此增加每位遊客和導覽員之間的互動關係。這些導覽員不僅擁有宇宙的專業知識，並且還是非常熱愛宇宙的人。

梅崗蒂克也會舉辦展覽和播放電影，兼具娛樂性與教育性，因此每年都能吸引眾多遊客到訪，並讓他們願意再度光臨。對許多遊客而言，尤其是住在城市裡的遊客，來梅崗蒂克一遊是個特別的機會，可以體會在星空下和大家在一起，就如幾千年來人類的共同經驗。導覽員也一樣願意定期回娘家。馬勒馮告訴我，許多導覽員即使已經有其他的工作，每年都還是願意回來體驗和他人一起在銀河下的感覺，或是整夜在營火旁分享故事、唱唱歌。

當我聽馬勒馮描述這些夜間聚會時，我想到黑暗如何將我們與摯愛結合在一起。多少我們最私密、最浪漫、最難忘的經驗，森林裡的營火、燭光晚餐、和喜歡的人在臥房裡共度的時光，都是在火光或月光照耀下的細微感受。白天，我們處於明亮的陽光下，可以在鏡子裡看見自己，會在意其他人的看法，羞於表達自己的想法、身體和恐懼。黑暗能夠讓我們放下戒備，可以說自己想說的，做自己想做的。黑暗讓我們有機會活化其他的感官，像是觸覺、味覺和聽覺。在私密的夜晚，黑暗讓我們彼此靠得更近。

我從小在明尼蘇達路德教會（Minneapolis Lutheran Church）中做禮拜，每年聖誕夜儀式告一段落後，會有燭光晚會。此時教堂會關掉電燈，逐一把每個人手中的蠟燭點亮，最後整個教堂被點點燭光照亮。我記得有一次看到前排坐著一位盲人，他用雙手把蠟燭捧近臉邊感受火焰的溫度；雖然看不見，但他的臉上卻掛著笑容。

每年我媽媽會在聖誕樹上掛紅色的燈飾，我的書桌上則點著一根楓樹味道的蠟燭。在黑暗中，我可以回憶起多年前的壁爐、營火和月光，也可幻想未來可能的相似經驗，但只要房間裡的電燈開關「啪」的一聲打開，房間突然變亮，所有一切想像，就會消失得無影無蹤。

二〇〇三年聘請勒格希（Chloé Legris）擔任公關事務聯絡人之後，梅崗蒂克將民眾與暗空拉近的目標往前邁進了一大步。原本只是一份六個月的短約，勒格希最後卻待了五年。勒格希的工作表現還讓他在二〇〇七年，被加拿大廣播電台（Radio-Canada）冠以「年度最佳科學家」的頭銜。

勒格希擁有工程師的背景和渾然天成的個人魅力。她致力於將國家公園的目標和當地社區生活結合在一起，特別值得一提的是，剛接手這份工作時，她對暗空幾乎一無所知。勒格希邊做邊學，她說她「愛上了這份工作」，她也很快發現自己必須非常努力，才能讓別人認真對待她。「我本來對星星和暗空並沒有特別的感覺，」她說：「我一開始是用一種務實的態度去做事。如果我是電器技師，我會在乎什麼？我的目的不是在推銷，而是要告訴他們一些想法背後的邏輯。務實的人並不想知道問題是什麼，只想找出解決的方法。電器技師會說：『不要跟我談天文學家。我喜歡釣魚，我喜歡觀星，所以我們可以做些什麼？』」

在差不多六年的時間裡，勒格希去了梅崗蒂克附近所有可以去的地方，拜訪官員以及企業領袖，開了關於優良照明的訓練課程，力促當地社區採納照明條例，以及為更換照明設備募款。她表示：「我們可以說是無所不用其極。」比方說，受聯邦政府相關節能法令的要求，魁北克電力公司（Hydro-Québec）必須成立一筆基金推行新的節能措施，而更換照明設備，恰巧符合基金的補助資格，為勒格希解決一部分的經費壓力。

勒格希的工作項目裡有一項特別值得注意：幫助當地居民體會每晚都可以看見美到令人屏息的暗空，是多珍貴的一件事。「目的是讓大家知道我們擁有非常特別的東西，」勒格希說：「對他們來講，這暗空再尋常不過。他們想要什麼？他們想要在這裡看到麥當勞。開玩笑的。不過，實際情形也沒相差太多。」勒格希忍不住大笑。她的努力漸漸出現成果，有時候還會發生有趣的事情。山下有個名為「森林聖母」（Notre-Dame-des-Bois）的小村莊，地方首長告訴勒格希某一晚在鄉下開車時改變想法的過程。「這真的很有趣，」她說：「他停下車來尿尿。當他抬頭往上看到星空時，他想，真的，我們所擁有的暗空是如此美麗，而我卻因為每晚都可以看見，因而忽略了自己有多麼喜歡它。」

勒格希現在是住在薛布魯克（Sherbrooke）附近的工程師，當地有超過十五萬的居民，是梅崗蒂克國家公園附近最大的城市。她可以在住家附近的路燈看到自己工作的成果，她本人則把這個成果歸功於大家的努力。我問她什麼是她感到最驕傲的事情，她回答道：「大家基於相同的執著而願意和我一起工作。在這裡，大家彼此互相支持，每個人都積極主動，而且決定要往前邁進，這點讓我感到很驕傲。光靠我自己一個人根本做不出這些成果，所以這是大家的成功。每當我有機會向大家報告和解釋現況時，大多數的人都會問我：『我們可以做些什麼？』」

「我覺得這份工作相當激勵人心，」她說：「我們做的不只是搭建一個人與暗空的橋樑，更是在保護我們看見宇宙的能力。」

居格爾（Sébastien Giguère）是梅崗蒂克國家公園的教育組長和天文實驗室的科展聯絡人，他形容他的工作是向大眾解釋星空保留區的使命，他說：「天文科學台的人研究科學，而我則是分享科學。科學不是只有方程式和白袍，科學也是探究人類在宇宙中存在的工具：為什麼我們會在這裡？為什麼如此不可思議？」居格爾性格開朗，做事認真盡責，為人誠懇。「而且我底子深厚，處處驚奇，」他大笑，「這個概念恐怕不容易理解。我們的工作不是在大學教書，而是要讓人們對大自然感到驚奇。如果要從民眾眼中看到驚奇的神情，我們就要用無處不驚奇的方式引導民眾。我喜歡引用愛因斯坦這句話：『當人不再駐足思索，不再具有敬畏之情，就如同雙目閉合，與死無異。』」

居格爾告訴我，有一次他和一名導覽員一起到紐約市參觀海頓天象館（Hayden Planetarium），他們很喜歡（並且希望可以爭取到「天象館預算零頭的經費」），不過「讓我們驚訝的是，他們擁有許多好玩的導覽工具，卻沒有將這種驚奇的感受分享出去。那裡沒有人討論這個問題，這也不只是紐約的問題，蒙特婁科學中心（Montreal Science Centre）的情況也一樣。我喜歡古爾德（Stephen Jay Gould）說過的一句話：『我們不會為我們不熱愛的東西奮鬥。』我會永遠記得我們和自然的連結並不只是理智的探索，同時還充滿熱情。」

我對居格爾印象最深的是（這點也同樣是我在梅崗蒂克學到的東西），即使致力於天文台的科學任務，他對暗空的奉獻也遠遠超過一位天文學家單純所應盡到的本分。

「星空保留區的第一項任務是保護這個計畫的科學可行性。不過我喜歡說，也許過了幾十年以後，我們會發現這個計畫留給我們最重要的東西，是保存了欣賞夜空這個原始體驗的空間。」

「許多來自城市的人都感到相當驚訝，他們不敢相信，他們已經不記得夜空中可以有這麼多的星星。他們會在外面坐下來，因為他們覺得頭暈。我們有一個同事從中國回來，他告訴我們，在中國許多地方有非常嚴重的空氣污染，那裡只有百分之一的陽光可以到達地面。你知道嗎？我哭了，因為在中國，不只是晚上看不見星星，連白天也看不見太陽。你可以想像當小孩從小到大都沒有看過太陽，這對人類會有什麼樣的影響？」

這樣說吧，居格爾就像是李奧帕德所說的那樣，嚐到睜開「生態教育」之眼的苦果。

「如何做到樂觀而不天真，這是個好問題。當我面對這個世界時，我感受到一種自然的驚奇，即使因為看到現在所發生的事情而感到沮喪，還是沒辦法扼殺這個驚奇。我很慶幸自己可以在這裡工作，到處都能接觸到大自然。我是多麼的幸運，可以喜愛大自然，並因自然感到驚奇。因為有了夜空，有了山脈，有了湖泊、鳥類、動物，我可能很難再回去大城市裡生活。塞車、各種污染、雜七雜八的店面，到處都是街道和人行道，我想我已經無法適應城市裡的生活了。所以我自己試著做些事情，像是演講，不過我覺得還是不夠。我的女友告訴我，不要給自己那麼多壓力。但我們知道我們瀕臨險境；在人類的歷史上，這是我們第一次有如此巨大的危機。然而，多數的人卻沒有注意到……」居格爾平靜地說。

「我總是這樣想：當星星漸漸從空中消失，這正好反映了我們和大自然的關係，我們在地球上的居住方式。當我們把唯一直通宇宙的窗口關起來，對我而言，這是一個象徵，象徵我們將自己從大自然抽離出來。離不開城市的人，並不知道自己只是住在想像中的泡泡裡而已。我們再也看不見宇宙。這不是我們所面對最危險的事情，但這是一個強烈的警告。」

居格爾笑著承認他太常講驚奇的重要性，現在大家都叫他「驚奇守門員」，因為他也是當地曲棍球隊的守門員。「這個驚奇感不只來自於面對自然，也來自於人性。許多人認為，從當前大自然處於險境的角度來看，天文學的重要性無法和生態學相比，但我認為當你越了解這個不可思議的宇宙進化，你就會更了解生命的奇蹟。當你知道宇宙是如此的廣大無邊，然後再回頭看看這個小小的藍色地球，你會開始產生一種責任感，因為你知道這個地球是如此珍貴、不可思議和美麗。幾乎每個回到地球的太空人都會說，在太空中最重要的事就是注視地球，可以由此了解地球是如此珍貴，明瞭世間萬物都息息相關。安德斯（William Anders），那位拍下知名地球照片的太空人，曾說：『我們一路探險來到了月亮，但最重要的卻是發現了地球。』」

我離開天文台，開車下山，時間已過了午夜，濃霧大到車燈幾乎無法照亮前方道路。我慢慢地在陡峭且彎曲的道路上前進。這並不是我原本風塵僕僕來到梅崗蒂克所想看見的東西。我原本想看到星空，想看看這裡的黑暗，然後和薩克島、鱈魚角，或是和令我感到自在的明尼蘇達州北邊湖區的暗空相互比較。我也沒料到會在這裡發現這群致力於保護梅崗蒂克的人，他們每一位（馬勒馮、勒格希、居格爾、年輕的導覽和科學家、高階經理人），都扮演相當重要的角色。和梅崗蒂克的人在一起，我感受到一些親密感，而在這個親密感當中，我找到至少一個可以治癒李奧帕德所謂「獨自活在傷痕累累的世界而感到哀傷」的解藥。我發現這裡有一群人，選擇用盡一切辦法，讓鄰近社區體認到自己所擁有的富饒。

「我愛我的天空。這就是我的問題。」

我和馬林（Cipriano Marin）一起吃午餐，我們一起在西班牙加那利群島（Canary Islands）的特依德國家公園（Teide National Park）沾著不同的醬汁，品嚐當地名菜「皺皮馬鈴薯」（papas arrugadas），另外還配上一杯紅酒。馬林在這個時候告訴我上面那一句話，一句我這輩子永遠不會忘記的話。我從不同人口中聽到用不同方式表達出一樣的句子，愛上天空，或是任何其他事情時，只有當事人才能明白這種愛有多麼瘋狂。

馬林深諳箇中道理。加那利群島位於西班牙西南方外海，靠近摩洛哥，他是那裡的原住民。從小到大，那裡的夜空清澈且黑暗。現在他已經五十多歲了，頂著一頭黑白相間的頭髮。他說這裡受到拉斯帕爾馬斯（Las Palmas）和聖克魯斯德特內里費（Santa Cruz de Tenerife）兩座城市的燈光影響，夜空已經越來越不暗了。他的失落感特別強烈，因為他從小在這裡長大。

馬林說：「天空對這裡的島民而言是非常重要的。我們只有兩種天然資源，天空和海。對一個島來講，天空就是風景的一部分，是身分認同的一部分。」值得慶幸的是，馬林為暗空所做的積極努力不限於他所深愛的加納利群島，過去二十年來，他和聯合國教科文組織一起奮鬥，二〇〇七年在加納利群島，成功舉辦了一場國際座談會，發表「保護暗空，捍衛星光」宣言，並開始推動「星光保留區」這個嶄新的計畫。

這就是我來加納利群島見馬林，和他邊吃淋上醬汁的「皺皮馬鈴薯」，邊討論如何保護暗空的原因。不過，我當然也是藉此機會來看看這裡舉世聞名的夜空。

我說的是那種會美到讓你窒息的夜空，讓你想要研究星星的夜空，或是讓你想要寫詩、跳舞的夜空。在我從馬德里搭著載滿歐洲遊客的班機，花了兩小時旅程來到這裡的幾個月前，一位攝影師整理了一系列加納利群島天空的縮時攝影，配上音樂放在網路上。我會知道這個影片，是因為每個聽說我在寫這本書的朋友，都把這段影片的連結寄給我，還說「你一定要去這裡！」

有許多理由讓我們不該拿照片和親眼所見的夜空相比，例如相機可以透過長時間曝光來收集每一束光線、相機可以讓相片裡的每一個像素清晰無比，而肉眼卻只能有一個焦點，焦點之外的景象會逐漸模糊。不過我依舊希望可以在加納利群島看到一個類似這些相片的天空。

我不是唯一被吸引的人。加納利群島擁有世上最新的大型望遠鏡，同時也是世上最大的單孔徑光學望遠鏡：加納利大型望遠鏡（Gran Telescopio Canarias，簡稱GTC）。這個望遠鏡位在拉斯帕爾馬斯島上的一個火山邊，旁邊還有數個羅奎克德羅斯穆察克斯天文台（Roque de los Muchachos Observatory）的望遠鏡；這些設備吸引世界各地的天文學家前來朝聖。然而，並不是超級望遠鏡的存在才讓加納利群島如此特別，這個群島本身就是世上屈指可數的極佳觀星地點之一。

隨著都市的成長和擴張，光害緊接而來，導致城市裡或是城市周遭的天文台遭到廢棄，即使在許多地方，像是巴黎、洛杉磯和倫敦都有天文台，但卻都乏人問津。巴黎天文台是個很棒的地點（如果你想看歷史文物、想像過去世界樣貌的話），那曾是一棟位在城外，被田野包圍的優雅建築物，是貴族們穿高級絲襪、戴假髮前來觀星的地點，不過現在已經被法國首都隨處可見的水泥建築和繁華燈飾包圍了。

現在只要沒有光害，就可以成為絕佳的天文台地點，但這世上也僅有幾個地點符合資格。大氣層的湍流會讓影像難以固定，對諸如加納利大型望遠鏡這類的光學儀器產生重大影響，所以最佳的天文台地點都在地球的中緯度附近，特別是大陸或島嶼的西岸；那邊夜晚的氣流主要是由西向東，慢慢地從海洋吹往陸地。

好天氣、少雲少雨也是重要關鍵，所以沙漠也是值得考慮的地點，再加上容易到達、位在平穩的地表上（死火山）、適當的高度等。當把這些零零總總的條件都納入考慮後，地球上只剩少數幾個地點符合條件，像是加納利群島、夏威夷群島、下加利福尼亞（Baja California）、智利北方和南非；而這些地點所擁有的現代化天文台，共同建立了一個由望遠鏡構成的網路，「打開通往宇宙的窗口」（馬林這樣說），為地球上的人類提供最佳的宇宙影像。

除非你出生在外交官的家庭，否則你不太可能會花這麼多時間和馬林這樣的人相處。不知道該說陳腐還是天真，他講話總像在「捍衛」某些權利的「宣言」。他認為觀賞星空是基本人權，就像乾淨的飲用水和投票。這聽起來似乎是合理的。我想，在美國這個非常支持人權的國度裡，我們大多數人可能從來也沒想過觀賞星空是一種人權，而聯合國教科文組織的宣言卻贊成馬林的論點，「一個可以提供享受和凝視天空的無污染暗空，應被視為一種不容剝奪的人權，等同於其他所有關於環境、社會和文化的權利。」馬林承認這樣的權利很難維持，為這個想法找到哲學理論基礎不難，難的是如何用法律加以確保。我問他：「所以，該有人為了這個目標做些努力嗎？」

「當然！」

馬林自己也完成許多令人印象深刻的傑出工作。他把當地的暗空議題搬上國際舞台，包括西班牙環境部長、歐洲議會副議長，以及許許多多的局長、主席、秘書長都署名支持二〇〇七年座談會的會後聲明，另外還有長達四百頁、由科學家、藝術家、社會工作者，像是朗寇爾、勒格希等人，分別撰寫支持星空人權的論文。他們共同指出，「觀賞星空過去曾是，現在依舊是全人類的靈感來源。觀賞星空是所有文化和文明發展裡的重要元素。在我們的歷史裡，凝視夜空促成了許多科技的進展，推動文明的進步。」馬林說，暗空是「人類文明和文化的重要元素，而我們卻正在快速失去它，其後果將可能影響世界上所有的國家。」

這個來自大西洋小島上的男人，正竭盡所能將世界團結起來。這或許是最令人印象深刻的一點；他原本可以選擇在島上過簡單愜意的人生，不用去自找麻煩。馬林的熱情來自於他知道沒有任何地方可以逃離光害的魔掌，這種心情就像許多島國民眾擔心氣候變遷造成海面上升一樣，但對多數美國人而言，這些問題都很遙遠。「對島國人來講，宇宙是相當近的。」他告訴我：「這是缺點也是優點。」

馬林把酒杯放在桌上。「阿羅薩雷納（Rafael Arozarena），我故鄉的一位作家，來自大洋中的島國人，將這個宣言的完整精神濃縮在一首美麗的短詩中：

土地讓我繼承了少許，
而天空，
給了我整個宇宙。」

星光保留區最有意義的一件事，是仔細完成範圍、種類、標準與執行建議等不同概念的定義。馬林和超過一百位一起共事的國際專家提出一套新穎、吸引人的理由和構想，為設置星空保留區的必要性、描繪星空保留區應有的面貌等，提出說明。

並非所有保留區都是基於同一個理由設置。在星光保留區裡，不同的地點，可以有不同類型的想像：星光自然基地（Starlight Natural Sites）保護夜行動物；星光天文基地（Starlight Astronomy Sites）保護夜空星象；星光遺產基地（Starlight Heritage Sites）保留「為表達人類和天空關係所興建的考古、文化地點或是古蹟」；星光地景（Starlight Landscapes ）保留「與星光有關的自然與文化風貌，當地的自然風景和人為作品可以美妙地和天空結合在一起」；星光綠洲與人類聚居處（Starlight Oases/Human Habitats）則是用來保護農村社區和小村落的黑暗夜空。

馬林相信星光保留區對旅遊業具有巨大卻有待開發的商機，尤其是多數夜間不開放的世界文化遺產區，其實可以考慮發展夜間觀光，這樣做也會對當地社區帶來許多好處。「夜晚似乎不是遊客造訪某個景點的主要原因，特別是生態式的旅遊。」馬林解釋著：「但利用夜景行銷，仍然是很重要的。」透過夜間觀光，他相信星光保留區可以提供一個機會，讓世界各地的社區能夠一邊保護黑夜，一邊讓居民享受現代化。「我們需要把觀星的想法和現代化連結起來。」他這樣告訴我。也就是說，我們應該考慮透過經濟發展的方式保護暗空，而不是永遠把未開發地區當成自然夜晚最後的避難所。「如果你看過北韓夜晚的衛星照片，那裡是一片漆黑。」馬林說：「不過這不是個好方法。」

兩韓衛星照片的對比，是從太空看地球最戲劇化的夜景圖之一。在朝鮮半島上，南韓就像任何其他已開發國家，首爾就像任何其他大城市一樣，閃閃發亮，然而就在這座大都會的北方，一條陰影倏忽乍現，標示著兩韓之間的非軍事區（DMZ），然後開始一片廣闊的黑暗，一路延伸到半島的北方，這裡就是長年受苦的北韓。這片突兀的黑色區塊就緊鄰著燈光燦爛的南韓，相當具有戲劇性，就某種程度而言，也的確相當引人矚目，不過應該沒有人想在北韓過日子。

當然，當你看著夜晚人工照明的世界地圖，就會發現世上一些有人類居住的地方，在夜晚時分仍是一片黑暗，例如撒哈拉以南的非洲和一部分的亞洲、南美洲。我們不該反對這些地區的居民享有夜間人工照明（已經有許多援助計畫打算將太陽能電燈送到這些居民的手裡），馬林和許多人希望他們

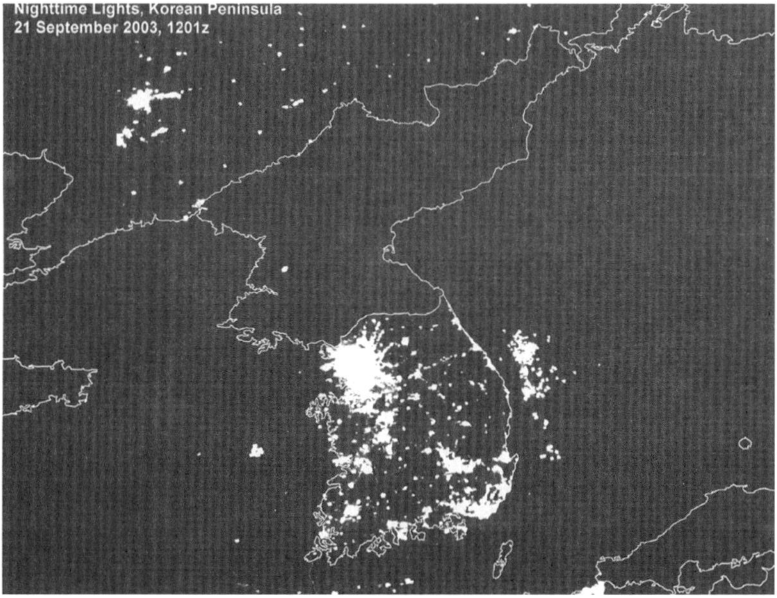

朝鮮半島的夜晚顯示出已開發的明亮南韓和未開發的黑暗北韓，截然不同。（由美國太空總署與國防氣象衛星計畫共同完成：NASA, DMSP）

也可以享受燈光帶來的便利，但也希望他們不會碰上西方世界所遭遇的光害問題。這個希望是另一種型態的進步：一方面讓當地居民越來越現代化，另一方面則維持夜晚人工照明的世界地圖越來越暗。

當你打算沿著這條多風的路開車到加納利大型望遠鏡天文台時，早餐千萬別吃得太豐盛。只可惜當我發現時已經太晚了。我想起十三歲的時候，和棒球隊的隊友一起搭公車行經墨西哥城外一條類似的道路的情景；公車上的大壓克力窗只有最上面的氣窗是開的。這種公車不會為一個暈車、想吐的美國男孩停下來。所幸今天我不舒服的程度還沒嚴重到需要馬林停下他的老賓士車，最後我們終於穿越低海拔的茂密森林，進入地勢較高的火山風景區，一路前往天文台所在之處。

山上其實有好幾個天文望遠鏡，包含一個正對太陽的望遠鏡（看起來像是煮沸還冒泡泡的柳橙汁）、看起來像是眼睛的電波望遠鏡（馬林說，它們的確是眼睛，看向宇宙的眼睛），還有幾個所有權人分別是荷蘭、日本和義大利政府的光學望遠鏡（其中一面牌子上寫著「伽利略國家望遠鏡」〔Telescopio Nazionale Galileo〕）。我們是否還以為坐在望遠鏡旁的天文學家，要不穿著像巫師的帶帽長袍，要不就是坐在一張高高的椅子上，往接目鏡看過去？

這些都是過去式了，現代的天文學家認為，透過望遠鏡親眼目睹宇宙是「傳統模式」，現在大多數天文學家（將近八成）是坐在家裡實驗室的電腦前看向宇宙。他們利用電腦排定時間和方位，然後天文台就會依照他們的指示操作望遠鏡。而觀測方式的改變，也沒有減少望遠鏡畫面帶給我們的震撼。我站在望遠鏡旁，想像這裡是地球的邊境，而這些是地球最好的眼睛：在地球上可能找不到比加納利大型望遠鏡更好的望遠鏡，可以讓我們看到更遠的宇宙。

站在加納利大型望遠鏡的下方（感謝馬林，因為他認識每個人，所以我們得以進入天文台圓頂的內部），就像是站在一個鐵製的翻花繩，或是一個超大規模的蜘蛛網下方。看著圓頂四周的銀色牆壁，我想像當圓頂慢慢打開，整個宇宙的景象就此鋪陳開來的畫面；這大概是世上最美妙的一扇窗了。透過望遠鏡慢慢被定格的影像，宇宙的面貌看起來更具戲劇張力，就像是透過教堂彩繪玻璃看到天堂一樣。

「這的確是同樣的道理，」馬林說：「教堂將人和神連結起來。有時候有人會說這裡像是個修道院，因為與世隔絕，可以讓人心無旁騖地仰望宇宙。」

很不幸，今晚不適合看夜空。我在加納利群島待的三個晚上都不適合，因為從撒哈拉沙漠吹來一個既熱又悶的強烈沙塵暴，往西朝加納利撲天蓋地而來。當我問其中一位在天文台的天文學家今晚是否會觀測夜空時，他做了個鬼臉表示：「不行啦，外面情況很糟。」

沒輒了，這輩子恐怕沒有機會比較親眼目睹加納利群島的夜空，和網路上大家分享的影音連結內容有什麼不同了，也無法比較舉世聞名的加納利夜空和記憶中在摩洛哥看到如降雪般的星夜有何不同了。我沒機會在記憶中銘刻上另一個讓我永生難忘的夜空。從在機場見面開始，馬林一直都非常熱情慷慨地招待我，現在的他看起來非常失望。「平常這裡不是這樣的，在這個季節吹這種沙塵暴，實在很罕見。」

一開始我也很失望，我一直期待看見一個驚人的夜空，不過就像在薩克島和梅崗蒂克遇見意外的驚喜一樣，在加納利島也不例外。我無緣看見加納利群島美到令人窒息的星空，卻看到了未來。因為現在有許多像馬林這樣的人在努力著，所以世界地圖上還有許多黑暗的地點。不管是星空保留區、夜間旅遊，或是其他任何還沒想到的點子，馬林正竭盡所能地幫助其他人了解我們有權利擁有一個星空，或者更重要的是，了解為什麼我們應該要求這項權利。

意外的驚喜還有這一點：我認為馬林更在意其他人的星空人權，尤其是還未出生的下一代。凝視星空（在馬林眼中是「屬於我們既平凡又普世的遺產」），「正逐漸變成一件越來越難的事情。未來的世代甚至很可能不知道什麼是星空。」我這次在加納利群島無法看見星星，但下星期、下個月或是明年都可以再回來這裡看；這是我的權利，也是你們的權利，是可能做得到的事，但如果我們現在不設法保護、恢復目前僅存的夜空，我們將剝奪未來世代看見星空的權利，而他們甚至可能連失去了什麼都不知道。

馬林語重心長地說：「未來世代最大的問題是，如果你從來沒見識過天空的宏偉，你要如何找回？所以，我想這是我最重要的動機。」

換句話說，「我愛我的天空，這就是我的問題。」

站在世界上最大單孔徑光學望遠鏡的一個星期後，我來到了義大利佛羅倫斯的伽利略博物館（Museo Galileo）。在我面前，換成世界上最古老的望遠鏡，目前僅存的兩個最古老的望遠鏡，都是由伽利略在一六〇九到一六一〇年間親手打造，其中長的那個是深褐色，外表細長到像一根竹子，短的那個則是深金褐色。它們看起來相當脆弱，你也許可以輕易動手把他們折成兩半。還好它們被存放在厚玻璃牆後面。

用今日的標準來看，它們比較像是兒童樂器，但在四百年前，可是最尖端的科技。伽利略當年每晚在帕多瓦（Padua）、比薩（Pisa）和佛羅倫斯看著世界上幾乎沒有其他人看過的東西。天文學家諾格倫（Tyler Nordgren）告訴我：「四百年前，在佛羅倫斯的每個人都可以看見星星，但只有伽利略有望遠鏡；四百年後，現在每個人都有望遠鏡，但卻沒有人看得見星星。」

我在伽利略的望遠鏡旁踱步參觀，在角落走來走去，然後停下腳步，呆住了。我並沒有預期會看到「天球儀」（celestial globe，義大利文是globo celeste，意指暗空的地圖）在一個又暗又冷的房間裡，擺放著十七、十八和十九世紀的天球儀，其中有幾個甚至相當巨大，直徑從四英尺到六英尺不等，採用木頭材質塗漆製成，外表是棕色的陳年桃花心木。天球儀依照當時最新的天文知識繪製，上面的星座反應出當時人們對夜空的認識和想像，多不可思議啊！

一個巨大的球體吸引了我的目光，那是科洛內里（Vincenzo Coronelli）在一六九三年完成的作品，一隻大獅子、一隻大熊、一條細長彎曲的蛇被畫成星座。想像當我們看著星空時，看見一個有野生動物爬行、游泳和飛翔的動物園，會是什麼樣的感覺？和現在因為光害而看起來平淡無味的夜空大不相同，天球儀描繪的是立體的天空。任何一位觀星者在晴朗的夜晚，都可以明顯看出每顆星星不同遠近的相對位置。這些被繪製出來的動物，甚至細微到有肌肉線條和活靈活現的眼睛。我們無法碰觸到這些天球儀，不能轉動它們，然後用手指出你想住的地方，或是接下來想要去旅行的地方。它們就靜止在那裡展示著，參觀的訪客必須繞著它們轉。

當時製作天球儀的人認為星星是不會動的，而且天體每晚繞著地球旋轉。現在我們懂得「比較多一點」了，不過我們的天文知識卻建立在逐漸消失的基礎上。多數人再也沒機會看見天球儀所顯示的夜空了，而且當年天球儀所處的世界也已經不存在了，我們再也看不到那麼多生物散佈在世界的每個角落。

走著走著，我想像科洛內里也在這，正思索要如何做出一個現代化的天球儀。他顯得有點茫然與困惑，到底該做些什麼？一個帶著灰黑、黑和白點的金黃色球體嗎？這個球體上還會有獅子、老虎、熊、鵰鳥和露出尖牙的長蛇等各式各樣的動物嗎？我猜不會。在黑亮的背景上畫故事書裡的動物，再用一層漆覆蓋的原始夜空已經消失了，科洛內里最後也只能束手無策吧。

我期待科洛內里做出另外一種天球儀：這顆雖然比較小，但依舊有精緻細膩的繪畫、令人吃驚的小細節。這個球體實際上有許多生物，你可以旋轉它，無論之後用手指將球體定在哪個位置，都能看見精雕細琢的一面。這都要感謝科洛內里每晚日夜顛倒地忙個沒完。可以看見奇蹟般的美麗、各地在入夜後的奇妙之處，例如夜晚開白花的仙人掌、大雕鴞的羽毛、某種蝙蝠詭異的笑臉。我轉動這顆天球儀，挑了一個北半球的地點停下來，希望看見科洛內里在這裡還留下什麼：一隻黑白相間的水鳥。這是顆存藏在伽利略博物館的現代版天球儀，除了小一點之外，跟其他古老的天球儀沒什麼不同。科洛內里希望我們能看得更仔細一點，看清楚我們究竟還擁有什麼。

還有另一種天球儀（這件事肯定會讓科洛內里忙得不亦樂乎），一個將現代科技運用得淋漓盡致、在他當時所處年代無法做到，而他也無法預知國王會怎樣看待的天球儀：一個能播放夜晚聲音的天球儀。只要指著一個地點，就可以聽見那裡的聲音：蟋蟀唱歌的聲音、海浪拍打的聲音、青蛙求偶的叫聲。這是一個可以在黑暗中閉上眼睛轉動，讓你靜靜聆聽的天球儀：夜晚的世界，夜晚的聲音地圖，就在那邊等著我們用心傾聽。

我為了參觀這個博物館來到佛羅倫斯，而且我特地選滿月的日子過來，因此可以在月光下參觀這座美麗的城市，想像當年伽利略看見了些什麼。和馬林討論過世界遺產與夜間觀光後，我迫不及待想知道佛羅倫斯（在一九八二年成為世界遺產的歷史古城）的夜晚有什麼特別。

一語道破的話，什麼差別都沒有。市中心也許很有歷史感，然而這座現代化城市硬是塞了三十七萬五千人，整個大都會區更是超過一百五十萬人，簡直快要爆炸了。這是一座被人工照明吞沒的義大利主要城市，不是被黑暗圍繞的小城。不幸的是，即使在市中心的古蹟區，人工照明也像任何其他規模相近的城市一樣，既雜亂又刺眼。當我低頭想在筆記本上寫字時，閃爍的藍光充斥雙眼，讓我幾乎看不見頁面。

佛羅倫斯毫無疑問是座美麗的城市，當我第一眼看見聖母百花大教堂時，「哇」的讚嘆聲就這樣情不自禁地脫口而出，並獲聯合國教科文組織選為世界遺產，但這些稱讚都和這座城市在夜晚的樣貌無關；這裡並沒下多少功夫去打造一個專屬的夜間特質。當我走在城市裡具有歷史感的石頭路上時，月光在城市那氾濫的光線下顯得微不足道，我不斷在心裡嘀咕：這是多麼可惜的一件事啊！如果沒有那些刺眼的強光照射，改用多一點的月光，甚至蠟燭做照明的話，這座城市會變得多美？如果能多花些心思處理照明的問題，讓皎潔的月光可以重新回來灑在文藝復興時期留下的高塔、石牆、庭園、廣場和小巷裡，佛羅倫斯會變得多美？

但我還是找到了一些沒被強光霸佔的街道，可以讓人從街頭一直看到巷尾。這些地方的照明顯然經過精心設計，給人一種熱情好客的感覺。的確，這些街道很明顯地更加吸引人。我立刻想到，這種模式或許有一天會成為標準，成為人們期待和追求的目標。或許有一天，人們總算受夠那些亮過頭的照明，這時佛羅倫斯就會上演兩種極端的拉扯對抗，猶如聘請了兩位照明設計師，一位擁抱美學，另一位看見恐懼。恐懼多半是當前政客慣用的藉口。因為有這麼多的旅客（更不用說居民了），所以需要更多的照明來保護我們的安全。

但這種說法根本站不住腳，特別是對於佛羅倫斯這種地方而言。在這裡，即使過了星期天的午夜時分，還是可以看見大街上熙來攘往，到處都有情侶出雙入對、朋友結夥同行，在戶外高興地遊蕩

（而且我到處都聽得到英文，絕對比聽到的義大利文還多），我們真的害怕黑暗到必須犧牲美感（包含建築物和街道在燭光和火把照映下熠熠生輝的人工美，還有夜裡那無法手工訂做、星月生輝的自然美）嗎？

我在博物館裡遇見一位嫁到義大利的美國人，她在這裡當解說員。她告訴我，過去十年來，城市裡的燈光越來越多，她住的巷弄也比以前更亮，結果路過的行人索性把那裡當成公廁，在她家公寓的窗檯下隨地便溺。她和她老公再也不想於夜間出門散步，「因為我不希望他和身上帶刀的人起衝突。」她說佛羅倫斯每年都會舉辦「白夜」活動（Notte Bianca，英文名為White Night），當天晚上，博物館和商店會延長營業時間，有的甚至通宵達旦，整夜不關燈。「白夜活動和欣賞黑夜一點關係也沒有。」她大方地坦承。

過了午夜，我走路回飯店，腦中想著我們是如何走進一座美麗的城市，卻忽略了這座城市的美景。夜晚美麗的景致就是這麼一回事，也許只有清潔隊隊員、在警車裡巡邏的警察，還有賣一整天冰淇淋給美國人後，騎著腳踏車回家的小女孩除外吧。我想起現在在比利時、法國，每年都有一天「黑夜日」的活動，整個國家無論城市或村莊，當天晚上都不開燈，人們會走到戶外參加慶祝夜晚的活動，並去了解能源消耗與光害的問題，體會黑暗的美麗。我在巴黎遇見一位熱衷這項活動的人，他希望可以把這個活動發揚至全歐洲大陸。

這是我留下月亮獨自掛在天上，逕自踏進飯店前所想的事。如果有個全歐洲都參與的「黑夜日」，那會是什麼樣的情景？從太空往地球看又會看到什麼？街道看起來如何？在佛羅倫斯這裡又是什麼樣的光景？這個活動將帶給我們什麼樣的體悟？

二級暗空

理想的夜晚世界地圖

單純因為「自然美景」這個理由推動保育
不但會引來訕笑，而且是浪費生命的行為
審美觀，透過眼睛、耳朵與想像力的享受，帶給人的幸福感
未必能超越吃吃喝喝的生理需求
只是大家似乎還無法接受這一點

——美國藝術史家范迪克（John C. Van Dyke. 1901）

在對夜晚有所想像之前，我們應該都要先對自己居住的環境有所了解，因此我回到自己曾經去過最幽暗的區域。從內華達的西北角向上進入奧勒岡東邊沙漠蔓延的地帶，是美國境內現存最大一片原始的黑暗區域，我現在就站在黑石沙漠（Black Rock Desert）中，和一位隨行好友及兩張摺疊椅，沐浴在最後幾分鐘的暮光下。

之前我曾經來過，我記得那次是在拂曉前，看到一輪血紅色的殘月，掛在略高於地平線的位置，

我也記得其他日子那些永不止息的晚風，不過我從沒在這裡體驗過幽暗。從雷諾市開車約兩小時後，我們由金字塔湖（Pyramid Lake）開上五十五號公路來到格拉克鎮（Gerlach），這是進入沙漠前的最後一個小鎮。離開小鎮再轉回公路後，我們在丘陵地上彎曲前行，此時沙漠鹽湖在右側開始擴大，再不久就得離開公路，開始在沒柏油路的土地上展開越野賽。起初還挺令人膽顫心驚的，因為沒有柏油路（車轍畫出的軌跡往各個方向輻射），但很快你就會全速前進，好像在拍汽車廣告一樣，橫跨平坦的沙漠鹽湖。

在哪裡停下來過夜？我的朋友和我打算一直開到八點半以後再說。我們的所在位置沒有任何標誌指示和地界區隔，所以我們可能隨性所至。鹽湖到處蔓延，舉目所及遍佈灰褐色、鱗片般的粘土，看上去像是一個巨大的拼圖。湛藍色的夜晚從東邊像沙塵暴般揚起，西邊一抹玫瑰紅映入眼簾。此時你會感到遠離一切煩憂。我們關掉了手機，避免它們徒勞一整夜搜索訊號；手機關掉後，我們也沒了時鐘。我們索性關掉各種計時工具，攤開椅子，靜靜等待夜晚時分的到來。

史汀（Sting）下個月將在這裡參加火人節慶（Burning Man，每年八月會有好幾萬人參與的節日派對，節慶最後一晚會有燃燒巨型木製人偶的儀式），不過今晚我們遠離塵囂，四周空無一人。我們的感受就像是在月球上的太空人，除了我們穿的是短褲，車子裡有夜光飛盤以外；我們甚至沒漏了啤酒（據說太空人艾德林〔Buzz Aldrin〕在登月小艇安全著陸後、在和阿姆斯壯〔Neil Armstrong〕踏上月球之前，曾經拿出一組小型聖餐盒慶祝。艾德林之前沒告訴任何人會帶著聖餐盒登月，我覺得這件事有點扯，或許是我記錯了也說不定）。

我的椅子面朝西，看著地球背向太陽轉動，沒入太空的太陽就像是落進宇宙的懷抱一樣。天色越變越暗，夜空中開始出現第一顆星星，突然間，所有星星像是同時現身一樣：滿天星斗無時無刻都環繞在我們頭上，但我們只能在夜裡才看得到它們。艾西莫夫（Isaac Asimov）寫了一個名叫「日暮」（Nightfall）的故事，描述六個太陽環繞的世界從未有過夜晚，因此當日蝕發生時，人們對不知所以的黑暗感到異常恐懼——「世界末日到了！」不過現在這個時候，太陽下山是值得歡迎的一件事，我們倆悠悠哉哉坐了下來，等著欣賞夜空中即將出現的景致。

有流星！真的是流星呢。天文學家說，看得到銀河足以做為沒有光害的標記，但我只在意能不能看見流星而已。流星的光芒會突然劃過天際，在夜空中短暫停留。當一顆巨大的流星拉著長長的尾巴劃過天際時，我們相視不語，面帶微笑，一起眺望無垠的宇宙。

沒有汽車聲，沒有引擎聲，沒有風聲、鳥鳴或湍急的水流聲，也沒有電視或收音機的雜音。這兒有的是永恆般的寧靜，像是會讓人穿越時空、回到過去一樣。火車軌道沿沙漠南緣鋪設，偶爾會有火車經過，車身長的像蛇，車頭泛著黃色亮光，不過因為距離實在太遙遠，所以聽不到火車經過的聲音，彷彿像是看見夜晚中的幻影一樣。

午夜的黑石沙漠連最後一絲陽光也溜走了。我們在黑暗中漫步，我的朋友朝向北斗七星，我則望向銀河。這兩個星象好像是下了凡，彷彿就在我們身邊，好像如果我們一直走下去就可以跟它們對話一樣。夏季大三角還在頭頂上的夜空閃耀，整個三度空間會讓人以為自己不是走在星空下，而是走在眾多星斗中。黑暗的夜色現在看起來也沒那麼黑了，適應環境的雙眼已經可以看見地面反射的微弱星光。

我們生了火，溫熱帶橙色的火焰看起來就像是火苗從裂開的地表中竄出似的，突然間，沙漠中的鹽湖看起來像是一個免洗的、表面破裂的塑膠蓋一樣。我們看一下火焰，看一下星空，看到四周的星斗像是著火了一樣；數不盡的盞盞火光像是被火把點燃了一樣。火焰烤得我全身上下暖烘烘的。看不見月亮的我已經不知道現在是幾點；我們圍在營火旁，差點忘了看天上的星星，起身後分別去看一個又一個的星星。之後，我們在距離營火幾碼的睡袋中躺了下來，利用營火的餘暉和逐漸模糊的意識，我們看見今年第一次在東方升起的昴宿星團（Pleiades），然後就一直睡到黎明的紅光及朝陽現身為止。

我們現在還找得到像黑石沙漠一樣的夜晚，但如果任憑光害問題繼續惡化下去，再過幾十年，恐怕就再也找不到這樣黑暗的地方了。目前已經有一群人正在不屈不饒地採取行動（通常是自動自發的志工），只為「避免光害」這個最初的目標。以下將列舉分別居住在世界不同地方的五位人士，如何透過各種不同而重要的工作，努力扮演替黑暗請命的角色。

在夜晚人工照明的世界地圖裡，黑石沙漠顯示為黑色（最暗的類別），而來自雷諾市及其周邊社區的光線，幾乎已經觸及沙漠邊緣，而且說實話，黑石沙漠現在可能也已經遭受光害污染了。畢竟這張地圖是根據十五年前的資料所繪製，然而現在世上大概沒有任何一份描繪夜間光害的地圖，會比這張義大利人完成的地圖更加詳盡。用不同色系標記光害擴散的狀況，看起來就像是水從石澗中飛濺出來一般；這些圖像清楚表明大多數西歐和北美的人，都無法再看見任何接近原始的黑暗環境了。

這些地圖是我現在坐在一輛老火車裡的原因，車窗外盡是春天鄉村的閒適氣息，目的地是義大利倫巴底的小鎮曼托瓦（Mantova, Lombardy）。曼托瓦是三面環湖的小鎮，是歐洲文藝復興時期主要的發源地之一，由三個廣場相互連接形成城鎮中心。曼托瓦在二〇〇八年獲選為聯合國教科文組織所認定的世界遺產，以表彰這座城市的建築風格；這裡也是高中理科老師法爾齊居住的地方。

第一次見到法爾齊時，把車停在火車站旁的他，邊笑邊揮舞頭上的棒球帽，還一邊講著手機。他約莫四十出頭，頂著黑色整齊的平頭伴著灰白的兩鬢，身上穿著熨燙平整的襯衫和休閒褲，看上去十分溫敦有禮。雖然他對自己的英文能力感到有點抱歉，他說是十幾歲時為了要閱讀《天空與望遠鏡》（*Sky & Telescope*）雜誌，才開始學英文（「當然也從學校學到一些些啦，哈哈」），其實他的英文棒極了。當我們一起進入這座他所喜愛的小鎮時，他告訴我為什麼願意用所有的空閒時間保護黑夜。

「開始投入這項活動的時間，可以追溯到五歲時父母親給我一個小型望遠鏡玩具當禮物，從望遠鏡看到月亮後就愛上它了。就讀中學的時候，父母親買了另一個望遠鏡給我，從此讓我開始對天文學產生熱情，因而立誓要致力對抗光害這個天文學的大敵。」

我們走在老城區的邊緣，從環城的其中兩個湖泊旁越過了高速公路。

「記得在一九八八那一年，我寫了封信給義大利暢銷的天文雜誌，詢問他們是否可以安排雜誌讀者共同聯署，提請國會針對光害採取行動。他們回答我說這會是一場必輸的敗仗。過了二十五年後，我們立法對抗光害的歷史已經有十五年之久。」

而大部分成就歸功於法爾齊所率領的暗空（CieloBuio，即英文的DarkSky）請願組織，該組織在倫巴底相當具有影響力。倫巴底首府米蘭有近一千萬人口，如同法爾齊說的，「就像一個小國家一樣。」當地的生產活動是義大利經濟的命脈，自身即是世界第十七大的經濟體。

「我們在倫巴底有效抑制光害的蔓延，」法爾齊說：「我們擁有如同十三年前一樣的天空，這段過程無疑是個巨幅的進步，別忘了過去十年這邊的人口成長快要一倍。」真是了不起的成就，這表示過去十三年來不是因為沒有新建築物在倫巴底落成，才使得光害問題沒有惡化，也不是因為沒有增設路燈的緣故。由於供電與照明效率的提升，倫巴底的亮度甚至比十年前成長了一倍有餘，所幸在「暗空」與其他工作夥伴的努力之下，大多數電燈的光線都直接朝下照射。法爾齊說：「如果沒有付諸行動的話，我們的夜晚會比十年前更亮一倍。這段時間『暗空』付出了很多，不過我們也的確獲得一些成果。」

他知道這場戰爭還沒結束。「我們有時候會擔心，其他那些我們還來不及進行遊說的國家會怎樣發展？我們有辦法說服這邊的政治人物採取行動並制定法律，現在看起來也真的能夠有所改變，但如果地球上其他地方的人走往另一個方向，最終恐怕還是孤掌難鳴。由於我們人力有限，所以很難讓每件事情心想事成。」他笑著說：「在正職之外還有工作要做，而且還是用無給職的志工身分推動光害防治，雖然我太太沒有多說什麼，但我總不能完全不顧現實問題，把一切精力都投注在遊說工作上。」

「不過光害這個對手比我強悍太多了，讓我完全沒有選擇的餘地。」

我們邊散步邊聊天，途中經過十一世紀的教堂，來到十四世紀興建的廣場。在兩棟建築物之間的拱門下方，法爾齊指向四個從天花板上伸出的黑色小鐵環。他說那是中世紀的刑具，古時候會用四條繩索綁住犯人四肢，穿過鐵環後把人吊起來。「和關達那摩（Guantanamo）一樣。」他開玩笑地說。路上有幾輛摩托車從身邊經過，漫步回家的人們細細品味著傍晚的空氣。每當教堂時鐘整點敲響的時候，隨處可見嘰嘰喳喳的燕子從屋簷泥巢中俯衝而出。法爾齊說：「這是春天的跡象。」我們緩步向前，當夜晚逐漸取代黃昏的時候，我們在其中一座廣場旁法爾齊最喜愛的餐廳門口停了下來。

「一九八一年我讀了一篇有關光害的文章，讓我感到相當震驚。那年我才十三歲。從那時開始，我便下定決心要解決光害的問題。三十年過後，我們仍在這裡努力不懈。我想，如果我們不能解決這麼一個小問題的話（相較於其他環境問題而言），如果我們不能解決這一個的話，那好啦，解決其他環境問題就根本是天方夜譚了。大自然會有各種因應被污染的反應，屆時損失的會是我們人類，而非地球。

「在歐洲，我們現在的處境是，連想去一個黑暗的地方都很困難，在美國，如果沒人採取行動，或是根本採取了錯誤的行動，相同的問題早晚都會發生。光害的成長速度很快，但人們對應的速度卻不夠快。光害蔓延的速度快到可以在一個世代內產生天差地遠的結果，但相隔一年，卻又很難看出差別所在。另外，現在這一代人已經習慣既有的夜空了，根本不知道自己究竟失去了什麼，大概只有長輩們還記得很久以前曾經有過非常漂亮的夜空。這真是一件怪異的事情。光害蔓延的速度很快，但卻又好像不夠快，又或者換一個角度來說，蔓延得不夠緩慢。

「我們真的不曉得自己失去了什麼。孩子們在成長過程對宇宙毫無概念，長大後也沒看過銀河，沒見過一絲燈光都沒有的原始夜空，而這些都是人生中值得一瞧的景致，就像威尼斯、大峽谷那樣，是一種能敞開心胸、增廣見聞的美妙景致。」

我想除了上述經驗能敞開心胸、增廣見聞之外，還有件事情也該加進來，那就是在古老義大利廣場上的露天座位區坐下來吃飯。法爾齊微笑地指著背後的廚房，那是棟在磚砌拱門後面的房子。「這是一棟十二世紀的建築，也許有九百歲了喔。」餐廳的名字是Ristorante Grifone Bianco，菜單以羅馬式的刻紋鑲邊，上面還畫有白色獅鷲，即神話中擁有獅子身軀的老鷹，相當有特色。餐廳座落在埃布廣場（Piazza Erbe）旁，附近有一座十五世紀的天文鐘，廣場上擺設了十多張露天餐桌。時間已經是晚上八點，我們不是第一組來用餐的客人，但還來得及挑選廣場邊的露天座用餐。法爾齊和我都很愛吃，因此我們花了一段時間挑座位及點餐。入境隨俗，我點了「義大利麵」這個大項，畢竟這是當地特產，接下來就看法爾齊表演了。坐定之後，法爾齊的選擇幾乎無可挑剔，當然不只是因為菜餚的緣故。

我們不應只從天文學的觀點或是簡單訴求想要擁有一個美好的夜空，做為對抗光害的出發點，和朋友在舒適的環境裡共享美好的當地料理，當然也是保護夜空的好理由。法爾齊和我開始品嚐紅酒，有來自托斯卡尼（Tuscany）的摩瑞利諾（Morellino）和來自曼托瓦的藍布魯斯科（Lambrusco，一種氣泡紅酒），佐切成薄片的肉與一盤甜洋蔥。我們繼續討論法爾齊的工作內容。「這件事對大家都好，如果我們能抑制光害的話，不只光害的影響會變小，能源消耗也會跟著減少，需要花在照明的稅金當然也會跟著減少。」

法爾齊還可以從健康或是從生態的角度繼續補充，但重點是，只要越了解光害，就越能體會解決光害是一個沒有輸家的局面。過程當然還會面臨許多挑戰；法爾齊的主要對手是電力公司和一些燈具製造商。「也不能說他們是輸家，他們只是想比照以往沒有規範的時候，可以想怎麼做就怎麼做。」

我認為法爾齊和「暗空」，以及其他追求暗空的組織所面對的最大挑戰是：民眾的認知不足。因此對於暗空、光害一點反應也沒有。一如前幾章亞利桑納大學奈曼教授和國際暗空協會發起人克勞佛所提到的，在義大利的法爾齊和「暗空」也面臨相同的問題。巴黎的情況也一樣，我問過一位從事暗空請願的法國人，想知道住在光之城的法國人對於光害的了解是不是比其他地方多一些，結果對方告訴我：「就跟其他地方一樣，不多也不少。」

如果我們都了解了，那我們能做些什麼呢？

「你可以在很多方面提供協助，」法爾齊說：「這取決於你要投入多少時間和精力。如果你所在的地方已經立法規範了，那你可以直接找地方政府投訴：『路燈的照明方式不對，必須改善。』在我們的網站上已經有信件範本，只要修改地址、簽上大名就可以了。現在義大利境內約四分之三區域都可以這樣做。而倫巴底東邊是威尼托（Veneto），當地有個業餘天文學家組成的協會叫『威尼托之星』（Venetostellato），字面意思是指滿天都是星星的威尼托，他們自二〇〇九年以來寫了大約四千封信給地方政府，反對某些公共燈具的設置，結果也取得了一定的成績。如果你居住的地方還沒有法律規範的話，你得從說服政治人物支持你的訴求開始做起。

「你必須有夠強的技術背景，面對他們的批評時你必須能夠有所回應。總而言之必須先成為真正的專家，這樣才有成功的機會。你不能只對政治人物說，因為滿天星星的暗空很美，所以必須加以保護，那樣是行不通的。」

法爾齊一邊說一邊咯咯笑。他大概認為單純的想法蠻好笑的（如果能用暗空之美說服政治人物，那就太簡單了），不過也是可以用來博君一粲的啦。穿著黑色外套、黑色蝴蝶結及白色圍裙的服務生送上頭兩道菜（我們一共點了四道主菜，吃到最後實在有點飽了，還好還吃得下甜點）。前

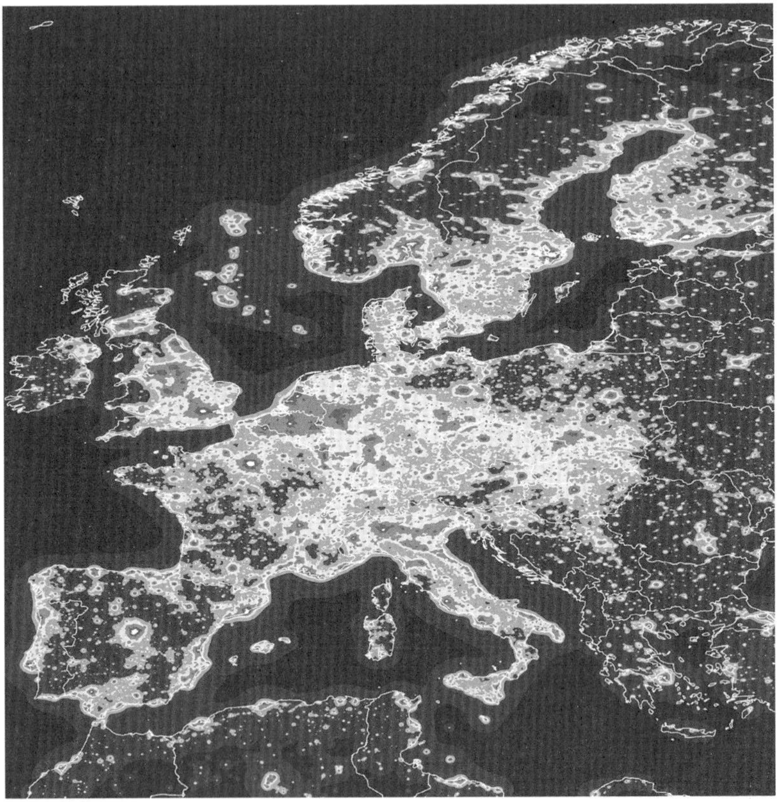

這張歐洲上空的人造衛星照片大約攝於一九九六年，是夜晚人工照明的世界地圖用來顯示光害蔓延的最佳例證（由義大利帕多瓦大學欽札諾、法爾齊，與美國科羅拉多博爾德國家海洋暨大氣總署地球物理資料中心艾爾維迪奇共同繪製。版權屬英國皇家天文學會所有，經布雷克威爾出版社授權轉印自該學會月報。P. Cinzano, F. Falchi (University of Padova), C. D. Elvidge (NOAA National Geophysical Data Center, Boulder). Copyright Royal Astronomical Society. Reproduced from the Monthly Notices of the Royal Astromical Society by permission of Blackwell Science）

兩道是南瓜奶油義大利麵餃（tortelli di zucca al burro versato，將南瓜直接塗滿「厚厚的奶油」）和義式肉餃（agnoli ripieni，在義式餃子裡塞滿牛肉或豬肉，豬肉還分成義式香腸〔salamella〕跟火腿肉〔prosciutto crudo〕兩種口味），配上雞蛋、帕馬森起司（Parmigiano-Reggiano）、切塊麵包、肉荳蔻等，再灑上鹽和胡椒。這些都是曼托瓦的特色菜餚，雖然白色獅鷲的菜單上只寫著義式餃子（tortelli）而已，但法爾齊幫我問服務生能否給美國人來點義式肉餃（agnoli），所以這些肉餃就以一副「當然，沒問題」的姿態靜靜地躺在我面前的餐盤上。

在手風琴演奏的背景音樂下，我聽到鄰桌用幾種不同的語言低聲交談，不時傳來銀叉輕觸陶瓷餐盤的聲音。一隻小白狗如閱兵式般抬頭挺胸走了過去，突然沒由來地汪汪叫，大概在講夜晚散步是牠最快樂的時光吧。我們的時間抓得恰到好處，坐在露天座用餐的時候，剛好天上的暮光也在古老的建築身後褪去，換成即將登場的黑暗夜晚陪我們用餐。

不過很不幸地，廣場旁天文鐘的泛光燈也在這時亮了起來，其中一盞就直接打在露天座黃色的遮陽傘上。服務生好意來了解我們驚訝的反應（法爾齊和他交談的時候，我只聽懂「是」、「謝謝」、「不客氣」這幾個字），法爾齊指向他左肩上方的泛光燈（我猜啦），像是在抱怨那盞燈的燈光。服務生嘆了口氣開始解釋，法爾齊點頭回應，看起來像是理解燈光是怎麼來的了。當服務生離開後，法爾齊微笑說：「直到去年以前都還沒有泛光燈，我大概是第一個抱怨太亮的人吧。服務生說，由於去年以前這個角落實在太暗了，因此他們認為亮一點是件好事，可能之前曾經有人抱怨太暗吧。」

法爾齊認為應該還是會有人抱怨不夠亮，無論是在這個廣場或是在其他任何地方。增加照明總是比得到黑夜還要容易得多，一部分問題出在政治人物。法爾齊認為「美麗」這個話題很難說服政治人物，但選票的說服力卻非常夠。他說：「事實證明，如果政治人物做一些大家都容易看見的事，要競選連任就會輕鬆許多，那麼，還有什麼事情比增加照明更容易讓人看見呢？人們要求更多的燈光，他們就給了。」儘管如此，法爾齊還是試圖讓曼托瓦關掉古蹟上的照明，像是在午夜過後關掉教堂鐘樓的照明。我告訴他之前在佛羅倫斯的經驗。我不禁幻想那座城市如果能更重視夜間照明的方式，而不是只用刺眼強光的話，夜晚會變得多美麗。我已經在太多城市看到相同的問題，其中包括下重本整飾外觀的城市，可是他們卻忘了如何營造夜晚的市景。

有一年的世界地球日把比薩斜塔和周圍奇蹟廣場（Piazza dei Miracoli）的燈都關掉，法爾齊說：「看到有些照片中的廣場沒有燈光，只有星光，真是棒極了！如果能把這些著名景點串在一起，當作『關掉電燈、看見古蹟』運動的先驅，那就真的太棒了。」

「是因為這些景點在過去歷史上只有月光與星光照射的緣故嗎？」我這樣問他。

法爾齊回答說：「不然就是用暖色系的光線，像火光之類的，絕對不會使用亮白色的白熾光，甚至是刺眼的藍光。」

我一直在想，如果這些老建築物（像是塔樓和教堂），都不用泛光燈照明，只用令人感動的月光、星光，或甚至只是火光照明的話，會是什麼光景？絕大多數的景點外觀應該還是無法回到沒有電燈的年代，即便是法爾齊看見的比薩斜塔照片亦然，因為就算把景點的電燈關掉，其他城鎮、鄉村的光線還是會從遙遠的天際傳過來，不過我想關燈的氣氛還是會比較吸引人，可以用周邊點綴用的小燈營造出溫暖的氣氛。

「我會在這裡盡量試試看，」法爾齊說：「如果能在午夜將燈光關掉，我們將看到不一樣的景致。

也許這將是個大發現，因為過去五十年來，還沒有人在黑暗的環境底下，只透過周遭微弱的光線看這些古蹟。」

「人們都不知道自己失去了什麼。」我說。

「不過當你能清楚解釋的時候，大多數人是能夠理解並採取認同的立場。當然不是每個人都這樣，而是對大多數人有用。現代人開始意識到黑夜的價值，在此之前大家都急著逃出黑夜的範圍。對我來說很不可思議，因為我本身是黑夜的愛好者，但對某些人來說，黑夜代表生活的陰暗面，會自然而然加以排斥。」

這時我們的另外兩道菜來了，焗大麥（orzo mantecato）蝦佐培根，以及奶油義大利肉醬麵（bigoli carbonara）。我順勢把錄音機關掉，在身旁手風琴樂師的歌聲下大快朵頤。

在此之前法爾齊和我路過了幾盞新型的路燈，對沒見過的人而言，看起來可能很奇怪。雖然那些路燈都有常見、四四方方的燈箱，但卻沒有玻璃燈罩。而且，嗯，看不見燈泡。事實上當然還是有燈泡（義大利人很有創意，不過他們還沒有完全掌握無燈泡路燈的設計方式），燈泡其實安置在燈箱最頂端的位置。沒有玻璃燈罩也沒有明顯的球體燈泡可以有效降低光害的問題，這種全罩式路燈的燈泡被完全包覆，法爾齊與一群志同道合的朋友都希望這種路燈能早日出現在你我身邊。

曾經我們以為光只是不停地向天際延伸，所以如果我們罩住了燈光，我們也就抑制了光害。雖然這樣做很重要，但是還不夠好。在過去幾年中，我們已經發現了光害最糟糕的影響不是肆無忌憚的向上照射，而是它對低仰角地平面所造成的影響。當光投射到低仰角處，經由大氣中懸浮微粒和水滴造成散射與反射之後，其影響程度遠比光線直接打向天空還大。結果，這些散亂的光線在地平線移動，對離光源較遠的地方也一樣產生光害，比方說在郊區和農村。一路直入雲霄的燈光會導致附近產生光害，但影響不會擴散太遠。

大多數路燈的形狀像是個碗或花瓶，而光在這些形狀內會以各種方式反射，包括在低仰角的地方，然後進入你的眼簾。現在有很多不同的燈具都有包覆式設計，很多弄得像那些在曼托瓦看到的一樣。乍看之下和平常慣用的路燈沒啥兩樣，不過他們都有一個共通點：除非你就站在路燈底下仰頭觀看，否則大概看不到燈泡到底在哪。

我問法爾齊是否認為光害可以得到控制，從而到處都可以恢復燦爛的星空。

「嗯，也不是真的到處都可以啦，不過我認為，如果到處都能採用我們建議的解決方案，即使是在歐洲，未來離市區一小時車程之外的地方，應該都能夠看到一個很棒的夜空。以我現在住的地方為例，如果開一小時的車到山上去，看到夜空的亮度是自然黑暗的兩到三倍，所以我們已失去原始的夜空之美。但是，如果我們夠努力，在各地好好的執行解決方案的話，那麼離各大城市五十公里遠的地方，應該有機會看到一個非常、非常棒的夜空。」

下一個令人興奮的問題是：我們能做些什麼？這不僅僅只是一個該怎麼做的問題，同時也是一個尋求可能性的問題。

一邊吃著甜點（義大利糕餅〔torta sbrisolona〕，一種義式杏仁餅乾，一樣是曼托瓦的特產），法爾齊告訴我他想再彙整另一張地圖，標示抑制光害有成的話，未來夜晚人工照明的世界地圖看起來會是什麼樣子。透過電腦可以把城鎮使用全罩式燈具的抑制光害效果模擬出來，讓我們看見未來可能的樣貌。這是一張告訴我們可以達成什麼目標的地圖，一張名符其實，真正的夜晚地圖。

某個星期二晚上，我在英格蘭西南部一個叫溫伯恩（Wimborne）的小鎮參加當地天文俱樂部的聚會（我在會中第一次聽到有人把星星稱作「傢伙」〔chap〕：「這些傢伙在獵戶座的腰帶邊」），拿到一張前所未見的地圖。這是一張可摺疊式、看似傳統、只要去英倫三島旅行過的人都看過的旅遊地圖。只是這份「菲利普暗空地圖」（Philip's Dark Skies Map）是一張天文學家，或任何一位想找個地方好好看星星的人專用的旅遊地圖。換句話說，它是張描繪光害及如何避開它的地圖。基本上這是將英倫三島的旅遊地圖，與法爾齊夜晚人工照明世界地圖套疊在一起的成果。

這張圖讓我想起法國有個全國性組織「法國黑暗天空與環境保護協會」（Nationale pour la Protection du Ciel et l'Environnement Nocturnes，簡稱ANPCEN），當中活躍的成員布呂內（Pierre Brunet）在巴黎告訴我：「我總是說，業餘天文學家的主要觀測工具是汽車，而非望遠鏡。」因為絕大多數的天文學家（其實對每個人也都一樣），再也無法在自己居住的地方夜觀星象，必須依照「菲利普暗空地圖」之類的指引，開車去找適合的觀星地點。

英國天文協會暗空請願活動主持人米宗邀請我參加這場在溫伯恩舉行的聚會，我和他是在倫敦認識的。「這個發展趨勢不錯，」米宗說：「越來越多協會開始注意光害的問題，越來越多人了解這個問題。幾年前能夠在字典裡找到『光害』這個專有名詞，就很令人興奮了。二十年前，根本沒多少人知道什麼叫做『光害』。」

為什麼呢？

「因為沒有人想過這是個問題。現代人從小就在充滿光害的環境中長大，還以為那樣才是正常的。當你告訴他們光害也是一種污染的時候，他們可能會這樣想：唔，怎麼會呢？就只是光線而已嘛，是不是？當然沒什麼關係啊！而且亮光是個好東西欸，亮一點才看得清楚嘛！明亮，好棒，黑暗，好爛！就連聖經都這樣寫。」

米宗一針見血地指出每位試圖減少光害的人必須克服的阻礙（特別是冷漠與無知），這些問題經常重複出現。「光害」這個詞彙總算是收錄在字典裡了，可是意識到這個問題的人數，還沒到達關鍵的臨界點。

「能源危機帶給我們無窮的希望，」米宗坦承：「我們都知道能源價格會變得越來越貴，當化石燃料開始漲價，我們將被迫使用不同種類的能源，人們也就會更謹慎地使用能源。眼下大多數人並不關心這個課題，經常有人沒隨手關燈，也不會將暖氣的溫度設定調低一、兩度；如果看到水龍頭漏水，我們通常會動手把開關轉緊，如果是在街上看著一路走來燈光閃耀的街道，我們通常不會當成一回事。要是哪天收到電費帳單，上面寫著要付五百英鎊的話，我們應該會破口大罵：『媽的，這樣下去不行！』」

據統計，歐盟每年得花費約十七億歐元在戶外照明上，美國在這方面的數字是旗鼓相當的二十二億美元。比起我們花在暖氣或燃料上的錢，這些金額都還不算大，但我們真的沒必要花這筆錢。這根本是浪費，而且還會造成光害。再者，亂花錢還只是小問題而已。照明費用只是算得出來的部分，能源價格實際上並不包括生產過程中對人體與生態健康所造成的真正成本。不過米宗想要強調的重點跟我三不五時的親身經歷有關：我們只是用不一樣的方式照亮世界罷了。

改變其實已經發生了，其中一個大多數人能感受到的話題是LED燈（「海嘯般的大翻轉」，法爾齊如此描述LED的普及速度），雖然我們還不清楚新技術真正的優缺點與風險效益評估，但很多人相信未來我們照亮世界的方法，一定會與現在的做法有所不同，甚至是天翻地覆式的變革。似乎沒有人覺得這項變革是個壞主意，但幾乎所有真正在意照明與黑暗關係的人，都對這種發展趨勢感到憂心忡忡。問題的重點在於我們想要什麼樣的改變？我們會按照既有的觀念發展，讓地球的每個角落一年亮過一年，只留下極少數的地方（如倫巴底）孤軍奮戰？或是我們開始用不一樣的方式照明？甚至我們有沒有可能，開始重視黑暗的價值？

米宗舉兩個小時候在倫敦發生的故事，說明社會用不同軌道發展的可能，其中一個是五〇年代發生在倫敦的大氣污染事件（pea soup，米宗說：「我還記得那有多可怕，就像一次點燃百來根香煙猛吸一樣，當時我們還以為那樣很好玩！」）另一個是泰晤士河的淨化。

「泰晤士河的淨化相當成功。當我還是個孩子的時候，警察會到學校宣導泰晤士河有多可怕，他們會叫我們不要靠近泰晤士河，有毒！河水絕對不能喝，也別用手去玩水，因為只要把碰過河水的手指放進嘴巴裡，就會中毒。警察絕非危言聳聽，當時的泰晤士河的確淤積嚴重、又黑又髒。之後透過立法規範，禁止人們再往泰晤士河排放污水。要知道，打從維多利亞時代起，所有的家庭廢水就直接排進泰晤士河，所以才搞得又髒又臭，因此這道法令很快讓泰晤士河變回乾淨的樣貌。現在距離當年已有五十年之久，我們已經可以發現泰晤士河裡有一百二十多種不同魚類的身影。泰晤士河現在是條生機盎然、欣欣向榮的河流，也是一個利用一條簡單的法令促成重大改變的例子。我們應該可以比照辦理，防治光害。我們要求的不是嚴刑峻法，只消訂些法令規範照明的設計與正確的使用方式，就可有效解決光害問題了。」

米宗所謂的「照明設計」，其實指的是建築法規，「這種做法可以讓英國慢慢解決光害問題。以後不管是什麼形式的開發案，不論是工業園區的工廠還是一般私人住宅，它的照明設計必須依照某些規定，先取得地方政府的核可，而我們想要推動的規定也很簡單：所有戶外照明都必須受限於產權範圍內，這樣就搞定了。」

照明只能維持在產權範圍內，不能打向天空、不能照到鄰居的地盤、不能照到馬路上；似乎不是什麼過分的要求。

「一旦做到這一點，」米宗解釋說：「光害的問題將會逐年減少。人們會認為只是遵守合理的規範而已，不會有被強制規範的感覺。換句話說，請用正確的方式照明，然後就可以造福社會了。這種做法不用當面指責別人的照明設計差勁透頂，強迫對方花錢去改。」

米宗正竭盡所能推動相關立法工作，他是位現實主義者。「如果揮一下魔杖就能讓星星突然都回到天上去就好了。」米宗表示，「但我知道這一定是個長期抗戰的過程。我們追求的也許是五十年後的夜空，屆時我們大概都不在人世了，但這個理想還是很值得我們付出。我兒子今年十九歲，如果他在二〇六〇年可以隨處看見美麗夜空的話，這些努力就值得了。我們必須要有耐心，也得吃點虧；這項任務是為了後代子孫而做，不是為我們自己。」

俱樂部的聚會結束後，五、六位天文愛好者開車上山到一家小酒館點溫啤酒和洋芋片續攤（米宗嘲笑我居然點冰啤酒喝）。在進去小酒館吃吃喝喝之前，我們站在黑漆漆的停車場望向山腳總人口數才一萬五千人的溫伯恩。米宗在五年前成功說服市議會改用全罩式路燈，現在看來效果驚人。從離開俱樂部到一路開車上山的這段過程中，我沒有發現有任何不尋常的事物，借用米宗的玩笑話，我們絕對沒有「在中世紀伸手不見五指的夜晚裡跌得七葷八素」，一路上都有充足的照明，而我直到此時往下看著自己剛剛待過的城鎮，才意識到，我已經無法用明亮與否區別城鎮的邊界在哪裡了。

以整座溫伯恩來說，或是以整座巴黎市為例，照明設計的概念在一定程度上與納博尼的想法有關。納博尼在和朱斯合作進行聖母院照明升級計畫的時候，於一九八八年三月成立了自己的設計公司Concepto，當時照明設計的概念就好像黑暗時代一樣尚未開化，譬如說，巴黎的古蹟往往裝上高耗能的聚光燈了事，使得各個景點無法細膩地與周遭景物融合。

Concepto早期承接的大型計畫之一，是替蒙彼利埃（Montpellier）執行全球第一個「照明大師計畫」（lighting master plan），一個如何讓城市的照明兼具美感與安全的綜合性計畫，而不僅僅是追求納博尼所謂「功能性導向」的目標，從此以後，各種照明大師計畫，以及專業的照明設計師，開始受到世界各地的重視。如果未來的夜景和我們如何使用夜間人工照明脫不了關係的話，則納博尼這樣的照明設計師就一定會扮演舉足輕重的角色，慢慢把他們腦海裡未來世界的照明方式搬上檯面。

納博尼在阿爾及利亞（Algeria）出生，一九六二年移居法國，之後在貧民區住了二十五年。成為一個燈光設計師之後，他發誓絕對不能忘記自己從小長大的地方。

「相信我，處處都能像在市中心一樣詩情畫意，」納博尼說：「所以我總是挑幾個市區中最殘破、最困難的地方開始著手。由於設計良好的照明可以遮蔽掉一些東西，營造出不同的氣氛，因此使用光影美化這些地方反而比較簡單。」納博尼認為替殘破的市容打燈，比替大教堂之類的地標打燈更有成就感，他說：「大教堂本來就很美了，根本不需要用照明美化，另一方面，人們對作品的欣賞方式也截然不同。當你在一個歷史悠久的古蹟施工時，大家會說：『哦，還來啊』、『隨便啦』、『看起來沒那麼糟』，他們都被寵壞了。」居住環境比較好的人，往往會把他的作品視為理所當然，而居住環境條件較差的居民，往往對他報以感激。

「他們的反應通常是，哇，我們這邊可以變成這樣啊？他們甚至會用親臉頰的方式感謝你，呈現完全不一樣的反應，一副他們的生活因此改變的樣子。」納博尼最近承接的一個設計案，是要在建築物的牆面簡單打上燈光。完工後，他遇見了某個當地男子從酒吧走出來。「他楞楞看著牆面發呆。我上前問他覺得怎麼樣，發現他根本已經喝醉了。」納博尼哈哈大笑，「不過他回答我說：『我就住在這裡，我喜歡這個富含詩意的作品，我們這邊也應該有點生活情趣才對。』」

納博尼在法國已經生活了四十八年，不過阿爾及利亞的文化一直對他的設計理念帶來強大的影響。「在北非，陰影比光線來的重要（要能妥善處理陰影與光線的對比），因為那是個氣候炎熱的區域，我們得保護自己避免被太陽曬傷。我們不會去海邊做日光浴，你知道的，因為陽光實在太毒了，所以我們非得避開太陽不可。這種在光影之間遊移的手法，對我現在的日常工作非常重要。」

不幸的是，納博尼說，人們總是害怕陰影和黑暗。他的夢想是在學校開設光影相關的學程，甚至在幼兒園也行。「因為孩子們在教育過程中學不到光影是怎麼一回事。他們有機會學吹長笛，也有機會搞些瘋狂的行為，但卻沒有人談論過光影。他們對於黑暗的理解完全來自於故事書，經常與惡魔、恐懼為伴，說起來實在讓人感到遺憾，因為他們沒機會學習如何和陰影打交道，如何在黑暗中處之泰然。」

納博尼即將有一個很棒的機會，可以幫助人們克服在黑暗中的恐懼，因為他最近贏得巴黎新一輪的照明大師計畫。

「巴黎市政府正在推行一項新政策，打算全面更新城市的照明系統，並在二〇二〇年達成減少百分之三十能源消耗的目標。」納博尼說：「這項政策的宗旨是以新的眼光看待哪些照明設備該留，哪些該捨，又該創造出哪些新的照明設備。這個任務並不輕鬆，因為他們想要又新、又美觀的東西（你知道的，光之城這塊招牌不能給砸了），然後還得要兼顧減少能源消耗的問題。」納博尼說，他使用巴黎都市計畫的研究報告，找出巴黎人晚上每個小時的活動狀況，藉以重新設計這座城市的公共照明。首先，他提議先關掉城市裡某些建築物的造景燈（巴黎總共有超過三百個景點有造景燈，包括大樓、噴水池、雕像、行道樹和三十二座打燈的橋樑，此外還要加上所有的路燈），然後就是他發揮創意的時候了。

「我們的主要理念不是讓城市每個角落都一樣熠熠生輝。這是革命性的想法，因為巴黎的每一條街道，不論是小馬路還是香榭大道，都有同樣的照明水準，所以我們不禁要質疑是否有這個必要性。第二個理念是要讓路燈變暗，關鍵在於路上是否有車輛或行人。如果馬路上根本沒人，那我們幹嘛把路燈點亮？我們基於這個想法，深入研究巴黎人的夜生活，巴黎夜間的地理學。這麼做是為了更了解巴黎夜晚的樣貌，然後依照活動水準調整照明的亮度。還有另一個想法是，每天延後十分鐘開燈，讓巴黎人慢慢習慣有一點點黑暗的感覺；以一年三百六十五天來算，這個做法節約能源的效果將相當可觀。然後一樣，在早上，我們會提早五分鐘把電源關掉，也有可能提前十分鐘吧，各種方法都不排除。」

未來的照明會非常具互動性，納博尼說：「我敢肯定，再過十年、二十年以後，所有照明設備都會變成全自動化作業。有人在的地方才會亮燈，沒人的時候就會自動關掉，不勞我們費心。假使我們能在合適的地方、用合適的光線、提供充足的照明給需要的人，那將是非常美好的未來。那就開始逐夢踏實吧。」

克蘭頓（Nancy Clanton）對於用新方法照亮夜晚這件事可說是駕輕就熟。克蘭頓是克蘭頓合資（Clanton and Associates）、一家位於科羅拉多博爾德（Boulder, Colorado）的照明設計公司創辦人兼總裁，該公司主打用永續的設計概念實現節約能源與保存黑夜的目標。我可以清楚感受到克蘭頓對於未來照明的熱衷程度。就像納博尼一樣，她預見未來將充滿互動式的照明設備，而電動車的普及，也將直接改變我們對夜間照明的看法。她甚至對「我們將來一定會改變看待夜間照明的態度」有著無可救藥的樂觀。

就拿燈柱來說好了，「我們真的應該好好評估一下，在桿子上點燈照明究竟是不是最好的方式。」克蘭頓說：「燈桿不但貴，而且還會被撞到。我不是在開玩笑，只要有桿子，就一定會有人撞上去。很多社區都急著想把既有的燈柱汰換掉。」為什麼？不用說，就是為了錢。深入剖析社區照明的成本，就會發現一半以上的費用都花在購買、保養燈柱上。相反地，克蘭頓嘗試用各種光源照明，車頭燈、台階燈、行人穿越道附近的動態感測燈等等。克蘭頓表示：「我們還可以依照夜晚的不同時段，增加或縮減不同的光源。比方在大半夜，高於頭部的燈可以通通關掉，只留比較低的人行道照明燈與台階燈就好。我真的很希望能有更多照明的選擇，而不是全都同一個樣子。」

克蘭頓對照明的樂觀來自於ＬＥＤ所呈現的可能性。不像現在的路燈只能開或關，而且只能維持相同的亮度，ＬＥＤ可依不同情況調整亮度：在上半夜的時候可以調亮一點，等到下半夜的時候關暗一點，如果再加上電腦控制的智慧型電網，則每個社區都可依照自己的需求，調整不同區域的照明亮度。克蘭頓說：「以後當社區裡的鄰居說：『嘿！我們真的不希望午夜之後還開著燈欸。』那好辦，管委會只要去Google地圖把社區附近所有的照明設備圈選在一起，然後下指令說：『把亮度通通調降個五趴或十趴吧！』」

什麼是促使社區調降照明亮度的動力？同樣的，是錢。無論住在科羅拉多博爾德，住在巴黎或是溫伯恩，只要是住在北美或歐洲的人都一樣，每日用電高峰都發生在白天——夏天炎熱午後的空調用電或是冬天暖氣、電燈的用電；電力公司花大錢興建發電廠並購置各種發電設備後，最希望這些生財工具能夠一天二十四小時全功率持續運轉，等到晚上用電需求下降後，電力公司為了彌補過度供應的缺口，就會把腦筋動到大量鋪設路燈上。克蘭頓採用「不為人知的故事」角度看待我們所使用的戶外照明。換句話說，路燈的數量並不是因為人身安全與治安的考量，反而是為了填補電力公司的尖峰負載而來。

國際暗空協會的技術總監斯特拉瑟（Pete Strasser）也同意克蘭頓的觀點。「真正需要路燈的其實是電力公司。路燈能提供負載，讓發電機維持基載的運轉模式，以便順利跟上白天飆升的用電需求。電力公司必須讓發電機持續運轉，不能真的進入待機模式，那麼，什麼是過去一百多年來的解決方案呢？就是路燈。」克蘭頓、斯特拉瑟還有其他人告訴我，一旦電動汽車全面上市後，每座城市就會用不一樣的方式看待夜晚的路燈了，因為屆時夜間電價將會大幅上漲。

「目前夜間的離峰電價便宜得像什麼一樣。」斯特拉瑟說：「現在每一度夜間電價才一、兩美分而已，根本是用批發價搞傾銷。我敢向你保證，以後在夜晚替電動車充電時，每一度電絕對不會維持這種價格。它會變成昂貴的零售價，一度電一毛或一毛五美元。所以只要等到電動車成長到一定數量，你一定會聽到以下這種說法：『你知道嗎？有研究表示，這些路燈真的沒必要一直亮著。研究報告指出，路燈對降低犯罪率沒有什麼幫助。』等等等諸如此類的。現在就已經能看出端倪了，而且社會大眾也會接受這些觀點，因為這些報告說的是實話。」

克蘭頓很熱衷於告訴社會大眾我們使用的照明遠遠超過正常需求。近年來美國軍方是她的主要客戶之一，她希望軍方了解所謂的能見度、辨識率，以及伴隨的安全問題時，光線的對比其實比亮度重要得多。克蘭頓告訴我：「我們跟軍方的反恐單位一起做了個實驗，由軍方指派一組人馬，設法闖進軍事基地，佔領建築物以評估防禦工事的成效。軍事基地裡所有的高度戒備的建築都燈火通明，不管是外面的圍牆還是建築物本體，一切都被照亮以便攝影機能夠拍下監視畫面。所以，如果你要闖進大樓的話，你會穿什麼顏色的服裝？他們原本都穿黑色的，我告訴特派隊的小組指揮官一起換穿白色的衣服，結果你猜怎麼著？竟然沒有人注意到我們兩個，因為我們已經與白色的混凝土牆及建築物融為一體，而其他穿著黑色衣服的人，在強光下全都無所遁形。」

「不同的光影和不同的背景環境可以讓人更容易發現目標，這有點像犯人的穿著，黑白相間的條紋衣，所以無論他們在哪邊都會被輕易發現。在黑暗的環境中，你會看見白色的部分，在明亮的環境下，你會看見黑色的條紋。這就是為什麼晚上去慢跑的時候最好穿上暗底鮮豔的裝束，這樣無論跑到什麼地方，都能夠被駕駛看見。」

克蘭頓這一席話讓我想起威斯康辛的家。每天晚上十一點，我會在睡覺前帶露娜到住家附近散步。我們走下人行道後會右轉，穿過三個街區後前往鎮上一所座落在北方森林地帶（Northwoods）中卻顯得特別光彩奪目的中學校。固定間距的校舍上有好幾盞刺眼的壁掛式高壓鈉探照燈，探照燈的光芒跨過街道，把學校旁邊民宅的牆面照得一清二楚。露娜和我沿著學校邊的人行道前進，一步步踏進光線籠罩的範圍。這所中學的照明是我看過最嚴重光線亂竄的案例之一，也非常適合做為：一、只在白天決定如何照明並直接施工；二、學校周遭鄰居不得不忍受被強光照射，如果他們有注意到的話；三、全鎮居民為這完全沒必要的用電浪費稅金同時又失去夜空。這三個問題的最佳例證。如果能節制這種照明的浪費，這個小鎮應該看得見美麗的夜空。事實上，美國各地的小鎮都可以省下這些錢，讓星星重新回到天上，只要別像這所學校一樣（廠房跟商業區就先不提了）。設計照明的時候不嚴謹，點亮燈以後也沒人在看。

「想想看，」克蘭頓說：「如果校園在晚上某個時段可以把所有燈關掉，改成用動態感測開關的話，效果會有多好？」她告訴我博爾德北邊、拉夫蘭（Loveland）當地的學校就打算這麼做，而且成效還不錯。「警察愛死這套系統了，只要校舍周遭的燈沒亮起來，他們就知道那邊沒人。」

克蘭頓告訴我，以她的觀點來看，無論是校舍還是其他大多數建築物，最好的戶外照明應該採用「行為反應」的啟動機制，如此一來，除非附近有人，否則就不必亮燈，這樣在照明範圍內的其他人才會因為看到光線而提高注意力。當我在威斯康辛這所中學繞了一圈後，總會想，如果社區居民更關心這所學校的照明問題，結果會怎樣？

「你知道嗎，」克蘭頓說：「越來越多頂級社區用朦朧美的方式規劃照明。如果你去過阿斯彭

（Aspen）或韋爾（Vail），就會看見隱隱約約的照明方式。很多人會說：『為了人身安全和治安問題，我們需要更多的照明。』但阿斯彭和韋爾的居民可比其他地區的人擁有更多資產喔，所以我不會接受那種以安全為由而安裝更多照明設備的說法。我認為照明亮度越高的區域，就形同此地無銀三百兩一樣，反而標記該地是不太理想的區域。零售餐飲業的情況也一樣，當你到一家很便宜的旅館或是速食店，店裡面一定燈火通明到刺眼的程度，真正高檔的消費場所，一定會用巧思營造整體的照明氣氛。」

當與克蘭頓、納博尼及其他照明設計師交談時，我常常聽到「漸漸地」（progress）這個詞彙。我在想，當我們在思考未來的照明方式時，是否也要用不同的角度思考何謂「漸漸地讓燈光淡出」。明亮的燈光一直被看作是進步的象徵，而非一種污染，這是可以改變的觀念。嚮往滿天星斗，並不意味著要讓自己的生活倒退回石器時代，良好的照明是指有效的照明，是指柔和的燈光，因此良好的照明反而能讓星星重見天日。

去任何地方觀星都比去停車場來得有意義，但是當我走進亞利桑那弗拉格斯塔夫（Flagstaff, Arizona）的羅威爾天文台（Lowell Observatory）的停車場時，可以看見銀河從天上一路蜿蜒到低壓鈉燈橘黃色的燈光為止。不難想像天文台四周應該有全罩式路燈並且光線柔和。話說羅威爾天文台處於弗拉格斯塔夫市境內的山丘上，因此可以仔細觀察市區如何執行嚴格的照明規範，不但可以說是北美洲最有成效的，恐怕也是全世界最好的案例。從天文台的方向看過去，居民的住家朝東邊地平線延伸出去，漆黑的程度讓人無法想像這是座人口達六萬五千的城市。東道主盧京博（Chris Luginbuhl）

說：「這還不夠完美，不過已經足以證明有做就有差。」

關於照明、光害還有黑暗重要性等相關知識，大概沒有人比盧京博來得更有料。他是美國海軍弗拉格斯塔夫天文台的天文學家，幾年前我在國際暗空協會發表演說時，盧京博特地於結束後來找我。當年我對著滿屋子的工程師、天文學家以及照明業界人士介紹一本相當有創意、主要談論黑暗價值的有趣散文集。我在演說時朗誦貝斯頓所著《最外圍的房子》（*The Outermost House*）其中的片段，然後問現場有誰知道貝斯頓在哪一年寫下「沒有最亮，只有更亮」（lights and ever more lights）這句話時，盧京博舉手說：「一九二八年。」從那時候起，每次我到訪弗拉格斯塔夫時，都會去瞧瞧盧京博和他為保護夜空所做的努力。

弗拉格斯塔夫保護夜空的傳統可以追溯到一九五八年，而成功成為全球第一個「暗空城市」的事蹟，得歸功於盧京博。盧京博在天文台扮演回答世界各地對於照明和法令規範等相關問題的角色，擔任國際暗空協會聯合宣導的夥伴與當地活動的志工，由他出面和弗拉格斯塔夫及鄰近城市的市議會對話，再加上他所發表的學術論文（他是第一批論證絕不能讓燈具照射角度太大的科學家），這些在在顯示盧京博為了保護夜空付出了多少心血。從他身為科學家卻能夠引用貝斯頓，還有克勞奇（Joseph Wood Krutch）、范迪克、卡森（Rachel Carson）等人的句子，就不難看出盧京博的涉獵與專業知識有多豐富了。

很難相信這次碰面居然會聽到盧京博提出那樣的觀點。盧京博總是對控制光害抱持樂觀的態度，至少在我認識他的這幾年一向如此。簡單來講，在我們過去多次的交談中，他總說服我光害是我們可以解決的問題。

到現在我還是深信不疑。我認為他應該也是，不過這次我們碰面時卻聽到他說「我過去的樂觀主義」；我從來沒有聽過他用這麼懷疑的口氣說話。

「大自然的夜晚當然很美麗，」盧京博說：「但我們也必須了解，這是跟人工照明之間做美感的取捨。我不否認人工照明也有它的美感，問題是，即便採用高品質的照明，難道我們還有辦法兼顧自然的夜景嗎？答案是否定的。就算我們把一座城市的照明做到美輪美奐，我們還是會犧牲掉自然的夜空。」

像盧京博這樣的天文學家，從來不會把保存夜空當成不可妥協的唯一目標。弗拉格斯塔夫的居民願意把當地的夜空視為城市象徵，這點讓他感到相當欣慰，但很多人以為天文學家是照明法規唯一的受益者，這點則讓他感到相當挫折。盧京博說：「這可以看出我們還有多少工作要做。這個態度就好像問一般人大峽谷有什麼重要，對方卻回答：『哦，這個嘛，因為地質學家才有地方研究岩石啊。』」

我們在一家餐廳吃晚餐，附設的停車場離市中心有幾個街區遠。按照當地照明法規的要求，停車場只能設置三盞低壓鈉燈，但停車場內的亮度並不是問題，雖然許多美國人可能覺得太暗了。

「只是做『高品質照明』是不夠的，」他繼續說：「就算依據專業照明標準來設置電燈，我們還是一樣會失去自然的夜空，所以我認為那樣是不夠的。高品質照明沒辦法解決最根本的問題，無法處理我們什麼時候需要、什麼時候不需要照明的問題。」

我之前就聽過盧京博等人提出類似的論點：如果我們只把問題界定在「好的照明」和「不好的照明」兩者之間的話，我們就會忘了「沒有照明」也可以是另一種選擇。據我所知，在很多情況下，們應有的權利。

「沒有照明」其實是三個選項裡的最佳選擇，但我們通常沒有機會接觸這個選項，也忘記那其實是我們應有的權利。

盧京博的說法是另一種完全不一樣的觀點。考慮到世界各地的人口都在持續成長，我們幾乎可以肯定照明設備會隨著人口增加而同步成長，因此即使所有新的路燈都採用包覆式設計，說到底，這個世界還是多了一盞新的路燈。盧京博最近發表一篇研究報告，把美國西南部城鎮依照人口多寡進行排序，然後把每個城鎮相對應的照明數量標示成一張圖表，果不其然，這張圖幾乎呈現一條正斜率的對角線：城鎮規模越大，相對應的照明數量就越多。其中有兩個例外：弗拉格斯塔夫的位置低於對角線約二五%的距離，拉斯維加斯則是超標，照明數量是其他規模相似城市的兩倍左右。

受嚴格照明法規的限制，儘管弗拉格斯塔夫的人口從二〇〇〇年至二〇一〇年成長約二五%，照明數量卻只增加約一七%。盧京博表示，由於這段時間多數新建築是汽車旅館和餐廳之類的重度照明用戶，要不是弗拉格斯塔夫的照明法規夠嚴格，這座城市的照明數量恐怕已經成長四〇%到五〇%了。最令他感到挫敗的是，即使有全國最嚴格的照明法規和重視夜空的固有傳統，弗拉格斯塔夫仍然變亮了。

「也許我們能夠做的，是避免明天變得跟原本想像中的一樣糟，不過整體來說，情況依舊是持續惡化。」盧京博說：「也許有人會因此感到滿意，但是我不會，這個結果讓我感到氣餒。這個結果顯示因為我們忙得沒日沒夜的，所以情況惡化的程度是一七%而非四〇%。再怎麼努力，也只換來一點一滴慢慢失守，實在是讓人提不起勁。情況是有進步沒錯，但很遺憾的，並不是朝夜晚變得越來越暗的方向移動。」

當我問他是否認為每個地方終將越來越亮，他說：「這是我直觀的看法，但是身為一位科學家，我不能把自己還不確定的事情說死，不過我敢向全世界訴求暗空活動的專家下戰帖，請他們指出究竟哪個地方的光害確實有所改善。我想，這個挑戰不算是過份的要求，但已經是一個很難回答的問題了，應該也沒有人有辦法回答得出來吧。」盧京博擔心的是，雖然有些地區在抑制光害方面取得或多或少的成果，但是整個大趨勢其實是逐漸失敗的。他說：「有的人可能會說：『嘿，我們已經讓不錯的法規生效啦，現在就連購物中心都必須遵守相關的規定，狀況當然比原本的樣子好多了。』但，電燈還是亮著啊！越來越暗的夜空，才是我們應該追求的目標。」

此時盧京博和我開車往東離開弗拉格斯塔夫，開往他位於漢弗萊斯峰（Humphreys Peak）後面的家，途中經過一間明亮的汽車旅館（「我們會為您留一盞燈」）。盧京博說：「看板上的這句話其實很溫情，只要你沒那麼在意光害問題的話。」）我們看到旅館牆上有壁掛式探照燈，看起來就跟我在威康辛北部看到膩的那種款式一模一樣，顯然是同一家工廠的產品。不過我們也看到其他不容易在美國大多數城市看到的景象，包括沒有路燈的主幹道，地區企業下班後就關掉的背光看板，只提供能完成加油、清洗擋風玻璃的照明亮度，不會亮如白晝的加油站等等。

超級明亮的加油站（盧京博喜歡拿這個開玩笑，笑說那裡的照明都能讓人進行手術了），在美國已經變得到處都是，反倒襯托出遵守弗拉格斯塔夫照明法規的加油站（套用盧京博的用語），「昏暗到令人驚訝」。懷抱著某種探險的心理，我請盧京博把車開進某個加油站，好讓我親身體驗在昏暗的燈光下能否完成加油的工作。「從二十年前到現在，」他一邊說，一邊把車停在加油機泵的旁邊，

「美國大多數地方加油站的亮度大概提升了十倍。弗拉格斯塔夫這邊成長的速度沒那麼誇張，還在可以接受的合理範圍。」我有資格出面擔保這一點，我可以輕鬆讀取泵機數據並完成加油。目前美國大多數加油站雖然採用各種方法，不讓光線竄向天際，但加油站內部其實都大同小異：低仰角的光線還是替夜空增添不必要的光害，而且刺眼的光線，一樣肆無忌憚地闖入鄰居的地盤。

加油站已經夠糟了，停車場的狀況更嚴重。就跟加油站一樣，大型商業據點停車場的照明亮度，也比二十年前亮了十倍，再加上這些停車場範圍更廣、使用的電燈更多，因此往往是社區內最明亮的場所。不過在弗拉格斯塔夫這邊的情況不太一樣，即使是Target和Walmart之類的大型量販店，也都要遵守當地的照明法規。盧京博提醒我：「你看左手邊，那裡有個新的購物中心，照明設計得很恰當，雖然用了一些非全罩式的電燈，不過都是低功率的設備。」

最讓我感到驚訝的是，購物中心居然把停車場的電燈關掉了。接下來我看到路邊有一排汽車經銷商，近看的話，跟美國其他社區的汽車經銷商沒什麼兩樣，但我記得威斯康辛某個小鎮邊有家福特經銷商設置了一塊看板，可以讓我從幾英里外就看到它閃閃發亮地招呼我。在弗拉格斯塔夫，我看到好幾個高聳、用來提供道路照明的燈具都被關掉了，只剩下比較矮、十幾英尺高的照明設備還亮著。

因為停車場電燈佔戶外照明的比率超過一半以上，只要妥善使用，確保營業用照明採包覆式設計，並且在打烊後關掉或調暗，就可有效抑制光害的蔓延。不幸的是，多數都會區的停車場若不是由建築物上的壁掛式探照燈，就是由傾斜式泛光燈提供照明，在半夜時分照亮一整個空蕩蕩的停車場。在美國，不管住在哪裡，幾乎可以肯定住家附近一定有這樣浪費電的停車場，但一般人可能都沒注意到，照明設計不良的情況到處都是，讓我們往往視而不見。

也就是說，一旦你開始注意到這個問題，你就會發現這個問題無所不在。

那真讓我感到樂觀。我的意思是，美國多的是大大小小規模互異的城鎮，可以向全世界示範各種有效抑制光害的做法。美國各地的照明法規（大部分）都能發揮成效，街道沒有因此淪為犯罪溫床，經濟表現也相對良好。該怎樣照亮城鎮街道、停車場、加油站、學校的決定權在我們手上，弗拉格斯塔夫已經為我們指出一條可行的道路；這裡的照明情況當然離完美還很遠，不過已經比美國任何其他城市好得多了。

下一個問題是：我們到底可以走多遠？我們真的能重新看見黑暗的夜空嗎？我記得有一次從加拿大梅崗蒂克山（Mont Mégantic）開車回美國時，海關官員問我從事什麼工作，我告訴他自己在努力控制光害時，他誇張地笑著問：「那你打算怎樣處理城市的照明？」這是個很好的問題，對吧？如果你正在思考未來抑制光害的可能發展，這也是個無法迴避的問題。我問盧京博相同問題時，他立即把城市與鄉鎮做了區別，指出我們還是有很好的理由在大城市裡改善照明問題，只是讓星星重新回到夜空中，並非最優先的目標。「透過改善措施，原本可以看見十來顆星星的情況，有可能進步到看見四、五十顆星星，不過城市夜空依舊深受光害影響，還是看不見宇宙的樣貌，感受不到宇宙寬廣無邊的存在。」

也就是說，由於規模太大的緣故，所以我們可以用其他理由說服人口眾多的城市改善照明。「就以節約能源為例好了，」盧京博解釋說：「光是減少百分之五十被浪費的照明就可以省下多少錢了？弗拉格斯塔夫只有六萬五千人，芝加哥的規模可是一百倍以上，這些具體的加加減減會讓民眾開始重視照明的問題。」這套論述也可以套用在光害對睡眠品質與人體健康的危害上。這些都是大多數人比較關心的議題，所以比較能夠成功打動城市居民。

「除此之外，」盧京博接著說：「即使沒辦法把星星帶回芝加哥市中心的夜空（這是防治光害最鼓舞人心的成果），只要能讓城市變暗，大自然的夜空就會離城市越來越近，你就會發現夜空回到很多人居住的廣大郊區裡。現在即使芝加哥郊區的居民把所有電燈關掉，也看不見滿天的星星，一旦芝加哥市區的光害沒那麼嚴重時，郊區的夜晚就能看見明亮的星星。」

這才是我所熟悉的那一位樂觀的盧京博。大城市可能永遠不會再有梵谷「星夜」所描繪的景象（拉斯維加斯和倫敦的追星族們，幻滅是成長的開始），但只要城市居民改用節能、高效率的照明設備，他們就能對防治光害做出許多貢獻。只要各大城市開始這麼做（他們自有另一套非常充分的理由採取行動），郊區、小鎮、農村和更外圍的鄉野，都將同時受益。這個現象恰好與大城市光害往外如同漣漪般的擴散效應相反，只要我們能減緩大城市光線往外擴散的力道，大自然的黑夜就能由外往內，從鄉村、郊區一路逐步收復失土。

我們沿八十九號公路驅車往北，離開弗拉格斯塔夫，朝伍派特基國家紀念區（Wupatki National Monument）前進，盧京博知道這邊可以看見黑暗的夜空。我們下車走向附近一張長凳，由上而下俯瞰周圍的沙漠，我藉這個機會問他這陣子的想法為何改變了。

盧京博說：「這陣子我開始有一個模糊的想法，儘管我能提出各種充分的理由，說明改善現有照明方式的必要性，但結果卻事與願違；我不知道這樣發展下去會有什麼後果，我的目標一直是讓光害越變越少，但我似乎開始慢慢認知到這是一項不可能的任務。

「一旦你知道正確的照明該如何設計，通常不用多費唇舌，就可以看出現有照明設計有多麼草率，照明設計不良的例子俯拾皆是，把我們的環境都破壞殆盡，晚上出門能看到的景象都是有問題的產物，雖然我不想那樣過日子，但我也不知道該怎麼辦。」

我認識盧京博好幾年了，聽得出來他不是單純因為光害問題而感到沮喪。盧京博是文學的愛好者，他曾經把跟防治光害工作內容相關的五十句名言寄給我，他問我有沒有聽過范迪克在一九〇一年於《沙漠》（*The Desert*）一書中所寫的句子，然後從「單純因為『自然美景』這個理由推動保育，不但會引來訕笑，而且是浪費生命的行為」（這讓我想起法爾齊說過，告訴政治人物滿天星星很美是沒用的）這句話開始，把整段文字唸給我聽。本章引言是這段文字的前半段，剩下的另一半是：

> 「務實的人」不會對永恆有太多幻想，他們心裡明白美感只對情人、年輕人產生作用，只有痴戀的人才會買單。能不能賺錢才是日常生活的重點，如果摧毀美感能夠賺錢的話，管它的，無論如何都先把美感給摧毀了再說。這就是打從盤古開天以來，「務實的人」一貫採取的作風。

「有一天早上從天文台開車回家時，突然間有好多念頭紛至沓來，湧現在我腦海裡。」盧京博娓娓道來：「我看見了森林大火，看見劃過山丘的高速公路，看見越野車肆無忌憚撕裂著地景；我看見空氣中的霾霧，看見頭頂的高壓電纜是如此醜陋，看見這個區域正在土地開發，然後我再也看不見美麗的事物了。一件接著一件，我看見這片土地傷痕累累。我不希望住在這樣的環境裡，但是該怎麼辦呢？自我了斷嗎？還是把頭埋進沙堆裡，假裝自己什麼都不知道？還是想辦法重新發現美麗的事物？」

「我沒有答案，」他說：「這個世界還是會有美麗的事物。」

車子在深藍色的蒼穹下穿越了一片搖曳的黃松林，我們沉默地看著前方，看著天上的星星從十幾顆開始變成了幾百顆，然後看見滿天的星斗在前方迎接我們。

一級暗空
究極的黑暗

這是地球上最美的地方
這樣的地方非常多，不論是已知或未知，現在或未來
每個人心之所念都有這樣一個理想的國度
那裡，才是真正的家

——美國作家愛德華艾比（Edward Abbey, 1968）

「我們要去地圖上的那個大黑洞。」杜里斯可（Dan Duriscoe）一邊說，一邊減緩紅色豐田汽車Tundra的車速，讓我們可以仔細觀看下方的死亡谷國家公園（Death Valley National Park）。「我們和那座山中間沒有隔著任何東西，再往前一百五十英里，也一樣空空如也。」杜里斯可說話速度緩慢，嗓音沙啞，用字遣詞生猛有力，活脫是一本鉅細靡遺蒐羅美西沙漠知識的百科全書；他對每一條通往死亡之谷的道路都瞭若指掌，就連鮮為人知的私房路徑也不例外。他是國家公園夜空服務團隊（National Park Service's Night Sky Team）的創始成員，足跡踏遍全美各地，記錄過每個地區夜晚不同

的黑暗程度，死亡之谷是他曾經見過其中最黑暗的地點之一。

「我差不多在國家公園裡兩百個不同的地點做過測量，只有三個地方可以稱得上是一級暗空，其中一個就是這裡。」今晚，我們來到他最喜歡的地點之一，尤瑞卡山谷（Eureka Valley），位於回頭山脈（Last Chance Range）和思凡尼山脈（Sylvania Mountains）之間。杜里斯可說：「每年這個時候，這裡一個人也沒有，大概是在加州所能找到最能遠離人群的地方了。」

我們開進尤瑞卡山谷，輪胎在路上留下幾英里長的痕跡，轉個彎，往上坡爬了一百碼後，穿過「此路不通」的標示。停下車之後，我們立即感受到一片死寂：沒有風，沒有蟲，只剩下沙漠植物和焦煤油的味道。遠方矗立著許多六十英尺高的沙丘。我們拿出桌椅，然後生火。杜里斯可說：「這是我活著的目的，我無法想像沒有這裡的生活方式。」

西邊的天空中，金星是山脈稜線上一顆閃爍的白球，明亮得像個火炬，或是從山脊照過來的車頭燈，不過那裡沒有房子，也沒有車子。一群稀稀落落的候鳥往北飛向舊金山，西南方的洛衫磯看起來像是遠方一顆微微發亮的琥珀，但是此地方圓百里之內杳無人煙，四周也沒有任何人工照明。這裡的暗空看起來很原始、廣闊，每分鐘都越來越暗，佈滿星光。星星看起來就像是用黑暗篩選過似的，隨意地撒在眼前一大片的黑色布料上。

原粹的黑暗，就在這片無人居住、未曾開化的沙漠裡。這片黑暗的陸地本身寂靜無光，只有來自遙遠天際的星光：北斗七星慢慢轉往北邊的地平線，獵戶座從東南方升起，閃爍的參宿四猶如獵戶身上飄盪的橘紅色斗篷。黃道帶好比是暗一點的銀河，從西邊的地平線往天空旋轉。山谷如此黑暗，讓我們甚至可以看見夜晚的自然光，黃道光（zodiacal light）、氣輝（airglow），再加上大約來自星星百分之十的光線，所以杜里斯可和我隱約可以看見彼此。這裡沒有樹木或是森林，因此黑暗中不論是哪個方向，望眼所見只有地平線上高低起伏的山脈與整片夜空合為一體。在這裡待得越久，夜空看起來越來越暗，也越來越亮。在美國，幾乎沒有其他人可以體會到這種特殊經驗了。

我們的眼睛漸漸適應黑暗，十分鐘後開始看得見，四十五分鐘後看得更清楚。在地表上沒有一絲光線的地方睜大眼睛兩小時後，眼睛對焦的位置也會跟著調整，像是驗光師幫忙換了一個鏡片後問：「有沒有好一點？」原本我們只看得見天上有星星，現在發現在原本的星星之外還有其他的星星，數量之多，讓人隱約感覺到還有其他尚未看見的星星存在。杜里斯可說：「在城市裡永遠不會看到這樣的景象，即使在這裡也要耐心等待才看得見。現代人總是希望立即見效，有人因為聽說這裡有星光盛宴，忙不迭地從拉斯維加斯開車來到這裡，然後說：『快點讓我看見星空，我只有五分鐘的時間。』」

我們離開尤瑞卡山谷後，開上曲軸結（Crankshaft Junction）一條多風且崎嶇不平的道路，杜里斯可說：「再過去，連路都沒有了，我們現在已經在地圖上最暗的地方了。」我們離內華達州的邊境只有幾英里遠，洛杉磯的光穹已經被群山遮蔽，不過隱約可以看見自東南方大約一百六十英里外的拉斯維加斯光穹。我曾經待過拉斯維加斯，現在卻在這裡，從地圖上最亮的地方，一路來到最暗的地方。

這是一片黑暗的大地，黑到讓我不再期待看見任何光線，黑到讓人可以在夜裡感受到舒適和撫慰。「許多業餘天文學家只要還可以看到夜空就滿足了，」杜里斯可說：「但是對我而言，只有在美西這邊，原始的天空和原始的大地，才能完全沉浸在這種獨一無二的感受。」接著他談到夜空服務團隊，「我們試圖保存的，是可以在夜晚看見並加以珍惜的自然地景。」

我在谷底取出雙筒望遠鏡往星空看，不禁倒吸了一口氣，因為可以清楚看見比平常多出十倍的星星。這個景象讓我感到頭暈目眩，必須移開望遠鏡，才能在黑暗中重新找回平衡。站在地上的我任由頭頂的星空包覆著，獵戶座大星雲、昴宿星團、木星……看著夜空中的星星全都變得如此明亮清楚，我不禁笑了出來，然後我看見了天狼星（我們所能看見最亮的一顆星）。因為它的位置很低，大氣層像是稜鏡一樣折射它的光線，因此會看見像是煙火般閃爍著綠、紅、紫、藍等不同顏色的光線。

接著有一顆超級明亮的流星一閃而過，像是從天際墜落一粒黃綠色的火焰，然後，我有生以來第一次如此清楚地看見仙女座星系（Andromeda Galaxy）：肉眼所能看見最遙遠的星星，距離地球兩百萬光年之遠。仙女座的光子得花這麼長的時間才能抵達地球，進入我的眼簾。對杜里斯可而言，這種在夜空的親身體驗才是真正重要的，套句他說過的話：「這和在電腦上看見那些該死又沒人性的作品，完全是兩碼子事。」

在戶外待過好幾百個晚上的杜理斯可所見過最棒的夜空是什麼樣子？「夏威夷毛納基火山（Mauna Kea）的那一次經驗最難忘。宇宙明亮的光線像是傾盆大雨一樣落在我身上。德州大彎曲國家公園（Big Bend National Park）的經驗也值得一提，那裡的蒼穹沒有一絲人工照明的蹤跡。冬季暴風雪過後的紅杉國家公園（Sequoia National Park）也是，我還記得當時是晚上十一點，我在海拔七千英尺的高山上踩著兩英尺厚的積雪，看見像是剃刀那樣銳利的星光，華氏十度以下的空氣裡一點溼氣也沒有，堪稱奇景。」

所有人都會問他（我也不例外），哪裡可以看見最好的夜空？哪裡的夜空可以看見讓人摒息以對的星星？「最棒的夜空，」他回答道：「是可遇而不可求的。我沒有辦法告訴你去哪裡看，哪一天去看，我只能告訴你去哪些地方大概有機會可以看見美妙的星空，但這不代表一定就看得到。一切都得

死亡谷國家公園跑道區（Racetrack）上方彎曲的銀河。（國家公園夜空服務團隊杜里斯可所攝）（Dan Duriscoe, NPS Night Sky Program）

隨緣，這就是人生。」

地球在宇宙裡旋轉，在這乾燥的沙漠裡，星星一閃一閃地往地平線的西邊移動，似乎就要掉出地球的邊緣，同時在另一邊，東邊山丘的星星一閃一閃地浮出來，就好像是閃閃發亮又興高采烈的野生動物一樣。

十九世紀後期設立第一個國家公園的時候，沒有人想到就連夜空都有需要被保育的一天，還要再等數十年，才會有電燈開始出現在國家公園裡，然後才會輪到美國城市和郊區的光害問題開始受到天文學家、科學家和日常觀星者的重視。

時代確實改變了，舉例來說，現在至少在八座國家公園的地平線上都可以看見拉斯維加斯的光線，因此國家公園服務團隊開始把黑暗視為誓死保護的資產之一，並在二〇〇一年成立夜空服務團隊，培訓成員，提升遊客對暗空重要性的認知，監測各公園內的黑暗程度，以及估計暗空流失的速度有多快。

如果沒有摩爾（Chad Moore），可能就不會有夜空服務團隊了。第一次遇見摩爾，是五年前國際暗空協會在土桑（Tucson, Arizona）舉辦的研討會上，他當時在南猶他的布萊斯峽谷國家公園（Bryce Canyon National Park），和杜里斯可以及另外兩位成員，瑞奇曼（Angie Richman）、波伊（Kevin Poe）共事。夜空服務團隊在二〇〇九年新成立一個關於自然天籟和暗空環境的科學部門，並把摩爾派到科羅拉多州的科林斯堡（Fort Collins, Colorado）任職。夜空服務團隊現在有六位全職成員，已經完成八十八個國家公園暗空環境的記錄（預定目標是一百一十個）。隨著越來越多國家公園將夜空服務團隊納入運作，再考量到其他需要重新觀測記錄的公園名單，夜空服務團隊在未來的幾年，工作量將會相當吃緊，而這一切都是從摩爾發現在他服務的國家公園裡，夜晚的天空變得越來越亮開始。

「一九九九年，當時我在加州中部的尖頂國家紀念區（Pinnacles National Monument），」摩爾在研討會上告訴我：「我在那裡三年，發現天空變得越來越亮，更重要的是，這是一個朝單方向發展的變化。」公園附近有一所新的監獄，那裡使用了許多泛光燈和壁掛式探照燈，還有一個新的社區住宅計畫也進來了，「我想，哇，如果僅僅三年就能看到這樣的變化，試想三十年後，這裡會變成什麼樣子？」摩爾想知道是否有辦法測量國家公園附近的光害，然後開始向其他國家公園的同僚詢問。

「我問了許多同事，答案全部都是『我不知道，這點也讓我很擔心』，所以我就想，我要為這個問題找出解決辦法。也許這就是我該做的事情。」摩爾寫了一份研究計畫，申請設備補助，邀請杜里斯可共同加入研究團隊；他們兩個人購買一台研究用的ＣＣＤ數位相機，在不同的國家公園裡拍攝夜空，打算用幾個月的時間蒐集所需要的各種資料。這已經是十二年前的事情了。摩爾笑著說：「我們兩個從來沒想到後來會有這麼多工作。」

在公園裡拍攝夜空，並沒有像聽起來的那樣簡單。首先，只有在新月那幾晚才能拍攝，因為那時候天空沒有月光。其次，天空必須無雲，最好沒有強風，當然不能挑有下雨、大雷雨、龍捲風、暴風雪或甚至是颶風發生的時候去。第三，為了要讓相機正確拍下每個國家公園夜晚黑暗的程度，摩爾和杜里斯可必須遠離公園裡的任何燈源，所以像是遊客中心、停車場、舒適的旅館周邊都無法架設相機。一個公園拍過一個公園，這兩個男人背著沉重的器材到他們所能找到最黑暗的地點，通常需要步行走上好幾個小時，最後往往是整個晚上都待在外面拍照，直到天亮。

摩爾他們當時想要建立量化資料。「我們原本只是單純想要用量化資料描述夜空環境，好讓人們了解現狀的變化。我們人類通常只會重視可以估算、計量的事物，而夜空保育最困難的一點，就在於我們完全沒辦法用量化資料追蹤成效，所幸我們最後終於提出一套精密的方法，正確測量夜空環境。」一開始，他和杜里斯可利用波特爾從九級到一級的暗空分類法，測量夜晚黑暗的程度，不過後來他們漸漸了解到其他可能會影響夜空品質的不同因素，所以他們最後發展出一套新的「天空品質指標」（sky quality index），從一劃分到一百等級，實現他們一開始設定的終極目標：正確測量夜晚黑暗的程度，好讓夜空服務團隊可以重視並保護夜空這個珍貴的資源。

測量天空品質（進而重視夜空）這項任務仍然具有相當的難度，摩爾說：「這並不像是測量飲用水的砷含量，起碼你知道有一個不可超越的容許量，只要一超標就會有危險。」即便如此，一套天空品質的計量標準總是可以使人們了解其價值，「否則我們人類無法察覺漸進式的改變。」多年來，重複測量國家公園的黑暗程度，讓摩爾和夜空服務團隊有充分佐證向上級報告「這就是已經失去的狀況」，或是「這是將來可望改善的程度」。

透過這樣的工作，他們希望可以解決摩爾所謂「人們習慣性遺忘以往星空的美好狀態，甚至會接受越來越低的標準」。這也是心理學家卡恩（Peter Kahn）用「環境世代失憶症」（environmental generational amnesia）描述人們因為不知道其他更好的，「所以無法察覺哪裡有問題。」換句話說，如果你從來沒見過比早已習慣的夜空還要更黑暗的夜空，你又怎麼會知道出問題了呢？

我正前往緬因州阿卡底亞國家公園頂峰的凱迪拉克山（Cadillac Mountain, Acadia National Park），先來看日落，接著再看夜晚拉開的序幕。

多數的車子開下山，我的車子則是往上走。山頂上有一大群遊客，但當夜色越來越暗，人數也越來越少，就像是一種規定好的宇宙平衡模式，天色越暗，人就越少。那裡有停車場，但是沒有任何一盞燈，只有在灌木叢裡飛來飛去的螢火蟲。我找到一處高地抬頭環視天空，西邊是炭紅色，北邊是烏雲藍，東邊和南邊則是黃昏薄霧紫；往下看，高壓鈉燈的粉橘色散佈在四周圍繞山峰的小島上。我認出地平線那端海洋與天空的交界，因為它比天空再暗一點。當星星開始出現，山雀正好唱完最後一曲，我一邊吃晚餐，一邊往東方看著開闊的大海，同時靠著紅色頭燈寫筆記，身上穿著沾上小雨的羊毛外套。

晚上十點時，我獨自在國家公園的山上。躺在凱迪拉克山的石頭上，看見南方天空的雲層有時候會打開一扇窗，讓我從中看見不同的星座。首先是靠近銀河系中心，看起來像是茶壺的射手座，雲朵飄過來把窗戶闔上後，星星就消失了。接著又開啟另一扇窗，這次是天蠍座，像是在舞台上閃閃發亮的巨星，沒多久也一樣看不見了。

當遠處的天空開始下雨時，我發現這樣躺在光禿禿的岩石上，實在不是個聰明的方法，但此時我卻想讓雨水打在臉上、腳上和手上，感受上天傳來的訊息，就好像梭羅曾經爬上離這裡不遠的卡塔丁山（Mt. Katahdin）尋求上天啟示，進而了解宇宙和生命最根源答案的做法一樣。當雨水開始打在我身上，我第一個念頭是躲雨，但接著我想到自己走了那麼遠的路才能看到這邊的夜空，而且天有不測風雲，本來就不可能每天晚上都能看見晴朗的星空，至少像我這樣一個人的夜空服務團隊。今晚是無緣一會了。大雨隨著暴風雨雲飄了過來，這個平日繁忙的觀光景點，也再度回復到原始狀態。這塊平坦的石頭就像是個舞台，四周圍的自然景物輪番上台演出，而我則是唯一的觀眾。

這裡的原住民屬於瓦霸納基族（Wabanaki），意思是「來自黎明的人」：凱迪拉克山是美國秋冬季節迎接太陽曙光的第一座山頭。不過我猜今晚這裡可能是最難看見星星的地方，至少我的所在位置是如此。東方是黑色的海天相連，地平線消失不見，南方尚未被雲遮住，海面上仍可看見明亮的星星。幸好我身上有一件紅色雨衣，否則就只能傻傻地淋雨了。我站在公園裡的石頭上看星星，直到烏雲來把這最後僅存的天窗封閉起來，大地旋即陷入一片黑暗。

早上我和穆爾（John Muir）約在遊客中心見面，樓梯旁的標示板上有他親筆寫下的一句話：「每個人都需要美麗和麵包，需要可以玩耍和祈禱的地方。在那裡，自然可以治療、鼓舞我們，同時將力量帶給肉體和靈魂。」我發現離鄉背井的歐爾森（Sigurd Olson）也在遠處留下真跡，他和我，兩個從明尼蘇達州來的男孩，就這樣因緣巧合地碰面了。我讀著他的文字：「如果我們可以保有一個地方感受未知神秘的力量，我們的生命將會更加豐富。」美麗和神秘：兩種我們大家都重視的無形特質，但卻不見得每個人都知道該如何重視。

這個地方給了我希望。在一個夏季的週末早晨，不斷有人來來去去，有義工指揮交通，有在國家公園巡邏的管理員與遊客交談並提供建議。這裡（就在這個國家公園裡）給了我希望，因為它位在東岸，離波士頓不到六小時，對每年來參觀的上百萬遊客而言，這裡美麗和神秘的夜空唾手可得。

「沒有多少人會在夜晚的時候抬頭往上看，」貝潔（Sonya Berger），一位阿卡底亞國家公園的巡邏管理員這樣說：「他們會從一個有燈光的地方到另一個有燈光的地方。只要天色一暗，他們便往有燈光的地方去，即便走到戶外，通常也會出現街燈，或者只是往停車的地方走，隨即點亮車頭燈。這簡直像是住在鳳凰城，然後不管走到哪都開著冷氣。於是你永遠都感受不到那裡的炎熱，你就永遠不會知道那裡的夏天有多瘋狂。我想多數人對待夜空的方式也是一樣。」

貝潔和她的同事們舉辦一系列不同的活動，希望透過這些活動，吸引遊客對夜空的重視，其中「沙灘上的星光」（Stars over Sand Beach）通常可以在夏季夜晚吸引超過兩百位參加者，著重感官體驗的夜遊「認識夜晚」（Knowing the Night）則邀請人們在黑暗裡散步，測試他們與生俱來的適應力。國家公園的管理員發現許多遊客從來沒做過類似的事情，貝潔說：「我們會告訴他們別擔心，和我們一起來就對了。」

這是阿卡底亞國家公園數十年來一直在傳遞的訊息，同時也是所有國家公園夜空服務團隊開始努力的目標。超過六十座國家公園和紀念區提供各種不同形式的夜空企劃活動，數目還在繼續成長，同時，所有國家公園夜空服務團隊也已經開始更認真地對待夜空保育這件事情，並在二〇〇六年採用新的政策，「在最大的可能範圍內，保存國家公園自然光景這項天然資源，不受人工照明污染的價值。」這條政策同時要求各國家公園「減少公園照明設施的使用，並尋求遊客、鄰近住戶和地方政府的合作，避免或減少人工照明在整個公園生態系或夜景中肆無忌憚地流竄。」自從開始實施新政策後，許多國家公園跟紀念區開始更換照明設施，改成更節能、有遮蔽效果的燈具，同時也開始鼓勵遊客更加看重夜空和黑暗的重要性。

各國家公園採行新政策的進度不一，但總體而言非常符合一九一六年開始設立國家公園的初衷：「用寓教於樂的方式保護當地風景、自然環境、歷史文物和野生動物，使他們不受損傷，讓未來世代也能享有親近大自然的樂趣。」

當光害將公園上空的星星拭去，干擾野生動物的自然週期，或是毀壞山景、瀑布或台地的外觀輪廓，自然也損壞了國家公園的完整性。如果現在不行動，問題只會更加嚴重。

美國的國家公園（世界各地的國家公園亦然），擁有保護夜空的絕佳機會，我甚至可以反過來說，保護夜空也為國家公園帶來重要的發展利基。任何保護和重建夜空的嚴謹計畫，像是保留星光計畫或是國際暗空協會的認證景點，都是從最黑暗的核心區域開始，接著是緩衝區，然後再往外觸及周遭的社區。

國家公園已經在許多議題上建立類似的區塊劃分，當然也非常適合套用在夜空保育上。如果公園被一個對任何資源需索無度的文明世界包圍蠶食，總有一天會消失不見。由於數百英里外的燈光都能破壞黑暗的環境，所以黑暗永遠是顯示危險入侵最有效的預警機制。我想起布呂內（Pierre Brunet）在巴黎說過，天文學家的存在標示著健康的生態系統，如果天空變得越來越亮，天文學家會從此消失，你也會因此知道天空被污染了。不管天空的污染源是什麼，最終也一定會污染其他的天然資源。

位在許多忙碌熙攘社區旁的阿卡底亞國家公園，每年有超過兩百萬名遊客，因此成為國家公園和夜空保育的重要看板。阿卡底亞國家公園對黑暗的奉獻可以分成兩部分，其一是大量接觸遊客的機會，其二是公園進行夜空保育所要面對的挑戰；截至目前為止，阿卡底亞國家公園在兩方面的表現都很好。

阿卡底亞國家公園緊鄰緬因州港灣吧鎮（Bar Harbor, Maine），鎮民在二〇〇八年投票制定燈光管理辦法，承認夜空對於公園和社區的重要性。二〇〇九年阿卡底亞國家公園舉辦第一屆暗空節（Night Sky Festival），當地商家認為黑暗的天空將帶來更多遊客，因此熱烈響應這項活動。貝潔說，公園有來自社區持續及穩定的支持，同時她相信當地的商家也很快地了解到夜空是一個可以吸引遊客的自然資源。「因為我們在東岸，而且靠近人口稠密的區域，為了達到國家公園夜空保育的目標，能否和鄰近社區建立友好的互動關係，一起合作，也就變得更關鍵了。」她相信這些目標對於社區整體而言也是相當重要的，「阿卡底亞國家公園成立至今已快一百年了，一直以來，這裡都是一個可以讓人享受夜空的地點。」

《星空在上，地球在下：國家公園天文導覽》（*Stars Above, Earth Below: A Guide to Astronomy in the National Parks*）的作者，天文學家諾格倫（Tyler Nordgren）說：「我原本不了解他們的天空，我只是猜想他們大概就像東岸其他地方一樣，可以在天上看見一堆零碎的星星，如此而已。阿卡底亞國家公園讓我驚艷。它是如此完美地與世隔絕，站在緬因灣（Gulf of Maine）上，往上走到凱迪拉克山，或是在公園道路上沿著海岸開車兜風，都能看見星星在身邊的海面上反射著光芒，完全出乎我的意料之外。」

當諾格倫在寫導覽書時，只要是晴朗的夜晚，幾乎都可以看見他待在國家公園裡觀看夜空，他說他試著要拍下夜空的照片，寫一本除了天文學家會感興趣，同時也能吸引大眾目光的天文學。此外，他小時候就已經展露藝術家的天分，即使現在身為理科老師，也還是持續創作。「當你在戶外仰頭看見一片星空，你第一個念頭絕不會是和天文學有關的數字或是理論，你的第一個想法，一定是對這美麗的星空讚嘆不已。」諾格倫曾問自己：「要如何用感性的那一面讓人們了解戶外的星空有多麼不可思議？接下來你大概只能情不自禁地透過文字、照片和藝術手法加以呈現了。」

諾格倫口中的藝術手法，是指他幫阿卡底亞和其他國家公園宣傳暗空活動所繪製一系列融合一九三〇年代公共事業振興署（Works Progress Administration，簡稱WPA）風格的海報。「我一直都很喜歡國家公園裡那些WPA風格的舊海報，因此我想，不妨就把夜空、公園和星球等概念融入為新海報的元素吧！」諾格倫的WPA風格海報相當富有情感，刻畫渺小人類面對浩瀚夜空時的驚人感受。在一張「來美國國家公園看銀河」（SEE THE MILKY WAY in America's National Parks）的宣傳海報中，一男一女站在戶外淡藍色的石頭上，銀河像熔岩燈（lava-lamp）般在他們面前閃爍不定，天空中到處佈滿白星點點；這無疑是非常壯觀的場景。

在看這張海報時，我想到福克斯（Bill Fox）這位作家在描寫黑石沙漠（Black Rock Desert）時說過：「因為電視、網路，或是搭機旅行的經驗，讓我們自以為對地球知之甚詳。事實上，只要抬頭看著星空，就能讓我們實際了解真正的宇宙浩瀚無邊。只有看見真正的夜空時，我們才會有『喔，我的天啊，宇宙真的是非常、非常、非常巨大』的感覺。」

「感謝藝術，」諾格倫說：「我才有辦法做出比我想像中還要好的科學工作。」諾格倫對於科學知

一張由天文學家暨藝術家諾格倫所繪製，以WPA風格宣傳暗空活動的海報。（Jyler Nordgren）

識的掌握度當然不在話下，但他卻絕對不是十九世紀惠特曼（Walt Whitman）詩裡所描寫的「博學的天文學家」（learn'd astronomer）：

當我聽到那博學的天文學家，
在我面前把證明和數據列出來，
給我圖表，叫我量測計算，
當我坐在教室裡聽那博學的天文學家講課，
聽眾報以滿堂喝采，
不知怎麼地，我竟覺得疲倦厭煩，
只好站起身來，偷偷溜出去隨意漫步，
在神秘潮濕的夜空下，不時抬起頭，
看著天上的星星沉默不發一語。

當我提到惠特曼所寫的詩，諾格倫露出了苦笑。那個關於天文學家讓人覺得「疲倦厭煩」的說法，讓他有點不舒服。不過他承認，如果將夜空簡化成枯燥無味的數字，就很難避免這種情形。他知道並不能用「證明和數據」感動觀眾，而是要讓每一個人可以擁有親身漫遊在「神秘潮濕的夜空下看星星」的機會，國家公園則是最適合提供這個機會給每年數以百萬計遊客的場所。

「某個多霧的日子，當你身處在大峽谷南壁（South Rim of Grand Canyon），你看不見眼前那綿延峽谷的原始景象，任何人，即使是最無知的人，也會察覺到有什麼東西不見了，有什麼東西被奪走了。」諾格倫打個比方說。

但如果是夜空的話，多數人並不清楚自己失去了什麼。

「大家都在城市裡長大。我們不知道原來還有其他選擇。人們不再知道我們原本應該可以看見幾千顆星星，原本應該是從地平線到天頂都可以看見星星。人們看見那個橘色的光，那個回家時看到的天空顏色，然後想，嗯，就是這樣啊，也許天空本來就是這個樣子。」

國家公園夜空服務團隊的成員在各地努力說明，讓遊客們知道自己回家路上所看見的絕對不是天空唯一的面貌。透過教育節目、天文節、滿月夜遊、營火晚會，以及私底下的交談，夜空服務團隊的成員向遊客傳達人工照明真正危險的所在，並建議遊客採取可以防範的措施。除了務實的建議外，夜空服務團隊的成員更在意能否改變遊客們的想法。

記錄片導演伯恩斯（Ken Burns）在二〇〇七年的一部作品中稱國家公園為「美國的最佳構想」（America's Best Idea），指出它們不僅保護了風景、稀奇古怪的事物、野生動植物之外，同時也保存了記錄人類演進過程的無形價值。當人口快速成長改變了各地的野生環境後，國家公園標示出被保留下來的那一部分。也許不同國家公園的基礎建設和優先事項有所不同，但它們的核心任務都是「為美國人保留一個機會，讓他們可以體驗自己與先人曾經擁有過的生活環境」。國家公園同時保存有形與無形的整體環境，保存「光景」（lightscape）就是國家公園夜空服務團隊主要的著力點。漸漸地，國家公園也許會成為我們認識、保護和重建真正夜空的最佳場所。

「我們現在正處於一個關鍵時刻，」諾格倫說：「現在還有許多人知道他們正在失去什麼；如果我們再不行動，將來就沒有機會挽救了。再也沒有人知道這個世界失去了什麼，自然也不會有人知道要保存些什麼。

「只要再讓一、兩個世代的人繼續凋零下去，我們幾乎就等於完全失去『曾經看過銀河』的世代。一旦失去這些人，我們就會失去保存夜空的原動力，因為將不會再有任何人知道該如何讓事情回歸它原本的面貌。

「所以，現在該開始採取行動了。」

美國本土密西西比河以東，沒有任何地方會比以西的區域還要黑暗，一旦往西跨過密西西比河，你可以在內布拉斯加州（Nebraska）西邊、蒙大拿州（Montana）東邊、新墨西哥州（New Mexico）東北邊和奧勒岡州（Oregon）東部到中部一帶找到黑暗的所在，不過大部分來到這些偏遠地區的人都是孤獨一人，沒有嚮導也沒地方住。雖然這種孤寂的感覺還頗吸引人，但諸多外在條件並不利於讓人們可以好好品味夜空。更重要的是，這些地區的黑暗帶有運氣成分。只因地處偏遠，所以還沒受文明世界人工照明的影響而已。正因這些地區既偏僻又缺少遊客，所以反而更難保住原始的夜空，因為等到最後文明勢力無可避免地開始入侵時，到時候只會有少數的人願意出面抵抗。對任何其他無形資源來講也都一樣：一旦只有少數人在乎殘存的夜空，這些區域最後終究還是會消失。

如果我們真的要去保護殘存的夜空，那些地點必須是我們叫得出名字，而且會去參觀、喜愛並看重的地方。當探索夜空的旅程逐漸告一段落的時候，我發現最合理的做法並不是找到一個最黑暗的地方，而是建立一片黑暗的地理體系，當中有許多黑暗的地點，可以讓世界各地有志一同的人前來參觀。

對我而言，美國西南方的國家公園和國家紀念區就是我一直在尋找的夜空地理，這世上一定還有其他更黑暗的地方，但沒有任何其他地方既保留了殘存的夜空，同時又是我們喜歡而且願意承諾加以保護的地方。美國西南方的國家公園為我們提供一個體驗、保護和重建夜空的絕最佳機會。

哪裡是這些特定的地點呢？自從國家公園夜空服務團隊開始他們的計畫後，最黑暗的地點包括天然橋國家紀念區（Natural Bridges National Monument）、圓頂礁國家公園（Capital Reef National Park），和布萊斯峽谷國家公園等，全部都位在猶他州南方，後來德州南部的大彎曲國家公園也榜上有名。經過幾個月穿梭在各國家公園後，諾格倫排出他曾拜訪過的最黑暗前五名的公園，分別是大彎曲國家公園、布萊斯峽谷國家公園、天然橋國家紀念區，大峽谷和查科文史國家公園（Chaco Culture National Historical Park），不過他認為自己的排名「只反映了我碰巧在那裡所看到的那幾個夜晚。因此不是絕對的。」有太多因素導致某個地點比另一個地點暗，而這些因素在每個夜晚的影響程度都不盡相同，其中最重要的是天氣、季節和月相。某個地點也許在某個晚上是最暗的，隔天則是第二暗，後來又變成第三暗，而且等到十年以後，誰知道這個排行榜又會出現哪些變化？

摩爾解釋說：「每一年，政府會透過地理資訊系統找出人口總數相當於美國平均值的城鎮，那個地點永遠是某個堪薩斯州的小鎮。相同的道理，我們也可以說美國本土四十八州裡最黑暗的地點是奧勒崗州東邊，內華達州北邊，或是任何一個其他地點，但這樣並不會讓最黑暗的地點擁有某種特殊的魅力。我想重點不該是為光線也找出一個類似『最寂靜地點』的選拔比賽。我想我們需要做的是，找出一些受歡迎且具魅力的地點，那裡的夜空已經變成國家公園的一部分，然後說：『這裡就是最黑暗的地點之一，我們必須捍衛這裡，重視這項資源。夜空保育的工作，做就對了，其他瑣碎的事情就別再爭辯了。』」

在此提供兩個私房景點。

布萊斯峽谷國家公園，管理員波伊背靠公園裡鮭魚般粉紅色、著名的風化岩柱，把手指向地平線，對著一群公園遊客說：「各位女士先生，我謹代表國家公園的夜空服務團隊向您介紹……滿月。」過沒多久，月亮真的在空中出現。內行人會對這種表演會心一笑，但對外行人來講，也許他們並不知道天文學家可以算出每一天月出的正確時間（還有月落，就像日出和日落一樣），甚至未來幾世紀的月出時間也能準確算出。對外行人而言，熱愛夜空、留著長馬尾、人高馬大的波伊精準抓到月出時間這一點，簡直像是變魔術，但對波伊而言，這個表演僅僅是替另一次在布萊斯峽谷國家公園帶領「滿月夜遊」旅遊團的序曲而已，希望這種做法可以提升遊客愛上夜空的可能。

當天他帶領一隊由二十五名遊客組成的團體（波伊說，他們大多數從來不知道「光」也是一種「污染源」）。波伊用幽默的口吻廣泛介紹夜晚的聲音、蝙蝠的重要性，以及「不顧後果使用越來越多人工照明」對夜空造成的威脅。結束導覽行程後，整隊遊客開始掉頭往回走，我和波伊跟在隊伍後方，他告訴我：「這一切是為了幫助遊客們了解，布萊斯峽谷並沒有在入夜後消失。」不僅沒有消失，而且從不同角度來看，布萊斯峽谷正是在夜晚時分才能散發出最燦爛的光芒。

「滿月夜遊」的活動相當受到歡迎，票在早上六點半開賣，通常一小時內即銷售一空，由公園管理員帶領遊客穿越美國最黑暗的國家公園之一。「我們總會在路上說，在這裡冬天是一級，夏天是二級。」波伊指的是波特爾暗空分類法的級數，「不過冬天的狀況也開始值得擔憂，因為現在我們時常可以看見噴射機遺留下來的煙霧。」這裡冬季的夜空還是相當黑暗，但已沒有過去那樣的晴朗透徹了。

當我們回到較寬的步道上，松樹頂上吹來一陣微風，樹幹和樹葉在月光下閃閃發亮。我告訴波伊自己一直在找的黑暗地點，不是偏僻到無人可及的地點。「我們不再是原始人了，」他回應我，「摩爾恐怕是第一個告訴你原始狀態也許已經不存在的人。但是我們的確可以相當接近原始，就在我們開車可以抵達的範圍內。」

波伊停下腳步，指著一朵在月光下綻放的花朵說：「你看，黃色晚櫻草（bronze evening primrose）在夜間透過天蛾（sphinx moth）傳授花粉。」我雙手雙腳趴下來聞這個美妙的味道，那是一直徘徊在我們路上的花香。「我心目中最佳的私房黑暗地點是……（為了幫忙保守這個秘密，所以我不能告訴你們）。我和我孩子在參加獨木舟馬拉松的時候划到那裡，那是一個沒有辦法開車到達的地點之一，但那裡真的是最棒的。天啊，你知道那裡的夜景真的是不同凡響。」當我告訴他我下一個地點是天然橋國家紀念區，他笑著說：「當你看著美國太空總署拍攝到的影像，我說的那個秘密地點就在相同的位置，除了天然橋國家紀念區可以開車去之外。」

幾天後，我獨自一人坐在一堆巨石中，在天然橋國家紀念區等待黑暗的來臨。國際暗空協會在二〇〇六年將天然橋國家紀念區認證為第一個國際暗空公園，國家公園夜空服務團隊也把此地列為波特爾二級暗空，然後，就像盧京博說的，「基本上，那就代表是認證單位所見過最黑暗或是最多星星的夜空了。」

波伊說的對，我們的確可以開車到「他們見過最黑暗或是最多星星的夜空」。你可以把車子停在碎石子鋪成的停車場，使用乾淨簡便的戶外廁所，走在碎石子路上就可以到達眺望全景的地方。我並不是在說你必須到此一遊，因為還有許多偏遠的地方可以仰望夜空，但是請不要因為許多人說這裡是國家公園裡最黑暗的地方，所以很難一親芳澤。沒錯，是需要花點時間開車，而且如果你和我開同一條路的話，爬上峽谷時會讓你想寫一封信向租車公司或車廠確認該款新車是否會因為爬坡力不足就自動熄火開始下滑。不過，如果你是在非旺季的平常日到達那裡的話，你會發現那裡幾乎是人跡罕至，露營區幾乎不見人影，外環道路上也沒有車子。你可以隨意在這堆石頭間停車、步行，輕鬆寫意地往巨石上爬，好整以暇找到一個最適當的地點，等待黑夜降臨。

三座天然的大型石橋橫跨過一個長滿深綠色松樹的彎曲峽谷，背景是紅色的懸崖。來到一個任何人都可以來的地方，卻發現只有你獨自一個人的時候，這種感覺就好像是發現了一個秘密。當你躺在這邊的巨石上等待黑夜降臨，不妨脫掉鞋子讓雙腳感受微風的吹拂。只要你待得越久，天空就越暗，只要天空越暗，你就可以聽見越多的聲音，峽谷裡的烏鴉和青蛙，處處可聞的蟋蟀，以及會讓你以為是美洲獅的聲音。即使波伊說過，被自動販賣機殺死的機率還比被美洲獅咬死的機率高，但是當你面對未知和神秘時，還是無法避免那令人顫抖的害怕。

你會喜歡赤腳踩在沙漠岩石上的溫暖感覺，喜歡那突如其來在夜間綻放的玫瑰花香；你躺在地上，用雙手遮住眼睛，試著讓世界變得更黑暗，然後打開雙手，看見一整片天空。你會重複一直這樣做，每一次都會發現天空變得更亮了，每一次都會看見更多的星星。你站起身來張開雙臂，享受暮光將盡與月亮東昇前短暫的黑暗之窗，你的皮膚和頭髮可以感覺到微風，聽見峽谷裡蟋蟀和烏鴉的啼叫聲，還有那不斷撥弄心弦的未知聲音。你發現自己已經徹底被夜晚的大自然包圍，被其他住在這裡的生物包圍，只要不去打擾牠們，牠們不會在意你在這裡想要幹嘛，牠們各自用自己的聲音唱出一首晚安曲，不斷唱出「歡—迎，歡—迎，歡—迎」的歌聲。

我還有兩個私人景點想和大家分享。

第一個是回憶中的景點，一個在摩洛哥讓我誤以為自己踏進暴風雪的夜晚。當我開始寫這本書的時候，我原本規劃再回去一次，重新找到當年那個地點，甚至是當時那個讓人難忘的夜空，不過我後來決定讓這個畫面凍結在記憶裡就好，然後試著在其他地方找到相似的夜晚。回憶中的場景是我們與黑暗夜晚接觸的第一手體驗（美麗又充滿啟發性的夜晚），在我後來和其他人的訪談過程中一直重複聽到類似的感觸，這就是我們後來之所以對黑暗特別有感觸的一切基礎。這種可以真實體驗黑暗夜晚的機會，尤其當我們還年輕時，會在我們腦海裡刻畫出永遠無法抹滅的印象，一種我們永遠無法忘懷，渴望再次體驗的印象。

第二個景點是我的家鄉，明尼蘇達北邊一個湖泊。雖然這些年來我只有在夏天或是新年的時候偶爾會回到那邊，不過那裡的夜空對我而言意義重大，提供我深入探索夜空的原動力。如果我們會想要保護夜空，幾乎可以肯定這樣做的原因是為了珍惜自己家鄉的夜空，希望能夠再一次見到它。就像本章開頭引用艾比所寫的句子，「這是地球上最美的地方，這樣的地方非常多」。對我而言，家鄉湖泊旁邊的夜空就是這樣一個地方。即使不再一如往昔，它仍是我所見過最美的夜空，是我最想保護的夜空。

最後，再舉一個我會想要前往的黑暗地點。那是我去過最黑暗的地點，而且跟其他地點不太一樣的是，我在那裡不會感到孤單。我相信保護、恢復珍貴的夜空不會是一小群人孤軍奮戰的成果，而是應該比照這個地點對待夜空的方式，讓不分年齡層的所有人都能對這片無垠的星空摒息以對。

杜里斯可在二〇〇五年寫的關於大盆地國家公園的秋季報告，讀起來像是一個天文學家的夢：「氣輝的藍綠色特別顯眼，對日照（gegenschein）也清晰可見，整個黃道帶，相較之下就沒那麼清楚。銀河和仙后座呈現豐富的細節，三角座星系（M33）肉眼可見。雖然看得見拉斯維加斯和鹽湖城的光穹，但卻比火星遜色許多。如果不是站在高山頂上，盆地這裡將是波特爾分類中，一級或二級的暗空。」換句話說，除了地平線上的幾個點之外，今日大盆地國家公園的夜空，幾乎和歐洲移民當初來到的時候一樣黑暗，可以讓大自然的氣輝盤旋在天上，讓反射太陽光的對日照照亮夜空，甚至可以用肉眼看見三角座星系。這個壯闊場景的唯一缺點是（就跟死亡谷國家公園一樣），還是會隱約看見鄰近城市的光穹。杜里斯可也坦承在公園裡的山頂觀星時，「毫無遮蔽處，冷冽又多風，而且缺氧，」他特別強調這一點，「這些因素可能會造成觀星的障礙。」

謝天謝地，當我開車到大盆地國家公園的那天晚上，在銀河下玩切換車頭燈的把戲的我，並不是要到山頂上，而是去靠近遊客中心的野餐區，和二十幾位帶了四十多架望遠鏡的業餘天文學家在一起。除此之外，還有大約三百名來此參加一年一度天文節的遊客。這是個相當多元的團體，坐在摺疊椅上的祖父母、興奮莫名的小孩跟在父母親身邊、年輕的背包客穿著骯髒的靴子和短褲。

大盆地國家公園在二〇一〇年舉辦第一屆天文節活動，在一個晚上湧來破紀錄的遊客人數；今年的天文節則安排了三個晚上的節目，露營區和停車場一樣被塞爆。稍早黃昏時刻的節目，由國家公園管理員帶領許多遊客聚在一起朗讀與夜晚有關的詩歌，一開場是由三位小朋友領唱「小星星」的兒歌，壓軸的是管理員帶領大家高唱「牧場是我家」（Home on the Range），只是大多數人只能跟著哼唱鮮為人知的第二段歌詞：

多少夜晚星光閃，翹首舉目星空望，
驚歎星斗比我美，顆顆銀釘真燦爛。
（How often at night when the heavens are bright with the light from the glittering stars,
Have I stood there amazed and asked as I gazed if their glory exceeds that of ours.）

節目結束後不久，佇立發出「由衷讚嘆」是我們大多數人的反應。南北兩端和西方的地平線被山巒截斷，東方的蛇谷（Snake Valley）一路通往猶他州，最後再與其他山脈會合。我們在那裡看見木星像是一顆漂浮在天上的氣球，散發的光芒看起來像是點燃的煤炭。當某個炫目的流星劃過天際，看見的群眾本能地發出「哇嗚」的讚嘆聲，錯過的其他群眾則不免發出懊惱的咒罵聲。我們之間的確有一部分人彼此互相認識，不過當大家在一起共享夜晚的時光，同一個群體的歸屬感也就油然而生。四周圍最靠近地平線的星星在微風中閃爍著，看起來比平常還要更亮，更大。它們的顏色比平常還要顯眼，就像是天蠍座中心閃爍紅光的心宿二（Antares）。我身旁一位女士說：「我已經忘記有多久沒看見過這樣的星星了。」她身旁較年輕的朋友接著說：「我從來沒看過這樣的星星。」

我曾經見過這樣的星星，不過機會甚少，今晚的體驗讓我開始認真去想這是多麼珍貴罕見的機會。寫這本書的時候我總是在想，現在即便只想單純看見一個真正的星空，認識一個真正黑暗的夜空竟是如此困難的一件事。我在長途旅行的時候已經盡量待在戶外了，結果看見如此壯觀星空的夜晚一樣少之又少，必須要配合適當的天候條件，沒有月亮，也沒有任何其他的天然災害來搗亂，才能讓我們看見所謂正常情況下的星空。

加納利群島的沙塵暴是最慘的例子，不過我也在美國西南方遇過幾次史上有名的森林大火，造成滿天煙霧瀰漫。因為一些其他人認為不常見的氣候因素，導致天文節淪為「星光派對」，敗興而歸的例子不勝枚舉。我總覺得自己為了注意夜空不同的黑暗程度，因此有了親眼見證氣候變遷的經驗，就好像「沒有最亮，只有更亮」的問題一樣，氣候變遷所引發的災難也越來越多。

「對孩子而言，這是一個多麼不可思議的經驗。」我身旁另一位女士這樣說。她的朋友回答道：「每個人都希望他的小孩會唱『一閃一閃亮晶晶』，並且希望他們真的知道那是什麼意思。」值得注意的是，證據顯示，今天在美國出生的小孩，十位裡有八位根本不曉得「一閃一閃亮晶晶」究竟是什麼意思了。也就是說，已經有百分之八十的美國人沒看過夜空中的銀河了。

站在這片沙漠晴朗的夜空下，這個統計數據似乎難以置信，一如十個小孩裡有八個從來沒開口說過話，沒有在戶外跑來跑去過。然而，除了今晚在這裡的這些小孩，還有成千上萬的小孩陷在都市人工照明的沼澤裡，沒有任何機會看見「滿天都是小星星」了。這首世界知名兒歌的歌詞來自一八〇六年出版的一本英國童謠集，那時不但還沒有電燈，而且：

走在黑暗裡的遊客，
會感謝亮晶晶的小星星，
否則他將失去方向，
如果沒有小星星一閃一閃的話。
（Then a traveler in the dark,
Thanks you for your tiny spark,
He could not see which way to go,
If you did not twinkle so.）

在一個星光可以為旅人指引方向的世界裡，小孩會對天上的星星著迷不已。不僅是小孩，就連成年人也一樣。貝斯頓寫著：「當大地離開日光轉向宇宙深邃的那一面，同時也為我們的靈魂開啟另一扇新的門，只有極少數渾渾噩噩的人在看這扇門時，不會意識到其中存在的神秘而感動。」今晚的夜空讓我想起這段文字，儘管有時候保護夜空的未來障礙重重，前途茫茫，貝斯頓的話仍然有其道理：只要有機會看到美麗又神秘的夜空，幾乎沒有人不會因此而感到精神振奮，意志堅定。拉斯維加斯絢爛的燈光，也許會讓你感到印象深刻，卻沒有辦法與今晚看到的星空相提並論。當前黑暗的地理體系仍然可以讓我們擁有這樣的體驗，而這個體驗將會永遠伴隨我們到任何我們視為家的地方。

在大盆地國家公園的夜空下很容易得到類似的啟發，站在這裡就等於站在世界頂端，站在世界頂端就等於站在宇宙的中心。把頭往後仰，直到發覺自己被星星包圍的這種感覺，一種正在無邊漫遊的感覺，就像是我昨晚開車進國家公園所感受到的第一印象，彷彿就要從地球邊緣跌落到無底深淵裡。

今晚天文節活動的主講人，陪我一起看星空的福克斯說：「有個專業術語可以描述這種感受。當地平線消失，而你覺得似乎墜入星群裡，這就叫做『天體穹頂』（celestial vaulting）。」福克斯告訴我，一位名叫特瑞爾（James Terrell）的藝術家已經花了兩千三百萬美元，在弗拉格斯塔夫外的一個死火山口創作一件作品，想要讓觀者體驗到所謂的「天體穹頂」。這是和數不盡星星面對面才會有的體驗，開闊的天空像是個穹頂，而我們感覺到自己正在往下墜落，這是一個重要的體驗。福克斯解釋說：「因為如果我們從未見過銀河，或是從未看過身旁的宇宙，我們要如何知道自己到底身處何地？要如何知道我們在宇宙中的位置？」

福克斯出版超過十幾本書：人類如何努力了解自己身處何處，尤其當我們面對浩瀚無垠的空間時（包含夜空），是他一直深受吸引的主題。他曾經告訴我在二次大戰期間，出夜間任務的美國轟炸機飛行員，在任務結束後的幾個星期內都無法清楚看見遠方的物品，這是因為長時間觀看廣闊空間所導致的眼疾。福克斯說，這些人視力檢查的結果都沒問題，但是他們的大腦已經無法判定該集中注意力的焦點在什麼地方了。

福克斯在六〇年代中期出生於雷諾市，當時還可以從他家前門看見銀河，原本有位警察懷疑他家前院放置天文望遠鏡的目的，之後也很快成為定期來家裡觀看宇宙的常客。在一本描述內華達州大盆地國家公園、澳洲內陸（Australian outback）、南北兩極白色「極地沙漠」的地理書籍中，福克斯提到即便北極的夜空也正逐漸消失的情形：「因紐特（Inuit）裔的原住民朋友不斷告訴我，他們發現過去幾年的夜空不再像以往那樣黑暗，不過沒有人相信他們。直到當地的氣象學家發現北極大氣層因為地球暖化的關係，會把地面反射的陽光再反射回去，所以即使是北極的夜晚，地球上最長、最純淨、最不受干擾的黑暗，也已經受到人類現代文明足跡無所不在的威脅了。」

當一輛車子離開遊客中心時，車頭燈的亮光掃過整片野餐區，照得我們兩人暫時失明。福克斯的臉抽搐著。接下來的一小時，我們看過一支又一支的天文望遠鏡，看見天文學家揮舞綠色的投影筆，滔滔不絕地介紹每一顆星星的阿拉伯名。我們的脖子因為長時間觀看星空，開始感到酸痛，我們的眼睛卻已經習慣黑暗了。福克斯說：「看見夜晚的星光有多亮嗎？住在城市裡的我們早已習慣照明的光線，所以不會注意到星光。」

我點了點頭，想起貝利的一首詩，一首我一直隨身攜帶，伴隨這本書一路走來的詩：

帶一盞燈走進黑暗，只能看到光。
要了解黑暗就要走入黑暗，什麼都不帶，
然後發現黑暗，原來也是，活力充沛且令人愉悅，
可以讓我們踩著黑暗的足跡，乘著黑暗的翅膀，旅行。
（To go in the dark with a light is to know the light.
To know the dark, go dark. Go without sight,
and find that the dark, too, blooms and sings,

and is traveled by dark feet and dark wings.）

這顛倒混亂的世界是如何將一個最平常不過的經驗變成如此難得？這個世界裡的小孩可能從小到大都沒機會見過銀河，也從未感受到離開地球、被滿天星星圍繞的感覺。這個世界上多數人不僅帶著燈走進黑暗，數量之多，還讓我們從不知道黑暗也有其獨特的魅力所在。

想想看，在這裡和其他人一起觀看銀河的感覺有多美好，認識真實夜空的感覺有多美好，認識黑暗的感覺又是多麼美好。當我和同伴們一起走回停車場，回到有燈光的世界時，我讓他們走在前面，然後轉過身去，在我還未走進燈光的世界，在燈光還未剝奪我適應黑暗的視力前，我想再看一次回到宇宙懷抱中的黑暗，只看見頭頂上有無數星光結成的彩帶，從地表的這一端一直掛到那一端，就像是永恆不變的畫面一樣。

附錄

優（全遮蔽）、劣（散發炫光）兩種照明燈具對照圖

（由國際暗空協會設計師Bob Crelin繪製提供）

Earth ⑫

夜的盡頭

The End of Night: Searching for Natural Darkness in an Age of Artificial Light

作　者—保羅．波嘉德（Paul Bogard）
譯　者—陳以禮
主　編—李筱婷
執行編輯—黃怡瑗（特約）、張啟淵
美術設計—王璽安
執行企劃—劉凱瑛
董事長
總經理—趙政岷
總編輯—余宜芳
出版者—時報文化出版企業股份有限公司
10803台北市和平西路三段二四〇號四樓
發行專線—（〇二）二三〇六—六八四二
讀者服務專線—〇八〇〇—二三一—七〇五
（〇二）二三〇四—七一〇三
讀者服務傳真—（〇二）二三〇四—六八五八
郵撥—一九三四四七二四時報文化出版公司
信箱—台北郵政七九～九九信箱
時報悅讀網—http://www.readingtimes.com.tw
電子郵箱—history@readingtimes.com.tw
法律顧問—理律法律事務所　陳長文律師、李念祖律師
印　刷—盈昌印刷有限公司
初版一刷—二〇一四年六月六日
定　價—新台幣三五〇元
⊙行政院新聞局局版北市業字第八〇號

國家圖書館出版品預行編目（CIP）資料

夜的盡頭 / 保羅．波嘉德（Paul Bogard）著；陳以禮譯. -- 初版. -- 臺北市：時報文化, 2014.06
面；　公分. --（Earth ; 12）
譯自：The end of night : searching for natural darkness in an age of artificial light
ISBN 978-957-13-5958-8（平裝）

1.光　2.照明　3.環境保護

445.96　　　103007725

ISBN 978-957-13-5958-8
Printed in Taiwan